贵州民族大学社会学一级学科博士点建设经费资助

民族地区危房改造与少数民族传统民居保护研究

——以贵州省为例

吴晓萍　康红梅·著

人民出版社

序

快速变迁的中国社会不断涌现许多新的社会实践，这些宏大的社会实践往往走在了理论的前面，急需经验总结或理论指导。危房改造中少数民族传统民居的保护问题即是这样一种社会实践问题。自2008年贵州省试点以来，农村危房改造工程在全国范围内开展起来，目前还在进行当中，至今贵州省危房改造已经完成了将近200万户，全国范围内规模更大。农村危房改造是一项规模巨大的的社会工程，对于改善贫困人群的居住条件，保障他们的居住安全和居住基本权利以及扩大内需、促进经济发展具有重要意义。而危房改造当中如何在改善居民居住条件的同时保护少数民族传统民居特有的文化无疑也是同样重要的问题。少数民族传统民居承载的建筑文化是少数民族传统文化的精华之一，包含有丰富的讯息，保护这种文化是文化多样性的需要，也是少数民族族群发展的需要。从这个角度来说，本书的研究具有重要意义。

这种意义主要体现在两个方面。一是总结了危房改造中少数民族传统民居保护中的问题与经验，可以为少数民族危房改造这一庞大工程的实施提供指导和借鉴。本书课题组通过对贵州省三个世居民族苗族、侗族、布依族危房改造的调查，为我们呈现了传统民居保护的经验和问题。比如雷山县苗族传统民居的改造中，政府把危房改造与打造“旅游强县”结合起来，要求科学规划，突出地域特色，把保护传统民居的建筑特色作为工程的一个重要内容，为此邀请文化学者参与制作《雷山县地方传统建筑参考图集》，居民以《图集》为依据参与改造。这种做法使危房改造过程中传统民居的保护做到有据可依。再比如，黎平县侗族危房改造中，政府提出

“能避就避，修旧如旧、适度调整”的原则，并对传统民居中文化元素进行提炼，如风檐板涂成白色、屋檐做成翘角等，使传统民居的保护具体化，方便了实际操作。还有实践当中对民居日常生活功能、祭祀功能、村落整体风貌的强调使住房的文化价值和生活价值能够统一等都是很好的经验总结。此外，课题组还发现了实践当中的一些问题，比如由于过于强调整齐划一忽视了房屋选址上的信仰需求以及不同年份房子的自然风格使传统民居的改造表面化和形式化等。问题和经验都对以后的传统民居保护具有很好的借鉴意义和指导意义。二是丰富了我们对于少数民族传统民居的特色和文化内涵的认识，具有很高的理论价值。研究为我们呈现了诸多少数民族传统民居特色构件所蕴含的文化意义，比如侗族吊脚楼都有一个长廊，这种长廊具有把屋顶雨水引到离房屋墙体较远地方流走，防止木结构的墙体被浸泡的功能，以及具有晾晒和储藏粮食的功能和在侗族的习俗中为青年男女提供谈情说爱场所的功能。再比如对于侗族的禾晾和单体粮仓的解释，认为把粮食贮藏与住屋之外的单体粮仓里是村寨里人与人之间信赖关系的证明，是侗族古朴民风的标志等。这些知识对于普通读者来说是非常新鲜和有趣的。此外，研究者也呈现了民居传统特色保护过程中居民态度的差异，并分析了其中的原因，这些都加深了我们对于少数民族传统民居保护的认识。

本书的特点之一是内容丰富，资料详实。作为教育部的一项课题成果，研究者通过文献整理查阅了大量文献包括媒体报道、政府文件、指示等。同时又有非常扎实的实证研究，通过问卷了解做法和现状，了解居民的认知与态度，通过深度访谈、座谈会收集了解各方面的想法以及从居民、社区精英、政府官员等不同参与者收集资料等。因此最后呈现给我们的是一部内容非常丰富、资料详实的著作。形式上既有详实的数据，也有图表与照片，内容上既有来自政府文件的说明，也有居民的观点和社区精英的想法。资料丰富一方面为论证提供了充分的支撑，使我们能了解危房改造过程中的丰富信息，同时本身又具有资料的价值，可以为进一步研究带来帮助。

本书的另一个比较突出的特点是应用性很强。它的目标不在于提炼宏大的理论而在于展现社会实践中的问题，总结其中的经验，为实践提供直接的指导。所以理论探讨不是研究者的兴趣所在，这也使著作文风朴实，事实的呈现具有实实在在的特点。某种意义上这种研究更难，因为要经受实践的直接检验。本书的研究者从危房改造中利益相关的政府行动者、社区精英、普通居民多方面倾听想法，倾听来自多方面的声音，然后做出综合分析和判断，因此能够比较全面的呈现问题，并能提出比较符合实际的对策。同时，虽然研究是针对眼下正在发生的实践，要解决实际问题，但是研究者着力于从更广阔的背景，从社会变迁的历史视野中去看待问题，因此又能比较深刻地解释实践当中的现象而加深人们的理解。因此，本书通过合情合理的总结分析，比较能切合实际地呈现问题，总结经验，能够为实践提供直接借鉴和指导。

学术研究应该在回应社会实践的问题中得到发展和实现价值。本书的探索给我们呈现了农村危房改造这一宏大社会工程中少数民族传统民居保护的生动实践和经验总结，对于少数民族传统文化的传承与发扬无疑是一件非常有价值的事。快速变迁的社会有层出不穷的实际问题，我们需要更多这种扎实的实证研究去回应这些实际问题。

史昭乐

贵州省社科院社会学研究所原所长

2015年12月2日

目　录

上篇
理论与方法：本书展开的前提和基础

中篇

整体阐释：贵州省危房改造和少数民族传统民居保护

下篇

典型剖析：贵州省苗族、布依族和侗族地区危房改造及传统民居保护

上篇

理论与方法：正文展开的前提和基础

第一章　危房改造和少数民族传统民居保护研究的现实关怀

第一节　问题的提出

在现代社会高速度发展，经济趋于全球化的今天，富有地域性的传统文化作为一种资源，其价值日益凸显。少数民族传统民居以及由民宅所形成的聚落，既是亿万普通老百姓的居住现实，也是中国传统文化特别是乡土建筑文化载体的历史遗存。在岁月的长河中，传统民居逐渐遭遇居住安全问题，需要改造更新，但是同时，在改好“危”的前提下，如何使传统民居文化得以进一步传承和发扬，是一个值得深思的问题。

我国农村危房改造试点工作于2008年7月全面启动。2009年5月8日，中华人民共和国住房和城乡建设部、中华人民共和国国家发展和改革委员会、中华人民共和国财政部联合发布了《关于2009年扩大农村危房改造试点的指导意见》。意见指出：农房设计建设要符合农民生产生活习惯、体现民族和地方建筑风格、传承和改进传统建造工法，推进农房建设技术进步。这个指导意见成为我国进一步扩大农村危房改造的重要依据。

在改“危”过程中，各地基本都依据“因地制宜、加强传统民居保护”等原则进行指导，在实践中却存在一些不尽如人意之处：比如，有些地区在农村危房改造中存在“一刀切”的现象，改造过的建筑风貌几乎千篇一律、没有个性、缺少特色，有些地方则几乎全被所谓国际式的“方盒子”和钢筋水泥建筑林所笼罩，这种做法实际上无异于“文化自杀”，这对历史文化传承是极为不利的，稍不留神就可能会给后世造成一种无法弥补的巨大遗憾。

改“危”工程又一次促发了学界和政界对传统和现代，保护和传承的进一步思考，政府出台了一系列改“危”的方针政策，学者们也纷纷从各自的角度来强调改造和保护的重要性，但目前关于民族地区危房改造中如何在改好“危”的同时兼顾民族特色，保护传统民居的研究却非常少，此方面研究的明显缺乏，与改“危”实践所触发的问题极不相称。

因此，本书从文化社会学的角度，结合田野调查和深度访谈来研究民族地区危房改造与我国传统建筑保护的关系，对于改好“危”的同时兼顾民族特色，保护传统民居，具有十分重要的理论意义和实际价值。

负责本书资料收集的成员近年来着重在贵州黔西南、黔东南民族地区做了大量的田野调查，期间观察到：尽管地方政府在实施农村危房改造工作过程中也很重视民族民居的保护，坚持“能避则避、修旧如旧、适度调整”的原则，但改“危”实践中还是存在一些不足，例如过分强调风格一致，整齐划一，从而弱化了少数民族传统民居个性的特点；对本民族传统民居文化特色把握不准而使其特色不再凸显；忽视了对少数民族村寨相配套的建筑设施的改造，影响了少数民族群众的文化生活；为了保护和突出民族特色而忽略了少数民族居民的民生问题等。那么就贵州省少数民族聚居地而言，其危房改造的具体情况如何？在危房改造过程中对传统民居保护的状况怎样？该地在危房改造和传统民居保护上取得了哪些实效和经验？存在怎样的问题？为什么存在这些问题？应该采取怎样的措施去应对这些问题？这些就是本书力图回答的问题。

第二节　危房改造和传统民居保护的已有研究

本书的文献回顾包括三个方面的内容：其一是对危房改造已有研究的回顾，其二是对少数民族传统民居研究文献的梳理，其三是对危房改造和少数民族传统民居关系的研究现状进行总结。危房改造是目前社会各界关注的热点问题，是由政府实施的一项民生工程。对危房改造的学术研究主要受政府驱动，尤其是2007年后由官方推动的危房改造项目，为该研究注入了更多的动力。对传统建筑和民居保护的研究几乎与现代化的进程是同步的，其核心是怎样处理社会变迁中传统和现代的矛盾。而对危房改造与少数民族传统民居关系的研究是最近几年才出现的热点话题，对两者关系的研究一方面有利于危房改造项目的顺利开展，另一方面有助于少数民族传统民居的保护和可持续性发展。下面从研究内容、研究视角及研究方法对这三个方面的研究现状做一个述评。

一、危房改造的相关研究

（一）研究内容

在当代中国，由政府进行倡导或推动的社会生活主轴，常常是理论发展和增长的重要支点。对于危房改造的研究，是随着国家战略调整和新的战略部署而展开的。为了更好地贯彻党和国家的制度、政策和方针，为了更好地建设新农村，为了更好地改善农民的生活和促进农村的发展，让广大农民共享改革开放的成果，自2007年以来，学术界对农村危房改造的研究也日益增多，纵观对这个问题研究的已有文献，可以归纳为以下几个方面：

1. 危房改造的政策实施和制度建设

在目前，对危房改造关注度最大的是政府各部门和政策研究机构。这些政府部门和决策机构侧重于从政策制度支持，财政金融扶助，监督管理实行等方面对危房改造项目予以关注。如住房和城乡建设部、国家发展和改革委员会《关于2009年扩大农村危房改造试点的指导意见》（建村〔2009〕84号）文件中规定优先解决陆地边境地区、少数民族地区和扶贫开发工作重点地区困难群众的基本安全居住问题，政府运用公共财政投入，出台信贷支持政策，发动农户自行筹资等策略，创新思路，探索建立农户、政府职能部门、集体经济组织和社会力量共同参与的农村危房改造工作机制。鼓励有资格的建筑师、建造师、监理工程师等工程技术人员、大专院校师生、建筑科研机构的人员参与农村的危房改造，提高农房建设的施工技术水平。积极探索适应困难农户需求的低成本改造方式，加强适应技术、适用材料的推广和示范，确保改造建设农房的质量安全[①]。强调政府作为主导，农民作为主体，借助市场来运作的农村住房建设与改造思路，从而取得农民得实惠，企业得市场、发展得空间、各级党政得民心的多赢效果[②]。

2. 危房改造中的问题解决及经验总结

分析危房改造过程中的问题和挑战，总结危房改造的相关经验、影响和模式是危房改造研究的重要内容。廖东根总结江西省上犹县农村危房改造工作主要是整合力量、创新方法、扎实推进农村危房改造试点工作[③]；温静、高宜程以山西省右玉县危房改造为个案，具体和详细地比较了集中搬迁、就地新建、集中安置、修缮改造、就地置换五种模式的优劣，评估了农村危房改造项目对农村规划建设的影响，认为农村危房改造能够有效地推动农村规划建设的实施过程和实施结果，取得了比较明显的成效[④]。丁恒重点分析了云南边疆少数民族地区危房改造工作中存在的问题，如民居危房具体情况复杂等，并提出了相关对策以确保改造工作的顺利进行[⑤]。

（二）研究视角和方法

在研究视角上，主要从政策性视角和问题性视角来透视危房改造项目。这两个视角关注的是危房改造项目中的制度规范、政策完善和问题解决，其目的是为了更好地完成危房改造的任务，更好地达到政策的预期目

① 刘李峰：《我国农民住房建设：发展历程与前景展望》，《城市发展研究》2010 年第 1 期。

② 《政府主导农村住房建设与改造》，《中国财政》2011 年第 7 期。

③ 廖东根：《整合力量创新方法扎实推进农村危房改造试点工作——江西省上犹县实施农村危房改造试点工作的主要做法》，《老区建设》2010 年第 7 期。

④ 温静、高宜程：《农村危房改造试点工程对农村规划建设实施影响评估》，《小城镇建设》2012 年第 3 期。

⑤ 丁恒：《云南边疆民族地区民居危房改造问题研究》，《民族论坛》2010 年第 9 期。

标。这对加快政策制度的执行，顺利完成危房改造项目，提高人们的居住环境，圆满实现改善民生的目标具有重要的意义。其局限性是仅仅关注危房改造本身及危房改造所造成的有益的社会影响，而忽视了危房改造特殊场域中涉及到的各利益相关者的互动博弈对危房改造项目的影响，也忽视了危房改造中对传统民居建筑破坏和对传统民居文化损害等不良后果。

从研究方法上看，目前对危房改造的研究大都停留在经验调查层面，着重于危房改造过程中的问题解决和经验概括；着重从政府管理的角度思考如何促进危房改造的规范管理，研究过程中就事论事的比较多，深入分析的比较少；经验的描述比较多，理论的探讨比较少；对策性探讨的比较多，理论的提升比较少。

二、传统民居保护的研究述评

（一）传统民居保护的历史溯源

对传统民居的保护是随着现代化、城市化和工业化的发展而被提上日程的。社会的快速发展，城市在空间上的扩张，城市更新对原有建筑物的更替，现代化对传统社会的否定，现代性对传统性的扬弃等导致一批传统民居的消失。伴随这批传统民居消失的是很多有价值的实物资料、民族风情和传统文化。因此如何处理传统民居保护和发展问题的实质就是如何处理好发展和保护，现代性和传统性关系的问题。

在国外，对于具有历史价值建筑的研究历来是建筑学家和人类学家关注的焦点。早在1830年，法国就设立了世界上第一个专门的建筑保护机构；1931年公布的《雅典宪章》提出了历史建筑修复的总体框架和建议。20世纪50年代，世界很多国家开始重视旧城改造过程中传统建筑的保护问题，如1958年8月在荷兰海牙召开的第一届关于旧城改造问题的国际研讨会概括地提出了对民居改建的概念，指出民居改造是根据城市发展需要，内容包括再开发、修复、保护三个方面。1964年《威尼斯宪章》强调历史建筑修复过程中历史原真性的保护。20世纪50—60年代是西方城市化的高潮，伴随着这个高潮的是大量传统建筑被毁，原来的历史面貌荡然无存，接着出现的是城市建筑风格单一，城市风貌呆板、枯燥、缺乏人性和历史厚重感。针对这些问题，20 世纪 60 年代后，一些西方国家逐渐重视城市历史环境和城市的多样性特点，重视传统文化对当今文明建设的重要意义，对城市改造过程中传统建筑的保护的研究逐渐重视起来，不仅从规划探讨、政策制定、制度完善、法律健全等角度予以重视和保障，而且从理论探讨和经验总结上取得了一系列的重要成果。1972 年 11 月联合国通过了一项"保护世界文化与自然遗产公约"，成立了世界遗产委员会。1977 年国际建筑协会制订了《马丘比丘宪章》，把保护传统建筑文化遗产提高到了重要的高度上。1979 年联合国确定了第一批世界自然文化遗产，共包括 57 项文化古迹。在亚洲范围内，18 个城市和地区被确定为世界性重点保护城市。法国总统把 1980 年作为"爱护宝贵遗产年"。

在国内，建筑泰斗梁思成于 1931 年开始进行我国历史建筑的修复保护理论和实践研究，并于 1935 年在《曲阜孔庙的建筑及其修葺计划》中，创造性地提出了以"修旧如旧"为核心的历史建筑保护修复理论，该理论至今仍是我国建筑遗产保护领域的支配性理论。从 1987 年至今中国已有包括明清故宫、平遥古城、南京明孝陵、皖南古村落等在内的多处古建筑申请世界文化遗产成功。这些世界范围的保护活动，使国际上对建筑遗产和古文化的保护超出了文化界和建筑界的领域。近些年来，我国学者对传统风貌保护的学术兴趣主要集中在城市危房改造方面，针对特定城区如北京、丽江、重庆、杭州等城市的可持续改造与规划成果斐然，相关理论也比较丰富，如集中于旧城更新的规划设计问题、房地产开发问题、保护和发展的矛盾问题，旧城更新和城市发展空间关系等系列问题。虽然我国在传统建筑文化保护方面取得了一系列的成果，但是强调历史原真性保护修复理论和实践仍没有得到足够的重视。

就目前的一些研究来看，对传统建筑的保护情况可以分为以下几种情况。第一种情况是被列入文物保护单位，或是加入世界文化保护遗产行列。如从 1987 年至今中国已有包括明清故宫、平遥古城、南京明孝陵、皖南古村落等在内的多处古建筑申请世界文化遗产成功。

第二种情况是，对实实在在反映某个历史特征和风貌的居住区等采取一拆了之，取而代之的是千城一面的现代化的建筑[①]。这些传统民居是前人生活实践的产物，承载着丰富的历史信息，体现一个地区的历史风貌和地区的主要特征。可是这些传统民居建筑在所有的历史文化遗产中属于比较边缘性和弱势的一类，因此对这类传统民居的保护更应该提上日程，引起社会各界的广泛关注。

（二）有关研究的主要内容、视角和方法

就已有的文献来看，建筑学界对传统民居的研究一直占据着主流地位，从具体情况来看，研究内容包括以下几个方面。

第一，对传统民居建筑实物的研究。这方面是建筑界研究的主体内容，所取得的研究成果也比较丰富。出版的普及读物或专著比较多，有中国建筑工业出版社出版的共16册中国民居建筑丛书，包括《四川民居》、《广东民居》、《桂北民居》等；有清华大学出版社出版的中国民居五书，包括《北方民居》、《浙江民居》、《福建民居》、《赣粤民居》和《西南民居》。此外还有易风的《中国少数民族建筑》、王绍周的《中国民族建筑》、王晓莉的《中国少数民族建筑（英文版）》、《东南亚与中国西南少数民族建筑文化探析》等专门以少数民族地区建筑为研究对象的著作。这些建筑知识读物或建筑专著的出版普及了建筑知识，启发了人们对建筑艺术的思考，为进一步研究传统建筑的特点及传统建筑文化的传承提供了可观可感的重要资料。

第二，对传统民居文化的研究。由于传统民居不仅是实物的存在，更重要的是反映着特定民族、特定地域、特定时期人们的生活理念，审美倾向和民俗文化的特点。因此，部分学者从传统民居所蕴含的历史意义、文化价值和民俗风情等方面切入对传统民居文化的解读。如刘沛林的《传统

① 刘军：《慎待城市更新中的“老房子”》，《建筑科学》2009年第1期。

村落选址的意象研究》，谢凝高的《永嘉农村文化研究——历史、演变与时代背景》等等。这些研究大多着墨于乡土社会的结构特点及文化价值观念，表达的是对传统民居建筑文化的尊崇心理。

第三，从传统民居及所处地域空间的关系视角进行研究。这些研究集中对传统民居建筑和自然环境、地理空间、人文环境的融入和和谐状况进行分析，更多地关注民居空间形成过程中人和人、人和自然关系的协调和融合，如彭一刚的《传统村镇聚落景观分析》，刘沛林的《古建筑——和谐的人聚空间》等著作就挖掘了传统民居所体现的一种人、自然和建筑三者之间和谐共处的理念。

第四，从文化、历史的角度关注传统民居的历史价值。以文物保护部门为代表的部分群体集中关注传统民居的历史价值、文化特征。这些研究为人们了解历史、了解不同历史时期人们的民居风格、生活习俗提供了可能。其研究的主要目的是弘扬民族文化，激发人们对民居建筑文物的关注和保护。通过文物保护部门的努力，目前已有一部分传统民居被列入地方或国家的文化保护单位。

从上文可得知，传统民居作为国内建筑学界研究的热点议题，其研究成果可谓是硕果累累。建筑界的学者主要从传统民居的建筑技术和可持续发展视角对传统民居的建筑材质、平面形制、内部结构、装饰风格、审美艺术等方面进行了较为全面的分析。其研究的主要出发点是为了保护传统建筑实体，保存传统建筑文化，为现代建筑艺术提供传统的根基和元素。其采取的主要研究方法是实地调查法、文献归纳法、历史对比法等等。

此外，近几年来，从经济学视角①对传统民居的研究开始兴起。这种视角认为传统民居是一种资源，对这种资源进行旅游开发就能带来一定的经济收益，而这种经济收益能为传统民居的保护提供经济支持。这种研究视角力图突破传统民居保护缺乏足够资金资助的困境，把对传统民居的旅游开发和促进当地经济发展结合起来，试图从经济支持方面为传统民居保

① 蒋慧、黄芳:《传统民居进行旅游开发的理性思考》,《经济地理》2007 年第 2 期。

护提供一条可行性发展路径。

三、危房改造和少数民族传统民居保护关系的研究概述

由于国家的危房改造项目作为一件具有重要意义的社会事件在少数民族地区实施的时间还不长，并且还处于现在进行时阶段，学术界对危房改造和少数民族传统民居之间关系的研究还不多见。就已有的文献来看，主要有范美霞从建筑文化的角度从材料、架构、装饰、空间分割等方面分析了四川“彝区三房改造”项目对彝族传统民居特色所产生的一些影响，即一方面改善了凉山彝族聚居地区人们的居住环境，另一方面也改变了彝族传统民居面貌。作者通过分析已经改造的民居建筑情况，认为“三房改造”项目在保留民族特色等方面还有一些问题值得关注，其一是风格不宜太过单一，其二是应注重民众自己的文化参与，同时她还为以后的少数民族房屋改造工作提出两个建议，其一是尽量保存与建筑相关的、无伤大雅的民间信仰和习俗，其二是选择性地保留和修缮几个传统民居村落具有重要的意义①。

刘传军从建筑文化视角评析了川西地区传统藏族民居改造的效果和问题，指出尽管政策制定者和设计者在康巴建筑改造、升级和灾后重建中考虑了藏区的民族特色，但还存在建筑风格单一，民族特色减弱，原真性欠缺；居民文化参与度不够；设计和规划方案中缺乏居民自我设计的余地和空间；原汁原味的传统民居村落保留不够等几个方面的问题，提出在规划和修建民族建筑中应综合考虑“抢救、保护、改进和传承”等因素，各地要根据地域特色和文化传统设计不同的建筑方案，并充分向民众咨询，慎重决定②。

上述研究关注了危房改造和少数民族地区传统民居保护之间的关系，评估了危房改造项目对少数民族传统民居保护所产生的影响，指出了危房

① 范美霞：《“三房改造”对彝族传统民居特色的影响评析》，《四川民族学院学报》2012年第2期。

② 刘传军：《川西地区传统藏族民居改造述评》，《装饰》2012年第7期。

改造项目对改善少数民族居民的居住环境、提高少数民族地区居民的生活质量作出了贡献，但另一方面却对少数民族地区传统民居建筑特色的保存和保护力度不够，从而在一定程度上淡化了少数民族传统民居的民族特色、破坏了少数民族传统民居的文化连续性。这些研究成果促发了人们进一步的思考，那就是如何协调危房改造和少数民族传统民居保护之间的关系，从而达到共赢的目的。事实上危房改造和少数民族传统民居的保护不是两件孤立的事件，而是在特定时空，特定场域中密切相连，相互影响的关系共同体。这个关系共同体的建构过程、运作逻辑、平衡机制受到参与共同体建构的各利益相关者的认知水平、行动策略、博弈能力的影响。因此，要达到危房改造和少数民族传统民居保护两者的平衡协调和共赢，就必须要对参与建构这两者之间关系共同体的各利益相关者（政府、开发商、村民）的认知水平、行动策略、博弈能力、平衡机制等方面进行分析，而这些方面就是本书研究试图回答的问题。

第二章　研究设计

第一节　研究思路、框架与核心概念

一、研究的基本思路

本书遵循提出问题、分析问题和解决问题的思路，从实地调查的经验材料出发，综合运用民族学、文化学和社会学等学科的理论知识，分析贵州省少数民族地区危房改造和少数民族传统民居保护的现状、模式、成就、问题及原因，并提出对策和建议。

二、研究框架及核心概念界定

（一）研究框架

在现代化迅速发展、全球化日益蔓延的今天，传统文化受到侵蚀、破坏和摧毁，单一性、趋同性和单向性成为当今文化生态的主流。而富有地域性、民族性的少数民族传统文化是人类文化遗产中的珍宝，能给单一的主流文化提供丰富性内涵，能给趋同性的文化生态提供多样性的发展空间，能给单向性发展的主流文化提供多向度的审美思维。少数民族传统建筑是亿万中国普通百姓的居住现实，也是我国少数民族人民集体智慧的结晶，是中国传统文化特别是乡土建筑文化载体的历史遗存，具有独特的文化内涵和审美价值。对少数民族传统建筑的保护不能只局限于抓重点、树典型地保护某一个单一的建筑物，而应该是保护好民族特色建筑整体依存生态。因此要保护好少数民族传统建筑就离不开对少数民族传统民居的保护这个重要的内容。

危房改造项目作为一项政府主导的民生工程，一方面对于改善居民尤其是边远地方的居民的居住条件，提高居民的安全感和生活质量具有重要的意义，另一方面对于居民原来居住生态、居住风格、建筑传承等方面也会产生重要的影响。

本书主要思考少数民族聚居地区的危房改造现状和危房改造中传统民居保护状况，在这个改“危”实践中取得的成效和经验，存在的问题和应该采取的措施和对策。具体的研究框架见图 2-1。

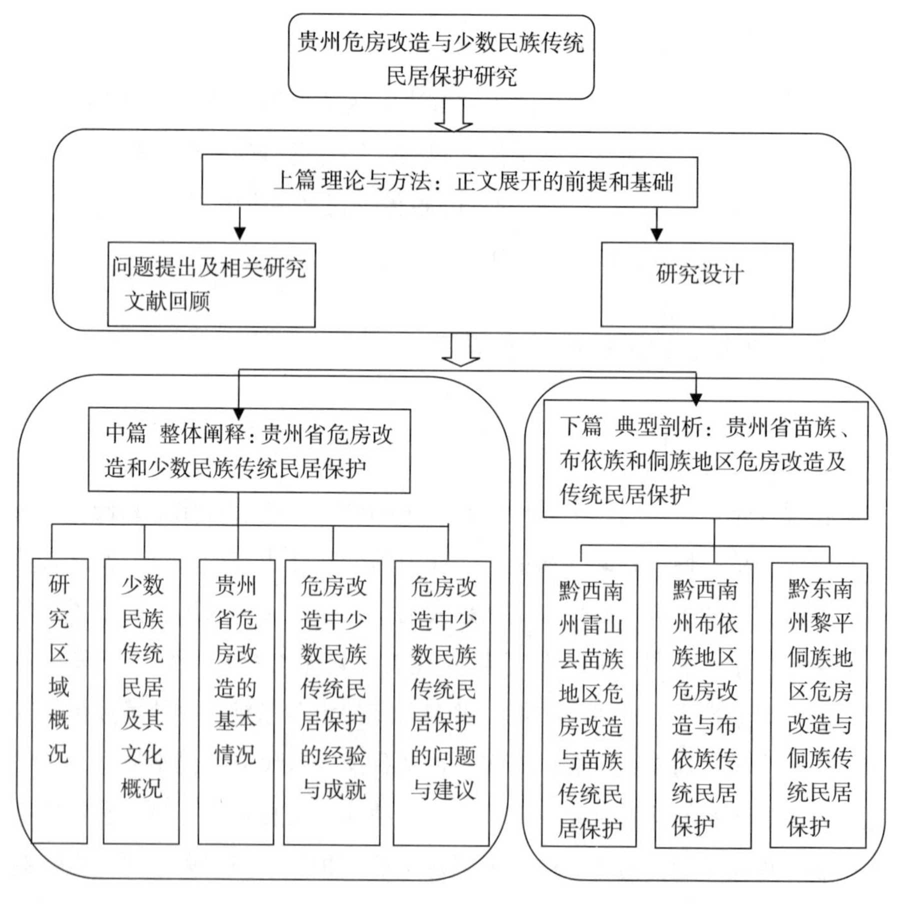

图 2-1 本书研究框架图

本书将综合民族学、社会学、人类学、文化学等学科，围绕少数民族危房改造及民族传统民居保护等核心内容，通过规范的问卷调查和个案访谈，用成员组亲自观察、访谈、调查所获得的第一手资料，来探讨危房改造和民族传统民居保护的现状、所取得的经验、成效和可以推广的模式及存在的问题，进一步对取得这些经验和存在的问题的原因进行了探讨，并提出了相应的对策和建议。本书将用上中下三篇共十章来展现危房改造与少数民族传统民居保护的具体内容。上篇为理论与方法，这是正文展开的前提和基础，包括两章内容：第一章是危房改造和少数民族传统民居保护研究的现实关怀，包括问题的提出、危房改造和传统民居保护的已有研究等内容；第二章是研究设计部分，包括了研究的基本思路、框架和核心概念界定；研究过程和研究方法；研究创新和研究意义等内容。中篇是整体阐释部分，包括从第三章到第七章的内容；第三章是研究区域的概况，包括调查地点和样本村寨的基本情况介绍；第四章是贵州省少数民族传统民居及其文化概况，分别对贵州省苗族、侗族、布依族这三个民族的传统民居文化的典型特征进行介绍。第五章是贵州省危房改造的基本情况，详细介绍了贵州省危房改造的政策和制度，任务和成绩、资金投入和分配、改"危"的原则、方式和模式等等。第六章介绍了危房改造中少数民族传统民居保护的成就与经验，在对保护的现状进行分析的基础上对其成就与经验进行分析。第七章在前文基础上，就贵州省危房改造中少数民族传统民居保护中存在的问题进行总结，并提出几点思考和建议。下篇为典型剖析部分，以贵州省的苗族、布依族、侗族地区的危房改造和传统民居保护内容为典型案例，进行微观透视，主要包括三章内容：第八章介绍了黔西南雷山县苗族地区的危房改造和苗族传统民居保护情况；第九章介绍了黔西南布依族地区危房改造与布依族传统民居保护情况；第十章介绍了黔东南黎平县侗族地区危房改造与侗族传统民居保护情况。

（二）基本概念界定

1. 危房改造

危房改造活动是人类为了寻求安全的居住环境而进行的一种自觉的活

动，一般情况下属于居民个体行为。而本书中所指的“危房改造”首先是一项公共政策，指的是政府主导、从制度上予以保障，以现金或实物等形式资助危房住户进行修缮、重建住房的一项系统工程，是我国政府面向农村困难群众制定的一项公共政策①。其次指这项公共政策在实施过程中，各行动主体参与其中，作出自己的判断，运用自己行动策略的过程。

2. 利益相关者

利益相关者理论在20世纪得到广泛的运用，这个理论的创始人弗里曼（R. E. Freeman）认为“利益相关者是能够影响一个组织目标的实现，或者受到一个组织实现其目标过程影响的人”②。受这个概念的启发，我们把利益相关者作为一种观察问题的视角来分析民族地区危房改造与少数民族传统民居保护的关系及过程，关注民族地区参与了对少数民族传统民居危房改造活动的主要成员的认知和行动策略，以认清危房改造和少数民族传统民居保护之间的实践关系，有助于危房改造政策得到更好的贯彻和实施，取得更好的效果；有助于少数民族传统民居的保护、传承和发展。本书认为参与危房改造中少数民族传统民居保护的利益相关者主要包括三类成员：一是政府行动者；二是民间的精英群体；三是普通的居民。

3. 少数民族传统民居

本书所指的少数民族传统民居包括以下三个要素：一是必须是少数民族民居；二是这些民居必须是少数民族传统风格的民居；三是这些传统风格的民居属于危房改造的对象。具体来说本书中的少数民族传统民居是指实施了危房改造项目的传统少数民族民居，包括建筑物的结构、材质、外形、装饰等有形部分，也当然包括附着于少数民族传统建筑实物之上的文化内涵、功能需求、精神诉求和象征意义。概而言之，本书中的少数民族传统民居指属于危房改造对象的既包括建筑物质实体又包括建筑文化内涵和功能诉求在内的，有形物质实体和无形精神文化相结合的少数民族传统民居。

---

① 龙明玉、刘志林：《贵州省农村危房改造保障机制》，《建设科技》2011年第3期。

② 付俊文，赵红：《利益相关者理论综述》，《首都经贸大学学报》2006年第2期。

另外，因为一个民族的民居、公共建筑和村庄村貌是一个系统，相互关联地共同言说着本民族的建筑文化，因此民居改造与少数民族传统民居保护会牵涉到整个村庄村貌的改造以及公共建筑的改造，或者说，整个村庄村貌的改造以及公共建筑的改造也会反映民居改造和少数民族传统民居保护的状况如何。这对于公共建筑和村寨风貌尤其明显的民族而言更是这样，如侗族在公共建筑方面的鼓楼、风雨桥、凉亭等，是侗族建筑艺术的核心和典型的代表，审美价值、艺术价值和文化价值很高，其样式甚至被复制在一些非侗族居住区的风景区、公园、旅游景点。所以，作为建筑文化一体化下的重要组成部分，如何使其改造与民居改造和少数民族传统民居保护做到和谐一致，尤显重要。

因此，本书会顺带论及整个村庄村貌的改造以及公共建筑的改造，特别是侗族和苗族地区的关于公共建筑的改造情况，以充分反映民居的改造和少数民族传统民居保护的全貌。

第二节　研究方法和研究过程

本书研究拟采取定量分析与定性分析相结合的研究方法。在定性分析部分，资料收集将综合利用文献法、座谈法、观察法、访谈法和口述史等方法。在定量分析部分，由于贵州省侗族、苗族吊脚楼和布依族的石板房建筑很有特色，故本研究拟选择贵州省黔东南州和黔西南州作为调查地点。我们分别从这些地方的市、县再选择3—4个样本村进行整群抽样的实地调研。

（一）研究方法的选择

通过梳理文献可知，目前对少数民族地区危房改造和少数民族传统民居保护的现状、所取得的经验、存在的问题及原因分析的研究很少，因此，本书是一个比较新的领域。危房改造与少数民族传统民居保护是一个兼具主观性和客观性特征的概念。少数民族地区危房改造和少数民族传统民居保护的现状如何？取得了哪些成效和经验？存在什么样的问题？这些是一种客观事实，我们采取问卷调查的方法来调查；而对于少数民族地区危房改造和传统民居保护中存在问题的原因分析是一种主观评价和判断，对此我们采取访谈法，了解在危房改造过程中各利益相关者对少数民族传统民居保护的认知、看法和态度。因此，在研究方法上，本书主要采取定量研究和定性研究相结合的研究方法。

这样定量研究和定性研究互相补充和互相印证，在对危房改造与少数民族传统民居保护的研究中，既有对危房改造、少数民族传统民居保护的客观现实进行整理分析，又有对这个过程中存在的成效和问题进行原因分析，分析较为深入。

除以上主要研究方法外，观察法也是本书研究所采取的重要方法之一。在实地调查过程中，调查人员充分借助自己的感官对每个村寨的详细情况进行了深入细致的观察。观察的内容包括了村寨的自然环境，民居的具体外形、结构布局、构件装饰，也包括了调查员对村寨村容村貌的感受等多个方面。此外，还充分运用了摄像、摄影等技术，查阅了过往的图片等。总之是综合运用多种调查方法，力求使调查过程更全面、更细致、更深入，能收到更客观、更准确的资料。

（二）资料收集方法和过程

本书所获取的资料主要来源于田野调查中深度个案访谈和问卷调查所获得的第一手资料，此外也包括从期刊、网站和政府部门获得的二手资料。

本书调查的地点主要是贵州省黔东南苗族侗族自治州的黎平县侗族聚居区和雷山县苗族聚居区，黔西南布依族苗族自治州的兴义市、安龙县、贞丰县布依族聚居区。选择以上少数民族聚居区进行调查研究，一是出于调查的方便和可行。书组成员过去多次在以上少数民族聚居区进行相关调研活动，为本书研究提供了丰富的前期资料，而且与当地基层建立了良好的人脉关系，为本次研究工作奠定了基础。二是我国的侗族、苗族和布依族在以上调查地点中人口比较集中，所占的比重比较大，保留着比较多的少数民族传统民居建筑；三是以上少数民族聚居地区从2008年开始实施农村危房改造项目，到2012年为止已有四年，其中危房改造与少数民族传统民居保护关系密切。

本书的实证调查过程分为四个阶段。

第一个阶段：2010年4月到2011年10月整理文献资料，进行前期访谈，制定问卷，进行试调查。由于目前学术界还缺乏对“危房改造和少数民族传统民居保护”这个论题的系统研究，给本书收集资料带来了一定的难度。本书的文献整理主要包括两大块，第一部分是对目前关于危房改造的报导、文件、指示、方案等材料进行收集，第二部分是对各少数民族传统民居保护现状的研究进行归纳总结。同时，制定问卷和访谈，进行试调查和前期访谈。对政府机构中负责危房改造的相关领导人进行访谈，了解政府对该地危房改造和少数民族传统民居保护的认知、态度；对实施了危房改造的少数民族居民进行访谈和试调查，了解他们对本民族传统民居保护情况的想法，并实地观察危房改造和少数民族传统民居的现状如何。

图2-2　座谈会

第二个阶段：2011年10月到2012年7月对各少数民族聚居地实行实地调查，收集资料。主要通过问卷调查和个案访谈收集第一手资料。由于本书主要关注贵州省危房改造与苗族、侗族、布依族三个少数民族传统民居保护之间的关系，从2010年11月到2012年7月对这三个少数民族聚居地进行实地调查。对各调查地点中实施了危房改造项目的少数民族聚居地居民进行了问卷调查和个案访谈。问卷是在查阅了相关资料并咨询了有关专家的基础上设计的，并在2010年11月进行了样本村的问卷调查。大体的调查过程（扫地式的偶遇方法）如下：首先利用分层抽样的原则，在各少数民族聚居县、市的乡镇中抽取3—4个乡镇。然后从这些乡镇中抽取3—4个行政村寨作为实地调查地点。在实地调查中，首先对乡镇负责危房改造的政府官员进行访谈，了解该乡镇危房改造的总体情况。然后在乡镇政府官员的帮助下，取得与各村领导的联系。在村组领导帮助下，通过其危房改造用户数据库，采取简单随机原则抽取危房改造居民，获取这些居民的详细住址或其他联系方式发放问卷。问卷采取自填式或调查员代填式。问卷填完后由调查员检查、回收并汇总。

本书的初衷是想如上按随机抽样原则进行问卷调查的，但是在实际操作中出现一些偏差，原因有两个：一是抽取的对象因为各种原因不能接受调查，须要作调换。例如在调查过程中抽中的居民刚好外出打工，或是刚好有急事，因此只能作临时调换；二是有些访谈对象的选取是以滚雪球方式获得的。即在做完一个访谈对象后，研究者请这个访谈对象帮忙，介绍他们的一些邻居和熟人进行访谈。这样以此类推找到更多的访谈对象。访谈对象的确定主要也有两种：一是在做问卷调查时，咨询访谈对象是否愿意就危房改造和少数民族传统民居保护问题做进一步深入的交谈，在征得其同意后约定访谈的地点和时间；二是访谈对象推荐（滚雪球方式），由这个访谈对象跟其邻居或熟人约好，然后调查员再联系，征得其同意后再约访谈的时间和地点。访谈的地点主要是村民的家里、村民聚集的小商店里、村民劳动的田地里。

第三个阶段：2012年7月到2013年4月整理资料，撰写三个典型少

图 2-3 入户问卷调查

数民族地区的危房改造和传统民居保护情况。这个阶段主要是为三个典型案例地区的写作收集一些补充材料。在问卷调查过程中，要访谈员征得调查对象同意，留下联系方式。整理资料的时候再通过这些联系方式与被调查对象取得联系，进行回访或进一步了解需要补充的资料。通过这种方式使调查到的资料切实可信和切实可用。

第四个阶段：2013 年 5 月到 9 月在各个典型案例地区撰文的基础上，撰写整个贵州省的危房改造和少数民族传统民居保护的情况。这个阶段的主要工作是在认真研读和分析各个典型案例地区具体情况的基础上进行归纳汇总，从总体上对贵州省民族地区危房改造与少数民族传统民居保护情况进行全面分析、概括，总结危房改造中在少数民族传统民居保护方面取得的成就、积累的经验，存在的问题以及应对的策略。

为了让每一个参与者的工作都能在本书中体现，我们将把书稿的分工

图 2-4　入户问卷调查

情况做如下说明：吴晓萍教授、何彪教授负责整个书稿内容的调研，包括问卷和访谈提纲的设计、田野调研的实施、书稿的主旨立意的提升、撰写分工、协调等工作。章节的具体撰写人相应分工如下：康红梅撰写了第一章、第二章、第五章、第六章、第七章，第三章的第一节、第五节、第四章的第三节和第十章“黔东南州黎平县侗族地区危房改造与侗族传统民居保护”。吴小叶、梅军负责第三章的第二节，第四章的第一节和第八章“黔西南州州雷山县苗族地区危房改造与苗族传统民居保护”。杨竹和王伯承负责第三章的第三节、第四章的第二节和第九章“黔西南布依族地区危房改造与布依族传统民居保护”。此外，研究生蔡菲、龚妮、贾效儒、彭晓娟、何燕、刘姣、吴大禹和吴晓萍、何彪、梅军、康红梅、王伯承等老师参与了田野调查和实地访谈。研究生蔡菲、龚妮、贾效儒、彭晓娟、何燕、刘姣、吴大禹等负责了资料的整理工作。吴晓萍、吴小叶、王伯承、

图 2-5 与村干部访谈

康红梅等老师在本书最终稿的编辑、校对以及图表的标准化方面承担了大量的工作。

（三）资料的整理和分析

本书在苗族、侗族、布依族聚居区的调查共发放问卷 280 份，回收问卷 270 份，回收率为 96.4%，有效问卷 245 份，有效率为 87.5%。全部问

图 2-6 与村干部访谈

卷采取 SPSS（17.0）统计软件对各种数据进行统计分析。

本次调查共访谈了侗族居民 59 人，苗族居民 89 人，布依族居民 97 人。青年人、中年人与老年人的比例分别为 19.6%、49.0%、31.4%。家庭人口为 3 人及以下的占 17.1%，4—6 人的占 71.8%，7 人及以上的占 11.0%，比较符合当前农村实际情况。具体信息见表 2-1。

表 2-1 调查样本基本情况单位:%

数量	性别			民族				家庭人口				年龄			
	男	女	合计	侗族	苗族	布依族	合计	3人及以下	4—6人	7人及以上	合计	20—35岁	35—55岁	55岁以上	合计
频数	157	88	245	59	89	97	245	42	176	27	245	48	120	77	245
比例	64.1	35.9	100	24.1	36.3	39.6	100	17.1	71.8	11.1	100	19.6	49	31.4	100

访谈材料共22万余字。除了访谈少数民族居民外，由于危房改造项目涵盖了相关的政策和制度，书稿组成员还与相关政府官员进行了座谈，并向有关主要负责人进行了咨询。这些座谈和咨询的文字材料有6万余字。

资料的初步分析贯穿于实地调查的整个过程。几乎每天调研回来，晚上立即召开小型总结会议，会上对于个案访谈，由访谈员根据访谈材料和访谈过程围绕主题积极归纳，注意危房改造和少数民族传统民居保护中各利益相关者的话语、行动背后的社会结构原因；在分析访谈对象所提供的相关资料时，注意捕捉一些访谈提纲中没有涉及而与研究主题密切相关的新信息，为后面展开研究提供一些新思路。

（四）研究的信度和效度

研究资料的可靠性和有效性决定了研究的可信性和有效性。为了保证研究资料的信度和效度，本书采取以下几种方法。

第一，充分阅读相关文献，尽量采取过往研究中其他研究者使用过的指标来保证问卷调查中的效度。同时，在问卷设计上，尽量通俗化和简单化，确保研究对象能理解，并容易理解。在问卷设计出来后，与其他专家学者讨论，并请他们提出相关意见。在正式进行问卷调查前，曾经让学生就近在本主持人所在单位附近（花溪区的民族村寨）中进行过3次小规模的试调查，进一步完善问卷。在正式调查时，抽样方面尽量采取随机原则，在调查实施前严格培训调查员。在调查时间上尽量选择白天、农闲的时候进行调查。问卷回收后对留有联系方式的调查对象抽取5%进行回访和复查，对问卷中的遗漏或模糊之处予以补充，尽量使问卷资料完整真实。

第二，在进行访谈时，调查员坚持客观中立原则。不对被调查者的看法和观点予以直接评价，只是客观地记录其观点。访谈过程中努力做到耐心倾听，仔细观察，不忽视一些非语言和文字的信息。访谈结束后及时进行整理，尽可能多地记录访谈中发现的一些重要信息。访谈整理完后与原始录音材料进行比对，尽量使整理材料忠实于访谈对象的原意。

通过以上的方式，尽量保证调查资料具有较高的信度和效度，从而确保研究具有较高的质量。

第三节　研究的创新和研究意义

本书选题源于民族地区危房改造和少数民族传统民居保护的理论和现实的迫切需要，其研究成果具有重要的理论意义和实际意义。

一、研究的创新之处

第一章的第二节为本书的研究提供了丰富的素材，树立了研究的前提，奠定了研究的基础，但总体来看，已有研究还存在以下一些不足和薄弱之处。纵观已有的研究，它们要么只关注城市地区的危房改造和传统民居的保护，缺乏对农村地区，尤其是少数民族地区危房改造现象的专门研究；要么是从孤立的事件出发，就事论事，考察危房改造或传统民居保护过程中出现的各种问题以及得到的相关经验；要么是单纯从寻求对策的目的出发，把事件的研究仅仅停留在经验的层面，没有对事件进行深入的分析和剖析，缺乏相应的理论指导；要么把讨论仅仅停留在政策和制度的从上而下的贯彻和执行策略中，缺乏自下而上的研究方法来收集第一手资料，从而为对策研究提供比较准确的切实可行的方案。

当我们将视线聚焦到少数民族地区危房改造和少数民族传统民居保护的议题时就会发现，这不是一个可以单独进行探讨的课题。也就是说，我们所探讨的问题和其他方面存在复杂而密切的关联。本文的创新之处也表现为从以下几个方面对已有研究的不足和缺漏予以修补：

首先，跟其他地区的危房改造不同，少数民族地区的危房改造工作跟少数民族传统民居保护问题密切相关。由于少数民族民居蕴含着各少数民族的民族独特性和文化独特性，在对民族地区危房进行改造过程中必须要处理好少数民族传统民居的保护和发展问题，因为这对各少数民族保持该民族文化和历史风貌，促进民族地区多样性的发展具有重要意义，也是保护民族文化多样性，抵制全球文化趋同性，抵制文化殖民主义的一条重要途径。因此，本文的创新之一是把危房改造和少数民族地区的传统民居保护两者结合起来进行了较为系统的研究。

其次，跟单纯的少数民族民居保护活动不同，在危房改造背景中的少数民族传统民居的改造面临着更多的问题、矛盾、机遇和挑战。传统民居保护的前提是要改好“危”，解决好居民生产生活安全，然后才是民居特色的保护。那么，如何处理好二者的关系，在解决好居民生产生活安全的前提下又保护好民族民居特色，这将会面临更多的问题和挑战。因此，本文的第二点创新之处是较为详细地分析了贵州省在危房改造过程中较为完好地处理了少数民族传统民居保护问题，为解决改“危”和保护传统民居两者关系问题积累了可贵的经验材料。

最后，与其他地区的危房改造和传统民居的保护不同，贵州是典型的“老、少、边、穷”地区，是我国典型的欠发达地区之一，以贵州省为代表的多民族聚居的少数民族地区的危房改造和传统民居保护尤显重要和复杂。而目前学术界和政界还缺乏对少数民族地区危房改造和传统民居保护的系统性和专门性研究。本书的第三点创新是对这个领域研究缺漏之处进行了补充。

由此，本书将主要从文化社会学的视角出发，同时综合运用民族学和人类学等学科知识，运用合适、严谨和便于操作的理论来构建清晰的概念和分析框架，甄选能全方位体现民族地区危房改造和传统民居保护关系的要素，试图对两者的关系进行较为清晰而深入的回答和剖析；另一方面，在现实调查所获得的经验材料基础上，对危房改造和传统民居保护活动的现状、成就、存在问题以及各利益相关者的认知情况、行动策略等进行分析，并提出具有可行性的对策和建议。

二、研究的意义

（一）理论意义

本书主要是从文化社会学的视角，采取定量分析与定性分析相结合的研究方法，对贵州省民族地区危房改造与少数民族传统民居文化保护进行分析与探讨。从文化学、民族学等角度研究少数民族传统文化的保护成果很多，从农村社会学的角度研究农村危房改造的研究也不少，但结合这两者的研究较少。本书把少数民族传统民居文化的保护放在全国大规模的农村危房改造的背景下进行研究，不仅为文化社会学和农村社会学研究提供了一个个案，还拓展了文化社会学与农村社会学、民族学的研究领域，突显了社会学的应用性，具有一定的理论意义。

（二）实践意义

本书更关注的是实践中如何处理好危房改造与少数民族民居保护的关系，如何在改好“危”的前提下又保护好少数民族传统民居。因此，具有重要的实践价值。

第一，可以为民族地区危房改造的顺利实施和少数民族民居保护提供参考、借鉴作用。

危房改造重在解决居民的生产生活安全，事关居民的民生大计，如何顺利实施意义重大，同时，在此过程中又保护好少数民族传统民居，其意义也非常重大。

贵州省农村危房改造项目从2008年开始到2012年基本完成了188.15万户改造任务。根据贵州省委下发的《中共贵州省委、贵州省人民政府关于全面启动实施农村危房改造工程的决定》，贵州省农村危房改造项目的目标任务是从2013年到2016年，进行第二轮危房改造项目。因此本书在认真梳理国内外关于危房改造和传统民居保护已有研究的基础上，通过对贵州省苗族、侗族和布依族这三个少数民族聚居区的危房改造情况和传统民居保护情况的实地调查，总结已经取得的成果和经验，分析存在的问题和不足，提出思考和建议，为以后的危房改造工作及少数民族传统民居保护工作提供参考和借鉴，也为其他民族地区类似的危房改造和少数民族传统民居保护工作提供参考和借鉴。

第二，可以为民族地区传统民居建筑文化的传承、保护、开发、利用以及为促进民族地区旅游、经济和社会发展提供新的思路。

危房改造作为政府的一项重要的民生工程和民心工程，有利于提高人们的住居水平。而如果在危房改造中改好“危”的同时能做到保护好少数民族传统民居文化，一是将有利于少数民族文化的传承，有利于文化多样性的发展，最终有利于提高少数民族居民的生活质量。二是有利于开发旅游和经济资源，促进少数民族地区的经济、社会的全面、协调和可持续发展。本书将在上述两个方面提供新的思路。

中篇

整体阐释：贵州省危房改造和少数民族传统民居保护

第三章　研究区域概况

第一节　贵州省简介

贵州省①简称“黔”或“贵”，位于中国西南的东南部，辖贵阳市、六盘水市、遵义市、安顺市、铜仁市、黔西南布依族苗族自治州、毕节市、黔东南苗族侗族自治州、黔南布依族苗族自治州。贵州省是一个山川秀丽、气候宜人、民族众多、资源富集、发展潜力巨大的省份。全省东西长约595公里，南北相距约509公里，总面积为176167平方公里，占全国国土面积的1.8%。贵州省是全国唯一没有平原支撑的省份，全省地貌可以概括为：高原、山地、丘陵和盆地四种基本类型，高原山地居多，素有“八山一水一分田”之说。

贵州是一个多民族共居的省份，贵州省的常住总人口3474.6468万人，居住在城镇的人口为11 747 780人，占33.81%；居住在乡村的人口占66.18%。少数民族人口为12 547 983人，占36.11%。全省有49个民族成分，少数民族成分个数仅次于云南，居全国第二。2009年末，贵州少数民族人口占全省总人口的39%。全省有3个民族自治州、11个民族自治县，地级行政区划单位占全省的30%，县级行政区划单位46个，占全省的52.3%；少数民族自治地区国土面积9.78万平方公里，占全省国土面积的55.5%。还有253个民族乡。千百年来，各民族和睦相处，共同创造了多姿

① 百度百科：贵州 http：//baike. baidu. com/view/9862. htm。

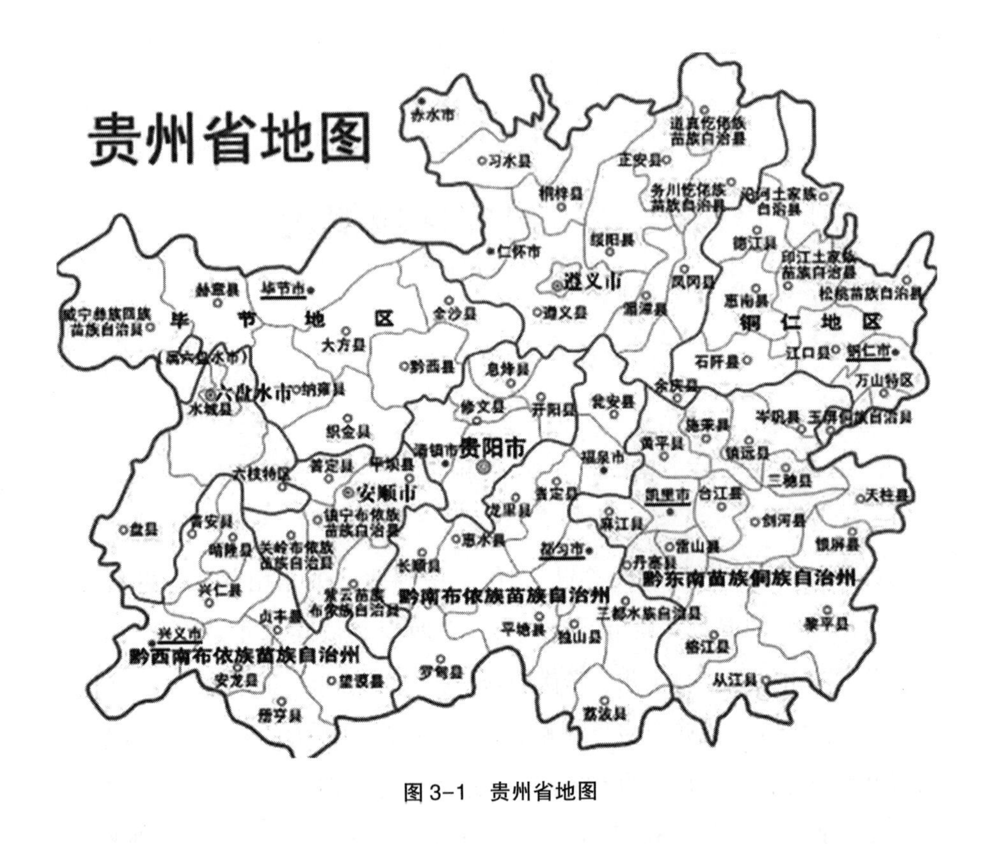

图 3-1　贵州省地图

多彩的贵州文化。世居的少数民族有土家族、苗族、布依族、侗族、彝族、仡佬族等 16 个。多种族群和不同地域的文化因子经反复对撞和相互涵化，逐渐积淀在贵州文化的各个层面中，各民族的建筑、服饰、饮食、婚俗、祭祀、节庆、艺术等等，无不富含着异彩纷呈的人文底蕴。正所谓“三里不同风、十里不同俗”，“大节三六九、小节天天有”。走进民族村寨，人们会发现，汉晋遗风，唐代发型、宋代服饰、明清建筑等古老的文化模式，在这里仍被原汁原味地保存着，成为中华民族珍贵的一笔文化遗产。

贵州是中国旅游资源极其丰富的省份，目前集观光、度假和深度文化体验为一体的新型和谐旅游目的地正在悄然形成。正如世界旅游组织所称赞的贵州是“生态之州、文化之州、歌舞之州、美酒之州”。贵州将以建设“文化旅游发展创新区”为战略目标，打造超工业化的产品，建设“国家公园省”，走出一条符合自身实际和时代要求的转型升级、后发赶超之路。

第二节 雷山县简况

雷山县是苗族历史上五次大迁徙中第三、四、五次大迁徙的主要聚居地之一，被外界称为“苗疆圣地”。雷山县苗族村寨比较集中，全部是吊脚木楼建筑群，而且历史悠久，文化积淀深厚，是典型的苗族传统民居集中地区。

雷山县位于黔东南苗族侗族自治州西南部，东临台江、剑河、榕江县，南抵黔南自治州的三都水族自治县，西连丹寨县，北与凯里市接壤。距省府贵阳 184 公里，距州府凯里 42 公里。全县总面积 1218. 5 平方公里，辖 4 镇 5 乡，共 154 个行政村，1305 个居民小组。2012 年末总人口（户籍）153031 人。县境内世居苗、汉、水、侗、瑶、彝等 6 个民族，苗族人口占总人口的 84. 78%，其中少数民族人口占 92. 32%。

图 3-2 雷山县地图

雷山县是国家新阶段扶贫开发重点县之一。2012 年，全县地区生产总值完成 14.03 亿元，实现规模以上工业增加值 1.26 亿元，全社会固定资产投资 18.06 亿元，财政总收入 2.101 亿元（其中：公共财政收入 1.51 亿元），农民人均纯收入 4560 元，社会消费品零售总额 4 亿元，城乡居民储蓄存款余额 11.89 亿元。

雷山县森林资源丰富，全县林地面积 8.47 万公顷，活林木储量 459.74 万立方米，森林覆盖率达 70.32%。境内最高海拔 2178 米，最低海拔 480 米。县内有黑熊、麝羊等 23 种二类保护动物和天麻、杜仲等 200 多种名贵野生中药材，有"天然绿色聚宝盆"之称。境内水资源十分丰富，流域面积 1218 平方公里，水力理论蕴藏量为 6.8 万千瓦。矿产资源主要有铅、锌、铜、锑等。雷山县生产的银球茶、清明茶等茶产品多次获省优、部优荣誉。多年来，雷山银球茶、清明茶一直是中央办公厅、国务院办公厅，全国政协和省委、省政府机关的礼品茶及办公专用茶。2009 年，银球茶被评为"贵州十大名茶"。笋子、魔芋、蕨类产品等山野菜远销港澳台及日本等国家。

雷山县地处国家旅游局确定的桂林至三峡国际旅游黄金线中心地带，又在贵州省确定的凯里至黎平国际苗侗民族风情线旅游核心圈，素有"苗疆圣地"之称，被誉为中国苗族文化中心。2004 年，被中央电视台等评为"中国十大最好玩的地方"；2008 年，被评为"贵州十大影响力风景名胜区"、北京奥运会火炬在郎德苗寨传递，被誉为"北京奥运火炬传递最精美线路"、第三届贵州旅游产业发展大会在西江举行、被中国工艺美术协会评为"中国苗族银饰之乡"；2009 年雷山县城被中国传统文化促进会等 5 家机构评为"中国最美的小城"、被世界旅游精英博鳌峰会评为"中国王牌旅游目的地"、被中国精选国际旅游品牌推广盛会评为"中国最佳魅力旅游名县"等称号；2010 年以"和谐城乡互动发展——醉人间茅台·美天下西江"为主题的世博论坛在雷山西江千户苗寨举行。雷山的银饰锻造、芦笙与服饰制作、西江千户苗寨吊脚木楼建造 4 项工艺和苗族鼓藏节，于 2005 年 12 月被文化部确定，国务院批准并公布为首批"国家级非物质文化遗产”。2008 年，苗族芦笙舞、铜鼓舞、飞歌、织锦技艺、苗药和苗年习俗 6 项又获批进入第二批国家非物质文化遗产名录。2007 年，以雷山西江、郎德、陶尧、控拜、脚雄、羊排等苗寨为核心区申报的“贵州苗岭地区雷公山麓苗族村寨”被国家公布为“世界文化遗产”预选地。

雷山几乎每一个苗寨都有自己的特点。这里有国家重点文物保护单位、中国民间艺术之乡、中国景观村落——郎德上寨，1993 年，雷山县郎德上寨吊脚木楼群被载入《中国博物馆志》。2001 年 6 月 25 日“郎德上寨古建筑群”被国务院命名为“全国重点文物保护单位”。有世界最大的苗寨、中国历史文化名镇、中国民族博物馆西江千户苗寨馆、中国景观村落——西江千户苗寨；天下超短裙第一村、“水上粮仓”——新桥苗寨；中国经典村落景观、“当代桃花源”——乌东苗寨；中国银匠村——控拜、麻料、乌高；还有著名的“歌舞之乡”陶尧苗寨；“秃杉之乡”——格头苗寨；“芦笙舞之乡”——南猛苗寨；“木鼓舞之乡”——乌流苗寨等 100 多个古老的苗寨，每一个苗寨都是一道靓丽的风景线，每一个苗寨都有自己代代相传的悠久的文化传统。

20 世纪末 21 世纪初，雷山县依据其经济、文化、地理等条件逐渐地把雷山县的发展战略定位为“旅游强县”，努力营造优美的生态环境、优良的人文环境和优越的发展环境，筑巢引凤，夯实基础，以山水做“文章”，强力打造雷山绿色生态旅游县城，促进雷山经济社会又好又快发展。特别是近几年来，雷山县委、县政府把雷山县城建设定位为“蓝天、绿园、碧水、宁静的具有浓郁民族文化特色的山水园林县城”后，整合各项建设资金加大投入力度，精心扮靓，为雷山县城披“新装”，做到“山、水、路、灯、房、人”和谐自然统一。其中，围绕“房”抓苗族文化展示工程，对雷公山大道、河滨道、广场周围等街道房屋按苗族吊脚楼进行改造包装，融入苗族文化元素，在阳台上修建“美人靠”，用芦笙、蝴蝶等各种民族图案制作窗花等。

雷山县“旅游强县”战略成效显著，仅 2012 年“十·一”黄金周期间，雷山共接待游客 62 万人次，实现旅游综合收入 5 亿元，与 2011 年同期比较分别增长 34%和 68%。[①]

第三节　黔西南布依族苗族自治州简况

黔西南布依族苗族自治州位于贵州省西南部，地处滇黔桂三省（区）结合部，素有“西南屏障”和“滇黔锁钥”之称。现辖兴义市、兴仁县、安龙县、贞丰县、普安县、晴隆县、册亨县、望谟县和顶效开发区。全州国土面积 16804 平方公里。

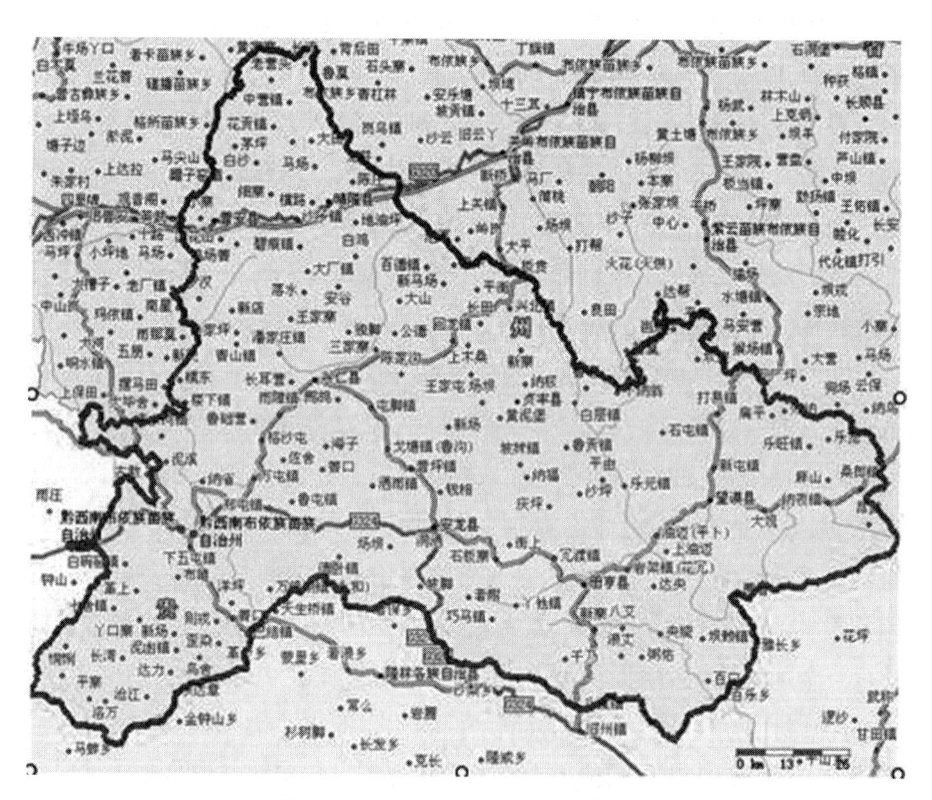

图 3-3　黔西南布依族苗族自治州地图

① 潘国雄：《六大措施广揽天下游客　雷山“旅游强县”战略成效显著》 http：//gzrb. gog. com. cn/system/2012/11/21/011766967. shtml，2012-11-21。

黔西南布依族苗族自治州于1981年9月21日设立。截至2010年底，按公安户籍人口统计，年末全州总人口为339.81万人，全年出生人口4.40万人，出生率为13.1‰；死亡率为6.8‰，自然增长率为6.3‰。州境内居住着汉、布依、苗、侗、彝、仡佬、瑶、黎等35个民族，少数民族人口占42.47%，是一个多民族聚居的自治州。[①]

黔西南州旅游资源丰富，有国家重点风景名胜区、国家级水利风景区、国家地质公园、国家森林公园、全国工业旅游示范点（AA级工业旅游示范区）、全国唯一的少数民族婚俗博物馆各1个，全国农业旅游示范点2个，国家级非物质文化遗产5个；省级风景名胜区7个，省级自然保护区4个，旅游开发前景很好。布依族古民居是该州重要的古文化遗址和名胜古迹之一。此外，黔西南州还拥有独特浓郁的民族风情，比如布依族的"三月三"、"六月六"、"查白歌节"、"毛杉树歌节"，彝族舞蹈"火把节"、苗族的"八月八"、"采花节"等节日。布依族音乐"八音坐唱"有"声音活化石"、"天籁之音"之称，连同布依铜鼓十二则、查白歌节、土法造纸、布依戏等被列入国家级非物质文化遗产。[②]

在十一五期间，黔西南州城镇化率以平均每年增长1个百分点以上的速度逐年提高，到2010年达到28.15%，形成了快速发展的良好势头。[③]从全国的情况来看，尽管黔西南州取得了经济总量翻两番多的好成绩，但其发展的速度仍不够快、力度仍不够大、水平仍不够高，同发达地区的差距在逐渐拉大。[④]从全省的情况来看，黔西南州在全省经济发展排名位次靠后，在全省88个县（市、区、特区）经济发展增比进位综合测评的排

① 《基本州情　中国金州·黔西南》. http://www.qxn.gov.cn/View/Article.1/53134.html, 2012-08-02。

② 《基本州情　中国金州·黔西南》. http://www.qxn.gov.cn/View/Article.1/53134.html, 2012-08-02。

③ 《黔西南州"十二五"城镇化发展专项规划》http://www.qxn.gov.cn/ViewGovPublic/fzgh/45605.html，2011-12-30。

④ 《中共黔西南州委关于制定黔西南州国民经济和社会发展第十二个五年规划的建议》http://www.qxn.gov.cn/ViewGovPublic/fzgh/35884.html，2011-01-27。

名中，全州 8 个县（市）排位普遍大幅下滑，呈现“一进一平六降”态势。[①]

第四节　黎平县简况

黎平县[②]隶属贵州省黔东南苗族侗族自治州，位于湘、黔、桂三省（区）交界处；东接湖南靖州、通道县，南连贵州从江县和广西三江县，西倚榕江县，北靠锦屏、剑河县，共辖 25 个乡镇，403 个行政村，1497 个自然寨。县域面积 4441 平方公里，耕地面积 18587 公顷。2010 年，黎平县共有人口 39. 1 万人，其中侗族人口 27. 4 万人，占总人口的 70%，是全国侗族人口聚居最多的县和侗族文化中心腹地，由于其丰富的旅游资源，是国家重点风景名胜区、国家森林公园、全国生态示范区和贵州省优先发展的重点旅游区。

图 3-4　黎平县地图

① 黔西南州经济工作会议召开 http：//www. zgqxn. com/News/HTML/7429. html，2012 - 01 - 04。

② 百度百科名片：黎平县 http：//baike. baidu. com/view/545079. htm。

2009 年，全县生产总值完成 19.51 亿元，同比增长 15.6%，增速超过全州 3.6 个百分点，超过了“十一五”规划的 18 亿元目标。农业总产值完成 10.27 亿元，同比增长 7%，粮食总产量 16.92 万吨，同比增长 1.14%。工业总产值完成 12.87 亿元，同比增长 17%。其中：规模以上企业完成 9.01 亿元，同比增长 21.8%。争取到新增中央投资项目 275 个，总投资 3 亿元，当年下达中央资金 1.53 亿元，占全州中央新增投资下达资金的 10.69%，排名全州第一。社会固定资产投资（含“两高”建设）完成 30.5 亿元，同比增长 102.4%（其中，县级固定资产投资达到 10.22 亿元，同比增长 37.1%），增长额度、增长速度均创历史新高，增速超过全省 30.8% 和全州 39.8% 的水平。财政总收入完成 1.5 亿元，同比增长 28.56%，增速排名全州第 5 位，大幅超过“十一五”1 亿元目标。金融存款余额 27.32 亿元，同比增长 14.76%；各项贷款余额 13.25 亿元，同比增长 22.82%。社会消费品零售总额完成 7.65 亿元，超过了“十一五”7 亿元目标。人民生活水平稳步提高，城镇居民人均可支配收入达 7535 元，增长 7.6%，比“十一五”目标增加 935 元；农民人均纯收入达 2598 元，增长 10.7%，比“十一五”目标增加 398 元。全年木材加工企业完成产值 2.55 亿元，同比增长 220.35%，创历史新高。通过努力，2009 年全县规模以上工业增加值完成 2.33 亿元，同比增长 30.9%。2009 年，共接待游客 93.87 万人次，同比增长 10.4%；实现旅游综合收入 19905 万元，同比增长 17.8%。

经济较快发展，综合实力明显增强。2011 年全县生产总值 39.6 亿元，比 2006 年增长 1 倍；财政总收入 3.8 亿元，增长 3.5 倍；工业增加值 5 亿元，增长 1.4 倍；县级固定资产投资完成 42 亿元，增长 3.4 倍；社会消费品零售总额可达 31 亿元，增长 6 倍；城镇居民人均可支配收入可达 11000 元，增长 81%；农民人均纯收入可达 3940 元，增长 83%；银行存款余额 43.5 亿元，贷款余额 22.5 亿元，分别增长 3.6 倍和 2.5 倍。

基础设施建设步伐加快，交通条件不断改善。厦蓉高速公路、贵广高速铁路都即将建成，交通十分便捷。侗族村寨有肇兴侗寨、岩洞侗寨、堂安侗寨三处有名的旅游景点。侗族民居的典型特点在黎平县得到了集中的体现。肇兴侗寨坐落于群山环抱之中，寨内吊脚楼鳞次栉比，戏楼、歌坪点缀其间，全寨共 1100 余户，4500 余人，是全国最大的侗寨，有“侗乡第一寨”之美称。肇兴岩洞最出名的是五座鼓楼、五戏台和五座风雨桥。此外，岩洞侗寨，地坪风雨桥，往洞乡增冲鼓楼，茅贡乡高近、地扪、腊洞等“侗戏之乡”，黎平古城加上堂安侗寨的鼓楼、戏楼、吊脚楼民居、石板路等都是全国有名的侗族文化景点。

第四章　贵州少数民族传统民居及其文化概况

贵州是我国少数民族主要聚居地之一，属于“老、少、边、穷”地区，贵州大多数少数民族又居住在相对偏僻独立的深山老林地区，经济相对更落后，贫困程度较深，居住环境较恶劣，居住条件较差，其民居是危房改造的主要对象。而各少数民族特色民居是我国建筑文化的重要组成部分，其保护对于丰富和发展我国建筑文化，对于应对现代化和全球化下的文化趋同性和单一性具有重要的意义。

第一节　苗族民族传统民居及其文化概况

贵州省是我国少数民族主要聚居地之一，也是我国少数民族传统民居建筑文化的积聚地。下面主要介绍贵州省的苗族、侗族和布依族的传统民居及其文化。

一、苗族传统民居及其文化

雷山县是苗族历史上五次大迁徙中第三、四、五次大迁徙的主要聚居地之一，被外界称为“苗疆圣地”。雷山县苗族村寨比较集中，全部是吊脚木楼建筑群，而且历史悠久，文化积淀深厚，是典型的苗族传统民居集中地区。

雷山县苗族吊脚楼，楼房依山而建，后半边靠岩着地，前半边以木柱支撑，楼房用当地盛产的木材建成。二层三层和前檐用挑伸出房基外坎，形成悬空吊脚状，故称“吊脚楼”。

吊脚木楼是我国南方少数民族干栏式特有的建筑形式，但雷山县苗族吊脚楼是干栏式建筑在山地条件下富有特色的创造，属于歇山式穿斗挑梁木架干栏式楼房。其民居尤具特色：高脚架空的楼层、两坡式的屋顶、随意的挑台挑廊、灵活的披檐处理、穿斗架式的木结构，灵活的组合聚居，使其有别于其他民族干栏式建筑，构成了独特的苗族民居建筑及其建筑文化。

民居建筑与生态环境、生产活动有极密切的关系。雷山县苗族的吊脚楼是在适应雷公山高山峡谷和相对潮湿环境下经过逐步创新、发展的建筑文化载体，它承载着苗族对生态环境、民族心理、民族历史、宗教信仰、社会生活、美学观念乃至空间力学的理解，是随着苗族先民由长江中下游流域，从东到西、从北到南不断迁徙，在适应新环境条件下，发展而来的具有本民族独特风格、有别于贵州其他民族的民居建筑。

（一）雷山县苗族吊脚楼建筑选址理念

第一，实用理念。居住的地方必须便于劳动生产。要向阳以便晒各种东西。要聚居以防野兽与敌人的侵袭。要近水源，至少居住的地方各种水源要丰富，保证人畜用水和生产灌溉。留平地开田开土，在半山建寨，上山与下河为居中点，有利于劳作，尽量减少体力上的支出，且利通风、消暑散热、除湿气、避洪水，极目远眺，陶冶情操。

第二，风水理念。背倚青山长枫树，前有溪流村坳。水口修建风雨桥，阔地铺架通天路。

第三，寄托理念。把山理解为人丁，把水理解为钱财，山坡墩厚，奇峻威武，河水平缓悠扬，迂回返顾，是人们追求的理想居住用地。山要求周围拱顾，水要求曲曲折折。这样，寨子的人丁才生生息息，财源才会源源不断。

第四，便于宗教聚居和群体活动，团结本社区的力量，牢固血缘和族群关系，增进感情。

（二）雷山县苗族吊脚楼的类型

雷山县苗族吊脚楼大致可归类如下。

1. 按选择宅基分

（1）斜坡吊脚楼

斜坡的吊脚楼，一般依就坡面挖土成上下两级屋基，两级屋基外下方都用坚固岩石砌上一层牢固的保坎。如果下层保坎太高，还加砌一层护坎。每栋吊脚楼一般为4排柱3开间，也有6排柱5开间的。每排木柱一般为5柱4瓜（两长柱间悬着的短柱称为瓜）或6柱4瓜。

这是雷山苗族民居的主流，也是苗族建筑文化与技术的核心和主要体现。因为贵州苗族绝大多数居住在山区。“汉族住坝子，布依族住水边，苗家住山巅”，居住环境造就了苗族这一居住特征。

（2）平地吊脚楼

平地吊脚楼实际上是苗族斜坡吊脚楼建筑技术在平地的应用。随着历史的发展，人口的变迁，居住在山上的苗族有的搬迁到坝上等平地居住，但是由于他们习惯了斜坡吊脚楼的风格和结构，而采用其建筑技术在平地上建吊脚楼，只是一楼为平地而已。平地吊脚楼的二楼也设有堂屋、大门、干栏走廊等。住人房间主要设在一、二楼内。三楼放置一些杂物和粮食。

（3）水上吊脚楼（即建在池塘上的吊脚楼）

接触水面的部分用专门打制的坚硬石头撑出水面接房柱。但现今已不住人了，专用于存放粮食等物。大塘乡新桥村的水上粮仓便是典型，它是先民在东方水乡湖泊沿边居住木房的活化石。

2. 按吊脚楼外形分

（1）正房为三层三开间，两头无厢房或偏厦的吊脚楼；

（2）正房为三层三开间，在一头加1偏厦或1厢房的吊脚楼；

（3）正房为三层三开间，在两头各加1偏厦或一头加偏厦一头加厢房或两头各加1厢房的吊脚楼。

(4) 正房为三层五开间以上，加建双层飞檐的吊脚楼。

(三) 雷山县苗族吊脚楼的结构与功能

每栋吊脚楼的正房一般为 4 排柱 3 开间，也有 6 排柱 5 开间。或 10 排柱 9 开间的。柱子都选用材质好的杉木，有的中柱，特选用枫木。对中柱要求特别严格，中柱必须通直落地，不能用两根柱相接。每排柱一般为 5 柱 4 瓜，每排 6 柱前列的第二根柱子悬在穿枋不落地，每排 5 根柱中，最前列的一根柱子悬空不落地，“吊脚楼”因此而得名。有一部分除正房外，在一头或两头还搭建偏厦或厢房。

最引人注目的是房子的框架系榫卯衔接。一栋房子需要的柱子、屋梁、穿枋等有上百根块上千个榫头眼。但苗族的造房木匠从来不用图纸，仅凭着墨斗、角尺、竹杆尺、墨线、斧头、凿子、锯子和成竹在胸的方案，便能使柱柱相连、枋枋相接、梁梁相扣，使房子巍然屹立于斜坡陡坎之上。

房间一般用七八分厚木板封装，间壁多用木枋和木板镶成块状后再嵌入两柱间拉槽夹紧牢固。板面光平。每间均安窗子，窗内一般用一厘米宽厚的木条装成方格，呈米字形、田字形，也有八卦形或寿字形的，图形对称。“寿”字形的是模仿水田中一种苗语称为“冈欧随”的水生虫而形成，是农耕文化的表现。

“苗人喜楼居，上层储谷，中层住人，下为牲畜所宿”，这概括了苗族人民讲求实用，注重功能的居住传统。在雷山县境内，苗族吊脚楼绝大多数是三层建筑模式。

第一层多用于圈养牲畜和家禽、堆放柴草、家具等。

第二层为全家人活动的中心地。一般有 3 至 5 个正房开间和偏厦间。正中必有一大间为堂屋；两侧正房都用木板隔装成若干小房间，作为家人的卧室及客房；有一间作火塘兼餐室，偏厦间多用作厨房。

苗族的堂屋是最神圣的地方。一般为一通间，正中内壁安有祭祖的神龛，是祭祀祖宗的地方，神圣庄肃，不得随意触动。堂屋又是宴请客人嘉宾的场所，要求整洁宽敞明亮。堂屋装修上极具有苗族特色的两处：一是堂屋前部分接近“干息”① 的第 3 根柱子角，安装有两扇大门，宽两米左右，高约 3 米。大门外，还附设两扇挡风矮门，用作冬天屋内烤盆火时档风。两扇大门的上方安装有一对造型别致形似水牛角的木锤，俗称“打门锤”。二是在堂屋出口处，留出约四五平方米空间，并在堂屋间边装上整间长度（4 米左右）的坐凳，它用宽约 0.4 米，厚 3 厘米的长枋安装；坐凳上方安装高度在 2 尺左右，由 27—35 条三指宽形如弯月的小方条靠背栏杆。以 2—3 寸间隙排列上下凿孔对接固定，上方榫插在直径 20 厘米左右的棱角横柱上，下方榫插于坐凳外边沿上。苗语称为“阶息”，建筑学称为“美人靠”。这是苗族民居的一种标志。平时，家人可在劳作之余坐在栏杆长凳上小憩，每当夏秋清风明月之夜可凭靠栏杆观星赏月，极目远眺。农闲时或雨天时，可为女人们纺纱、绣花、打织花带、纳鞋底等的处所。客人到来，也常被安排坐此休歇，观赏村寨风光。若用地允许，户主常在“美人靠”前空地上栽种常绿果木或竹林，迎风送来阵阵清香。堂屋又是迎客厅，佳宾亲朋到来，常在此间摆上长桌，设宴款待。自家也在这里举办喜事，聚众欢庆。欢乐动听的酒歌、飞歌和嘎百福声都从这里飘扬四方。

第三层一般用作存放粮食、杂物。大户人家也用 1—3 个小间作客房或儿女的卧室。

吊脚楼一般用当地烧制的小青瓦盖顶。房顶有歇山式、悬山式，以歇山式为主。在屋檐处理上，苗族吊脚楼的楼角反翘，谓之“飞檐”，在外形上给人以舒展向上腾飞之美感。最具有观赏价值的是双层“飞檐”模式。有的还利用吊脚楼边搭架木板作晒楼，艳阳天晒些谷物或蔬菜，夜间可纳凉休息，赏星观月。也有的还在离房屋不远处另搭建粪棚，设有厕所，兼放置牲畜粪便和农耕杂物等。

---

① “干息”：长枋木板坐凳，苗语称“干息”，有专家称为“美人靠”。

二、传统民居文化分析

传统民居文化主要体现在和谐自然的生态观、因地制宜就地取材的实用观以及可持续发展理念。

（一）和谐自然的生态观

雷山县苗族吊脚楼民居和谐自然的生态观念主要表现在保护山林和环境绿化等方面。

经过长期实践，人们逐渐总结出适应自然、协调发展的经验，利用自然资源时注意了资源的繁衍和对生态环境的保护以及与生态环境的协调和谐。

民居往往建在不宜耕种的坡地上，常常筑台立基或建吊脚楼，极少大规模开挖山体平整地基，因而保护了大片的农田和山林的植被。这在客观上使得人们向自然界索取较少，对生态环境的破坏也没有超出自然环境的调控能力，从而招致报复就较小，为大自然所容忍，有利于自然界生态平衡的保持，客观上也保留了一个和谐的生态环境。民居建筑的布局随地形变化而随高就低，曲折蜿蜒，与自然环境巧妙结合。

在村头寨尾栽种的保护自然长青树木，体现了人与自然的密切关系，同时古树也被视为风水的一种象征或寄托。经过长期实践，人们总结出根据生态、观赏和实用功能在民居建筑周围绿化的经验：如梅树树干不大，不挡阳光，造型优美，宜植于稍高又避雨的住宅北面；榆树速生，樟树枝叶繁茂，还能吸附烟尘、防虫，种于房屋四周能净化空气保护环境；人们常以竹喻高风亮节，生产工具也多以竹加工制作，竹生长快、耐阴，因而宅后常植竹。与周围环境和谐统一，是苗族传统民居建筑的优秀生态观念。

“天地所包，阴阳所呕，雨露所濡，化生万物，瑶碧玉珠，翡翠玳瑁，文彩明朗，润泽若濡，摩而不玩，久而不渝，奚仲不能旅，鲁般不能造，此之谓大巧。”（《淮南子（卷二十）》·泰族训）这段话极力讴歌大自然和谐之美，并强调这样的美乃由客观规律所形成，而非人工所能巧夺的。雷山县苗族传统民居建筑的规划和布局，都自觉或不自觉地顺应自然条件而不断地调节与自然环境之间的关系，彰显了天人合一的精神内涵，从而达到了和谐自然的效果。

（二）因地制宜、就地取材的实用观

因地制宜主要指人们在建房时，为最大限度地发挥自然条件的作用，选择建筑物的地址、形式以及其周围环境，以期更好地实现民居的实用功能。

"风水明确肯定房屋建筑园林及至墓地等，要择地选址，要与地形地貌风水的运作相联系……"① 雷山县苗族传统民居的建设力求依山傍水、避风朝阳，讲求自然的形势，根据不同地理形貌进行合理布局。吊脚楼一般都建在斜坡上，地基分为两级，这样就可以变不平的斜坡为"天平"了，而且十分节约土地面积，房子也相当稳固、通风，避免潮湿。既适合于当地地形条件、节省土方，又能在视觉效果上增加了空间层次和上下之间的明暗对比，造成建筑群体高低错落的优美气势。

无论是平底吊脚楼还是斜坡吊脚楼都是因时、因地来创造人之根本居所。它们在寻求居住环境时，一般都背山面水，负阴抱阳。背山可以阻挡冬季寒风，前方开阔可以得到良好的日照，可以接纳夏日的凉风。背山面水的布局原则，可以带来生产和生活上的方便。大山是苗家人生活的坚实依托，水是人们生命的源泉。背山在生产方面可以收林木之利，给发展林业提供广阔的天地，同时，又可以在有水源的地方开辟层层梯田，也便于就近开荒种粮。在生活方面，建房用的木材、做饭用的薪柴都有了保证，森林中的菌类、山果、野菜等等还可以改善人们的生活；山上的植被既能保持水土流失，防止山洪，也能形成适宜的小气候。流水在生产方面，有利于开凿渠堰、挖池凿塘、引水灌溉，用来种田和养鱼；生活方面，不仅

---

① 亢羽：《中华建筑之魂——易学堪舆与建筑》，北京：中国书店出版社 1999 年版，第 95 页。

可以用作日常生活的洗涮、游泳，还可运载交通工具。寨内的房屋之间穿插着堰塘，使房屋保持了一定的间距，有助于通风采光，火灾时亦能提供消防用水。堰塘上常设置架空的小仓房储存粮食等，有利于防虫鼠和通风及防火。因此，这种建筑环境布局可以满足人们长期的基本生活环境的需求，以求子子孙孙，世代兴旺。

根据当地地理、气候条件，就地取材建房是黔东南苗族村寨传统民居的精魂。

雷山气候温和、空气相对湿度大，适宜树木尤其是杉木的生长，石材在雷山县也是非常丰富的，因而人们就地取材，木材、石材就成为房屋主要构件的建筑材料。所以在雷山县境内木质结构的吊脚楼随处可见。但人们在建屋时并非肆意伐木开山取材，而是“量体裁衣”，建屋时提前数年就开始仔细计算用料情况，具体在伐木时哪些规格的杉木可伐，哪些不可伐，都有严格的规定，用料时大小套用，绝少浪费；石材常用的有毛石、料石、卵石，主要用于屋基、保坎、柱础部位以及铺路。人们在对石材的选取上，尽量考虑如何省时、省工、省力，所以除了开采一些必要的毛石、料石以外，一般就到附近河滩上收集大块卵石，尽可能地减少人工对山体的开采，即便不得不开采，在开山的方位、距离村寨的距离等都有严格的规定。砌房屋地基、保坎时多为干砌（不用石灰浆或混凝土），只有重要部位加少量石灰浆砌。人们在取材用料上非常有经验，在什么部位用什么石料，相当地灵活自如。村寨内的道路就近取用“青石板”或“鹅卵石”铺成的花街，这样既便于交通，又有利于防火。石块间的缝隙还有利于雨水的渗入。屋面防水材料主要用杉树皮和茅草，也有的盖青瓦。

苗族同胞充分利用自己的聪明智慧和长期的生活经验，最大限度地利用自然的优势，避自然之害处，最经济地建造自己的家园。他们采用周边的天然材料来建房，这些材料来自大自然，节约了长途运输的耗资，是节约型的建筑过程，是可持续发展的。在建材取用方面所规定的一切都是为了保持自然水土，都是为了维护生态环境的平衡和持续发展。

（三）可持续发展理念

木构架结构的吊脚楼，尽管从保护森林和结构的坚固、耐久性来看，它存在许多问题，但却是一种开放式结构，它包含的可持续发展理念值得吸取。这些吊脚楼民居结构由立柱、横梁、檩条、椽子等结构构件组成、哪个构件损坏了，可以替换而不影响整个结构。围护结构的门窗、屋面上的瓦等构件更可以随时更换。这使民居易于维修，使之可持续使用几代人，甚至可以随时从一地搬迁到另一地。传统的木构架吊脚楼民居在使用上，本着节约性原则，在保证风格完整、结构稳固前提下，尽量节省木材量。用料有计划、按尺寸规格适当使用。此外，苗族民居自然灵活的布局对建筑的可持续性、逐渐地扩大、延伸带来了一定的活力。苗族民居修建之后，似完而未完，随着时间的推移，无论是横向和纵深，都具有可延伸、扩展的余地，并不因此而终结。这是苗家人可持续发展理念在民居建筑中的具体体现。

第二节　布依族传统民居文化概述

一、布依族村寨的选址

布依族村寨的选址多选择依山傍水的地方。房屋依山而建，沿山层叠而上修建，村寨四周以及村寨内种满各种林木，因此布依族又将自己的村寨称为“寨林”。[①] 同时，布依族以种植水稻为主，村寨前多有河流，便于引水灌田。依山而建、沿水而居是布依族村寨独特的居住格局：前有弯曲秀丽的河流，后靠青翠葱郁的山丘，寨前层层叠落的稻田，寨后高大挺拔的树木。[②]

---

① 安龙县民族事务委员会：《安龙县民族志》。

② 杨俊、张见林、邓旭：《布依族村寨景观初探》，《山西建筑》2007 年第 4 期。

图 4-1　古榕树包围下的布依古寨

二、布依族传统民居的建筑式样

（一）以木质结构为主体的“干栏”楼居建筑

布依族历史上盛行“干栏”建筑。据《北宋·南僚传》记载，布依族的先民古越人“依树积木，以居其上，名曰干栏”。[①] 布依族的干栏建筑分“落脚型干栏”和“吊脚型干栏”两种。[②]

落脚型干栏建筑大多数是呈“一”字形的三开间，家庭经济条件好的人家，也建有五开间或七开间的。一般分为上下两层带矮楼。开间数取单不取双，认为取双数是不吉利的。各户的房屋之间互不鳞叠衔接，每一幢房屋就是一个独立的天地。这种房屋从简陋的三柱落脚到纵横宽敞的 13 个

① 安龙县民族事务委员会:《安龙县民族志》。

② 韦启光、石朝江、赵崇江、佘正荣:《布依族文化研究》，贵州人民出版社 1999 年版，第 48—51 页。

柱头和15个柱头落脚不等。

“吊脚型干栏”建筑一般是半间落地，半间吊脚，屋基也分上下两级，前低后高，级差五六尺，呈“厂”字形。前柱吊脚落于一级地基上，后柱落于靠坡的一级地基上。靠坡的后半间为平房，室内多数不隔不圈，用作厨房，安置石磨堆放农具家什等。吊脚的部分在与靠半山间水平处的柱腰上凿榫眼架横坊、楼梁形成上人下畜的“半爿楼”。

这些“干栏式”脚楼大多建在斜坡面上，后部与坡坎相接，前部用木柱架空，像是吊着几根柱子，其造型从纵剖面看，形成了“占天不占地”、“天平地不平”的独特景观。

（二）土木或木石结构的平房建筑

这种建筑是汉民族建筑文化与布依族建筑文化交融渗透的结果。这种平房建筑一般为三开间，室内的格局除富裕人家外，多数由两室一厅组成，左右居室的大小不等。通风透光较佳，冬暖夏凉，居住舒适，修建省工省料。屋顶呈“人”字型，以利于泄水。明清以后，黔南州都匀市附近及贵阳市附近布依族修建的住宅，几乎都以这种平房为主。只有在边远的山区村寨，布依族传统的干栏楼居建筑还较多保留。

（三）以石头为主要建筑材料的石板房

这种房屋是黔中地区的布依族群众因木材短缺就地取材而建造的一种居住空间。石板房的造型在外观上与平房相似，一般以三间房为主，也有一正二厢的庭院布局。有的人家还建造一楼一底，楼上住人，楼下为畜圈。石板房普遍是用石头砌墙、石板盖顶，顶部呈“人”字形，只用木头做檩子和椽皮室内用石料间隔，石柱支撑，石阶进门。整幢房屋除用几十根木头架设铺板外，其余都用石头修成。镇宁县的城关区、安西区、扁担山一带的布依族以及龙里、贵阳花溪区等地，多见这类石板房。镇宁的石头寨，是这类住宅建筑的典型。石板房的建筑工艺精湛，造型美观大方，风格古朴与自然融为一体。

三、布依族传统民居的房屋布局与生产生活功能

布依族的干栏式建筑一般都分两层，底层存放杂物，堆放柴火，存放犁、耙、锄等生产工具，便于存取；上层住人，离地而居，既避免了虫蛇猛兽的袭击，又保障了人不受湿气的影响，同时还可储粮。黔西南州布依族的干栏式建筑或一家一栋、自成一体，或聚族而建——同族的房子连在一起，廊檐相接、互通有无。吊脚楼的主楼一般为三开间，正中一间称为堂屋，前有回廊后有偏厦，左右两侧另设厢房。

堂屋是一栋房屋的中心，板壁上安放有祖宗圣灵的神龛，其整个房屋建筑的空间分割组合是以祖宗圣灵神龛所在的房间为核心，再向外延伸辐射。回廊于二层出挑，安装有栏杆和靠椅，可用作一家人劳累过后休闲小憩、纳凉观景的地方。偏厦多用作厨房或磨房，厢房一般为卧房，或作绣房、织布房等。富裕的人家有修“三合院”或“四合院”的，正房面对的房间称为“对厅”，不建“对厅”的则要修朝门。[1]

图 4-2　布依族民居的堂屋

① 安龙县民族事务委员会:《安龙县民族志》。

大多数人家把在二楼地基外架上的悬空走廊作为进大门的通道。猪、牛圈都在楼下或屋侧房后，方便喂养和耕种使用。布依族民居的附属建筑同时具有生产的功能，可饲养家禽、家畜，还有房前屋后空地上开垦出来的菜畦可种植蔬菜。

黔西南州布依族传统民居堂屋中空较高——只有一层，而两旁的厢房所在的空间则分为两层——一方面是因为便于用“联架”给农作物脱粒（联架是用绳子将两根近两米长的木条联结，然后双手抓住一根，让另一根木条打击玉米棒或麦穗，以便脱粒，因摆动的幅度较大，所以需要较大的空间）；另一方面是便于从大门堂屋进入房间后将杂货、粮食存放于两边的顶层上。

在黔西南州南龙村，祖宗圣灵的神龛后面还设计有一间独特的房屋，直接从神龛旁边开门进去，当地人把它叫做“老人房”，意指全家当中年龄最大的老人才有资格居住。这进一步体现了当地布依族群众敬老爱老、祖先崇拜的思想。

图 4-3　老人房

四、布依族传统民居搭建过程所蕴含的文化

布依族传统民居的搭建有很多讲究。首先要请阴阳先生看“风水”，选择依山傍水处作宅基，不仅要背靠青山，而且要面朝碧峰。靠山的山形最好是选择“卧狮拱卫”、“青龙环护”、“贵人座骑”等山势；向山的山形要选“二龙抢宝”、“双龙戏珠”、“万马归槽”、“寿星高照”等形态。

起房造屋要选吉日，吉日前一个月请木匠破料做房架。竖房架的吉日要供祭鲁班师傅。房架竖好，岳父家送来大梁，大梁上拴有红绸扎的大花朵，并有乐队和舞狮队鸣鞭炮伴送。上梁时又要举行歌舞祭礼和宴饮。最后，要接祖宗牌位和灶神（炭火）到新居。建新房的整个过程中，村寨里充满了喜庆的气氛。[①]

五、布依族传统民居建筑的生态观念

布依族传统民居的建筑式样与建筑材料的运用蕴含了一定的生态思想，顺应了自然地理环境的需要，同时也保护了生态环境，实现了民居与环境的和谐相生。

在房屋建筑式样上，传统的布依族吊脚型“干栏式”民居因地制宜地分为单吊式、双吊式、四合水式、二屋吊式和平地起吊式，顺山就势而建，很好地避免了水土流失并维护了生态平衡。

在建筑材料的运用上，布依族传统民居的建筑材料多为因地制宜、就地取材，泥土、石头、树木、竹子、秸秆等都可以作为建房盖屋的材料。这些建筑材料基本是随处可得，极少耗费能源资源，几乎不会对生态环境造成不利结果。黔西南州其他盛产优质石料的布依族地区，当地布依族群众因地制宜，以石条或石块砌墙，以石板盖顶，用石料修造出一幢幢颇具民族特色的石板房，冬暖夏凉，防潮防火，美观大方，能很好适应布依族村寨地面潮湿、瘴气浓重这种生态环境和气候条件。

---

① 百度百科：《布依族民居》 http：//baike. baidu. com/view/1162391. htm。

第三节　侗族传统民居及其文化概况

侗族是个历史悠久，文化丰富的民族。要了解侗族的建筑文化，我们首先要简单了解一下这个民族的基本情况。

一、侗族简介

侗族的名称，最早以“仡伶”，见于宋代文献。明、清两代曾出现“峒蛮”、“峒苗”、“峒人”、“峒家”等他称。新中国成立后统称侗族。民间多称“侗家”。

侗族[①]主要分布在贵州、湖南、广西、湖北四省（区）毗邻的贵州的黔东南苗族侗族自治州、铜仁地区；湖南新晃、通道、芷江、靖州、会同；广西的三江、龙胜和湖北的宣恩、恩施、利川、咸丰等县交界处，以及零星分布于全国其他省（市、自治区）。贵州的侗族人口最多，据2010年全国第6次人口普查，全国侗族人口共有287.99万人，贵州侗族为143.19万多人，占全国侗族总人口的49.72%。

侗族文化积淀深厚，丰富多样。侗族有自己的语言，属汉藏语系壮侗语侗水语支。原无民族文字，20世纪50年代创制了侗文，现在大部分通用汉文。侗族的侗锦、侗布、挑花、刺绣等民间传统工艺非常有特色，历史上就很出名。侗族的建筑也很有民族特征，结构精巧、形式多样的鼓楼、风雨桥等建筑艺术是其建筑文化的典型代表。

贵州的侗族主要从事农业，以种植水稻为主，以糯谷为盛，以香禾糯为名。除了农业外，林业以盛产杉木为主。贵州侗族人民的生态意识很强，池塘稻田普遍养鱼，附带养鸭，是典型的生态立体农业模式。

历史上，侗族有自己的社会管理模式，侗款是其最重要的社会组织，是一种区别于国家、部落联盟的民间性自治联防组织。侗款主要由四个层

① 贵州民族文化网上博物馆:《贵州侗族民居》　http://zt.gog.com.cn/system/2009/06/03/010576227.shtml。

次构成，即小款、中款、大款和联合大款。侗款组织具有平等性、款约的约束性、自治联防性、民族感情的凝聚性等特点。中华人民共和国成立后，侗款意识作为一种文化现象对侗族地区的发展至今仍然发挥着重要作用。①

二、侗族建筑文化

侗族的建筑文化是侗族丰富民族文化的重要组成部分。侗族的建筑文化既包括鼓楼、风雨桥、凉亭等公共建筑，又包括吊脚楼、粮仓、禾晾等民居建筑以及由公共建筑、民居建筑、自然环境所共同构成的整个村容村貌。

（一）公共建筑

侗族建筑②的典型代表为鼓楼、风雨桥和凉亭。这几类建筑都是侗族人们适应环境、改造环境的结果，是侗族人们在长期生活、生产实践中的经验积累和智慧结晶，是侗族人们生存艺术的杰出代表。

鼓楼是侗族文化的核心标志。鼓楼的楼宇式建筑样式尽管跟汉族的"楼"的称呼具有相通性，但鼓楼却非同于一般的楼房。侗族的鼓楼是木结构，属于重檐、多柱式建筑。鼓楼建筑的用料、结构、尺寸、形状、用料配置数目、雕花雕饰样式及整体的形构等都体现了侗族独特的审美倾向、艺术表现和文化意蕴。侗族人民不使用铁钉而是用木榫把大柱、衬柱和横梁等巧妙组合，使整个鼓楼牢固、紧凑、雄伟、美观。鼓楼的命名源自鼓楼中的牛皮大鼓。鼓楼中悬挂的鼓一般长约三米到四米。侗族村寨的村民只有在进行聚会议事、节日庆典、聚集娱乐等村寨集体活动时才登楼击鼓。鼓声能起到互通信息，整合村寨村民的功能。鼓和鼓楼在侗族人们心目中已经不仅仅是实体性、形而下的器物存在，而是侗族村寨村民集体情感、精神诉求、审美情趣等的抽象性、形而上的精神象征。因此鼓楼显

---

① 杨昌嗣：《侗族社会的款组织及其特点》，《民族研究》1990 年第 4 期，第 31—36 页。

② 易风：《中国少数民族建筑》，中国画报出版社，2004 年版第 55—59 页。

示出侗族人民在民族建筑方面高超的技术和独特的审美倾向。在侗族人民那里，鼓楼不仅是一座座实体性的楼宇式建筑，不仅是侗族人民进行政治、经济、文化等活动的集散地，而且已经幻化为侗族的一种民族团结精神，一种体现民族核心意识的精神纽带。有侗族民歌为证："未建寨子，先建萨坛（祭祀的坛堂）和鼓楼"。

图 4-4　鼓楼

除了鼓楼，风雨桥也是侗民族独特建筑技艺和建筑风格的代表之一。侗族的风雨桥集美观和多样功能为一体。在外观形式上，风雨桥把桥、亭、廊等样式结合成一个整体。风雨桥一般跨越在河流之上，发挥着桥的功能，桥栏边设长椅，能让路人小憩。桥栏和桥上加盖顶棚，形成廊和亭的样式，并且加油漆、加色彩、加图画，色彩绚丽，图案精美，因此风雨桥又叫做“花桥”。大型的风雨桥的桥墩一般是大青石，在桥墩上一般采取托架简梁式的结构，用铺架成排的杉木做成桥梁，逐层挑出，然后再加上梁面，这样就增大了桥孔的跨度。桥亭是建在桥墩上的，整个桥亭，不用铁钉，全用木条，以木榫衔接，斜插直套，上下交错，浑然一体，独具匠心。

侗族的风雨桥给人们带来了建筑艺术上的审美享受，更是人们了解侗族风俗文化的另一扇重要窗口。侗族人们把风雨桥当成是彩龙的化身，吉祥的象征，是人们在日常生活、生产中遇到不顺、不吉利、不幸时祈求平

图 4–5　风雨桥

安、顺利、吉祥而祭祀神灵之所在。这样风雨桥便从普通的实体建筑物抽象成为侗族人们心目中的精神之桥，族群交往和认同的灵魂之桥。风雨桥记忆了侗族祖先适应环境、战胜自然历程，凝聚了现时代的侗族人们对美好生活的追求，更是未来时代的侗族人们追求族群认同的源泉之一。

在侗族的公共建筑中，凉亭也是值得一提的代表性建筑。《园治·亭》:“亭者，停也，所以休憩游行也。”侗族人们大多在山高路远之处劳作，为了在劳累之后能有一个地方小憩来恢复体力和精力，他们在高山的半腰上或是上山的小道旁修建了很多的小凉亭。凉亭的结构简单，是一个仅靠柱子支撑的上有顶盖，四周敞开的建筑物。凉亭内的两边一般放有连柱长凳供路人休息。在冬天气候恶劣时，有些老人喜欢在凉亭中生火塘，为路人取暖、用水提供方便。侗族人们喜爱为这些公共设施贡献自己的力量。在侗族村寨，有些年轻人庆祝自己生日的方式是去修葺凉亭，给破漏的凉亭添瓦补洞，这些举动从一个侧面反应了侗族人们热心公益，乐善好施的淳朴民风。

鼓楼、风雨桥、凉亭等建筑样式由于数量较少，结构别致、公益性功能取向，属于侗族建筑艺术的核心的、典型的代表，是侗族人们集体智慧的结晶，具有重要的审美价值、艺术价值和文化价值。因此在现时代，对民族传统建筑的保护和开发活动中，这些建筑样式最容易引起人们的关注和重视，因而最容易引起人们的保护和开发。比如，鼓楼和风雨桥的结构样式被复制在一些非侗族居住区的风景区、公园、旅游景点，鼓楼和风雨桥的建筑特点、建筑技巧被一些现代建筑工匠所采用，成为现代建筑学对民族建筑的重要研究内容之一。这些活动从客观和主观上体现了人们对侗族典型性建筑的认知和态度，从一定程度上发挥了挽救民族传统建筑样式和传统建筑文化，传承民族建筑艺术和建筑文化的作用。

然而一个民族的建筑特色和建筑文化不只是蕴含在以上那些具有独特性特征的公共建筑中，也体现在具有普遍特征的民居风格之中。因此，关注民族建筑文化的完整性和传承性就不能忽视对该民族传统民居建筑风格和建筑文化的研究。民族传统民居的保护和传承研究应该成为少数民族建筑文化研究的不可或缺的重要组成部分。

（二）民居建筑

我国古代著名的思想家老子说："埏埴以为器，当其无，有器之用。凿户牖以为室，当其无，有室之用。故有之以为利，无之以为用。"[①] 这句话的意思就是说，建筑是人类根据一定的"无"（即空间），利用石头，木料等搭建而成的一种供人类居住的"有用之室"，为人类因地制宜而与自然山水之介入生化的有机统一而构成的人类生存空间[②]。人类为了适应生存的环境，往往因地制宜地在与自然的协调中建构自己的遮风避雨、防暑御寒的居住空间。这个空间的格局从最初的单门独屋到小村院落再到族群聚落逐渐拓展开去。

侗族民居建筑的典型特点属于"干栏"式。"干栏"式建筑源于古代的"巢居"。这可以从我国古代的史书或地理著作中得到考证。《太平御览》的《始学编》中有这样的记载："上古皆穴处，有圣人出，教之巢居，今南方巢居，北方穴处，古之遗迹也。"[③] 而在《林邑记》中进一步进行了补充："苍梧已南，有文郎野人，居无屋宅，依树上住宿，食生肉，采香以为业，与人交易，若上皇之人。"[④] 南宋地理学家周去非对"巢居"记载更为详细："深广之民，结栅以居，上设茅屋，下豢牛豕。……考其所以然者，盖地多虎狼，不如是，人畜皆不得安，乃上古巢居之意欤!"近代以来，学术界对"干栏"式建筑进行了考古、考证和研究，取得了丰富的研究成果。比较有代表性的研究成果有安志敏认为"干栏"式的出现大约在新石器时代早期，主要分布在南方的长江流域一带[⑤]。

---

① 老子:《道德经》(第十一章)，云南人民出版社，2011年版。或陈教应著:《老子注释及评介（修订增刊本）》，中华书局1984年版，第100页。

② 罗中玺:《黔东北"干栏式"民居建筑的哲学思想》，浙江大学出版社2011年版，第161页。

③ 李昉:《太平御览·卷七十八引》，河北教育出版社1994年7月版。

④ 李昉:《太平御览·卷一七二引》，河北教育出版社1994年7月版。

⑤ 安志敏:《"干栏"式建筑的考古研究》，《考古学报》1963年第2期。

图 4-6 干栏式建筑

历史告诉我们，大约在新石器时代前后一直到汉晋时期，居住在我国南方的最古老的族群是百越族。百越族与一些迁徙民族逐渐演变至今分化为众多的民族，如苗族、侗族、布依族、仡佬族、土家族、壮族、傣族、水族等。这些民族在漫长的历史演变中既发展了具有各自特色的文化，又保留了一些共同的文化特征，其中干栏式建筑便是许多少数民族建筑的共同特征。干栏式建筑在傣族、仡佬族、壮族、侗族、苗族等少数民族中都保留着。这些民族的建筑风格尽管在做工、用料、装饰、雕刻等方面存在着很大的不同，但是由于其建筑都属于一种底层架空的木结构的地面建筑，因而统称为“干栏式”建筑。贵州是苗、侗、布依、仡佬等百越族的后裔们的生息繁衍地之一，在丰富的少数民族传统文化中，干栏式建筑文化便是其中一个重要的组成部分。在《黔南苗蛮图说》中就记载过仡佬“所居屋去地数尺，架以巨木，上覆杉叶。”《溪蛮丛笑》中记载：“仡佬所居不着地，虽酋长之富、屋宇之多，亦皆去地数尺，以巨木排比……杉叶覆屋。”这些著作表明了贵州地区少数民族民居建筑样式就是干栏式建筑[①]。由于“真正的干栏应当是独院式，底层整个架空[②]”而贵州少数民族地区的干栏式“只是局部架起”，故只能称为“干栏化”，也就是俗称的“吊脚楼”。

在易风主编的《中国少数民族建筑》一书中，作者用一章的内容从侗族吊脚楼的地理分布、建筑选址、用料讲究、结构特点、功能分区、外形特征等方面比较详细地介绍了侗族民居的吊脚楼。吊脚楼大多分布在山区，依地形地势而建筑。在用料方面主要是传统的建筑材料，如木头、竹子、茅草或土瓦和石灰等。一般的吊脚楼是两层、三层或四层等，大多是六排五柱五空式，每空宽约4米，深约10米，中间三空为正屋，两头为偏厦，屋顶是四斜面的，整个楼房的梁、柱、枋都用榫卯合，不用一钉。屋檐一般涂抹成白色，或是雕刻图案。屋顶一般用杉木皮或土瓦覆盖。有些侗族吊脚楼的外形整体看像一个“凹”字，平房为单檐结构，开口屋为双檐结构[③]。侗族吊脚楼底层关猪喂鸡，或是堆放农具、柴禾等杂物。第二层比较干燥，是人居住的地方，一般放火塘、神龛、凳椅等。此外有长廊供家人休息或妇女织布纺纱。第三层主要是谷仓和晾晒禾把的地方。卧室在火塘、厅堂的后面，顶棚一般堆放杂物。

贵州的侗族[④]按照地理位置分为“北侗”、“南侗”两个部分。一般认为，锦屏县铜鼓镇以南的黎平、从江、榕江为南侗，以北的天柱、三穗、镇远为北侗。北侗地区的民居与当地汉族的民居极为相似，一般是一楼一底、四榀三间的木结构楼房，其中一间作堂屋，安置神龛，贴神榜之先，内侧小间为“火房”，里面筑高一尺许，面积约占三分之二的台阶，铺以

---

① 罗中玺:《黔东北“干栏式”民居建筑的哲学思想》，浙江大学出版社2011年版，第162页。

② 张倩倩:《干栏建筑与吊脚楼初探》,《山西建筑》2009年第32期，第52—53页。

③ 易风:《中国少数民族建筑》，中国画报出版社2004年版，第57—58页。

④ 贵州民族文化网上博物馆:《贵州侗族民居》 http://zt.gog.com.cn/system/2009/06/03/010576227.shtml。

木板，设火坑于其上，有的是在地面挖一火穴，名曰“火铺”。其作用和周围陈设与“干栏”楼房的“火塘”大致相同，其余房间，均作内室。楼上储藏粮食杂物，是一家的储仓、库房。屋面覆盖小青瓦，四周安装木板壁，或者垒砌土坯墙。有些侗族民居在正房前二楼下，横腰加建一批檐，此作增加檐下使用空间，形成宽敞前廊，用于小憩纳凉。南侗地区的民居则多为典型的“干栏式”楼房。因地处苗岭南麓，溪流遍地，沟壑纵横，流水淙淙。当地侗胞，依山傍水，修建房屋。由于山区地形和潮湿气候的影响，故这一地带的侗族几乎都建干栏式吊脚楼。南侗地区盛产杉木，民居建筑体积较大，房屋高度很不一般。不少侗族民居以杉木为柱，杉板为壁，杉皮为“瓦”。这种房屋，多为两层或三层，两间或三间。楼下一侧，隔成栏圈，关养牲畜，另一侧堆放柴草杂物，或安置“米碓”。由侧边“偏厦”架梯而上。整体上看这种民居建筑的一大特点是层层出挑，上大而下小，占天不占地。楼前半部为廊，每层楼上都有挑廊。廊宽约丈许，敞明光亮，为一家休息或从事手工劳动之所，上安装栏杆或栏板。如用栏板，还特意凿一圆形孔洞，供家犬伸头眺望。由于层层出挑，檐水抛得很远，有利于保护墙角，且可以利用层层檐口，晾晒衣服和谷物。除利用檐下晾晒谷物外，侗族同胞还在住房附近利用杉杆搭建梯形禾晾，利用杉木修建吊脚粮仓。粮仓多修建在水上，有利于防火、防盗、防鼠、防潮。

除此之外，侗族村寨的民族风貌也是民居建筑文化不可忽视的一个重要内容。侗寨的村寨风貌是由侗民的个体民居和鼓楼、风雨桥、凉亭等公共建筑以及附着在这些建筑物体及建筑空间中的象征文化共同建构而成的。在侗族地区，在一片片青山绿水的衬托下，层层叠叠的小青瓦，吊脚楼，以及从小青瓦中冒出的一座座鼓楼，使人享受到民族建筑和自然景观浑然天成，人和自然和谐相生的美感。月明星稀的夜晚，村民们或休憩于凉亭或歇息于风雨桥上，谈天说地，交流着生产经验，细说着家庭琐事，那份田园之乐的惬意感油然而生。抑或是适逢民族节日，村民倾巢出动，聚集于鼓楼，举行盛大的祭祀仪式，那种万头攒动，交织着严肃和热情的气氛，使我们神游于神圣和世俗之间。这种独特的侗寨风貌反映了侗民占用有利地形，充分利用环境，营造适合人居的环境观，也体现了讲究和谐的“天人合一”的宇宙观，以及凝聚群体，强化族群认同的文化观。实体形式的侗族民居和公共建筑是侗民开展社会活动的主要空间和重要载体，体现着侗族人们对自然的认知，对社会的看法。

图 4-7 侗族地区民族风貌

总之，侗族民族风貌就以民居所形成的私人空间和公共建筑所建构的公共空间以及由这两个方面所构成的整个村容村貌为依托和载体，以侗族人们在这些空间中所进行的思想交流、制度建设和人际互动为灵魂和核心而体现出来。换句话说，侗族村寨的这种自然景观、居住格局和精神空间构成了侗民族独特的民族风格和独特风貌①。

① 梁圆圆:《侗族村寨空间建构的文化解析——以广西三江县高友村为案例》，广西民族大学硕士论文，2008 年。

第五章　贵州省危房改造的基本情况

贵州大多数少数民族的民居是危房改造的主要对象。早在中央开始实施危房改造之前，贵州省民委、团委早已对贵州省的危房改造工作予以关注和重视。

第一节　危房改造的资金投入与分配

贵州是农村危房较多的省份，且大部分危房分布在民族地区。2007 年中央把贵州确定为全国首个危房改造试点省份，全省需要改造的农村危房总数为 192 万多户。而其中最危险，最急需改造的户数为 80 多万户。2008 年 6 月贵州省出台《农村危房改造试点实施方案》，同年 7 月，贵州省启动农村危房改造“万户试点”（21 个县〈市、区〉10800 户）工作，涉及 9 个市（州、地）、21 个县（市、区、特区）、119 个乡（镇）。2008 年年底“万户试点”任务顺利完成（实际完成 10869 户，超任务 69 户），“扩大试点”的 32516 户，2009 年 2 月 25 日，贵州省委下发《中央贵州省委、贵州省人民政府关于全面启动实施农村危房改造工程的决定》。“决定”指出，贵州省的危房改造项目的目标任务是从 2009 年到 2012 年，争取用 4 年时间基本完成目前 188. 15 万户改造任务。

从实际改造情况来看，调查样本村所在的黔西南州从 2009 年到 2012 年期间的危房改造任务共 172211 户，总补助资金达到 176867. 93 元，平均 1 户政府补助资金 1 万余元。

表 5-1 黔西南州危房改造任务与资金补助

项　目	2009 年	2010 年	2011 年	2012 年
任务数（户）	30363	41460	55511	44877
总补助资金（万元）	37934. 5	37417. 5	60881. 3	40634. 63
中央及省资金（万元）	27305. 26	26933. 12	45802. 32	30570. 31
州级补助资金（万元）	6396. 16	4471. 38	6247. 7	4261. 14
县级匹配资金（万元）	4233. 09	6016. 74	8869. 68	5803. 18

在黔东南州，以雷山县为例，2009—2012 年雷山县农村危房改造已完成了 11020 户的改造任务，总计投入资金 26129. 12 万元，其中政府补助资金 10208. 72 万元，居民自筹资金 15920. 4 万元。其中政府补助平均 1 户将近 1 万元，与上述补助差不多。

第二节　危房改造的基本原则

第一，政府引导，自建为主。农村危房改造的主体是农民，农村危房改造以农户自建为主。各危房改造地区在政策支持和适当补助的同时，要充分调动广大农民的主动性、积极性和创造性，充分尊重群众意愿，引导他们自力更生建设美好家园。

第二，经济适用，确保质量安全。各危房改造地区根据不同自然地理条件和经济发展水平，立足当前，着眼长远，因地制宜，分类指导，充分考虑群众承受能力，严格控制农村危房，改造建房面积，引导帮助群众建造减灾抗灾能力强、造价适中和安全适用的房屋。

第三，公平、公正、公开。严格按照《贵州省农村危房改造工程工作规程》要求，坚持政策公开、改造对象公开、补助标准公开和民主评议结果公开。全过程接受群众监督和社会监督，特别是在危房标准评定、困难标准评定、补助标准评定以及改造安排等敏感问题上，提高操作流程透明度，切实做到公开、公平、公正，坚决杜绝“优亲厚友”等以权谋私现象发生。坚决防止因违反政策或操作上的不公平、不公正带来群众的不支持、不满意，甚至引起群众上访和引发群体性事件的发生。

第四，多渠道筹集资金。各危房改造地区将充分整合发改委、财政、民政、国土、住建、民委、计生、农业、水利、扶贫、林业、广播电视、残联、电力、交通等部门资源，本着“渠道不乱、投向不变、统筹安排、各记其功”的原则，多渠道筹集资金，鼓励和支持党政机关、企事业单位、人民团体、社会各界通过捐款捐物、对口帮扶和群众自筹等多种形式积极参与和支持。

不过，实地调研中，发现此条原则很难贯彻，因为总的资金整体有限，不过旅游景点的村寨，如以发展旅游为主的上郎德村、乌东村、干荣村、格头村等村寨，除了危改资金，还有旅游局或文化局等的资金。所有资金整合，形成合力，加大危改力度。但是，大多数资金来源渠道还是比较单一，主要就是危改资金和村民自筹。

第五，坚持与新农村建设、村庄整治、扶贫生态移民、同步小康建设和旅游开发等方面相结合的原则，并突出民族特色。在实地调研中发现基本上是如此进行的。

第六，农村危房改造的申报和审批程序。

首先，农户向所在的村委会、乡（镇）危改办提交书面申请；其次，乡（镇）危改办与村负责人共同到现场验证，对改造前房屋原貌进行拍照；然后，由村民小组推荐，村民委员会召开村民代表大会，讨论评议申请农户危房等级，并确定初步名单（讨论评议要求有会议记录，会议记录要求有参会人员签名、确定初步名单的方式等），同时将初步名单在村务公开栏内公示七天，公示无异议后，将初步名单、村民代表大会会议记录复印件、公示照片和房屋原貌照片一并上报所在的乡镇危改办审核；最后，乡镇危改办将各村上报的名单进行初审，然后填写《农村危房改造工程实施对象和补助资金审批表》，经村民委员会、乡（镇）政府签署意见，加盖公章后，上报县危改办审批；同时将资金审批表（复印件）在各村公示、乡镇危改办及时将初步名单基本信息录入农村危房改造系统（含照片）。

第三节　危房改造的方式与模式

按照“统一规划、统一设计、统一施工”的原则，依据居民自行选择的图集，采用“原址修缮重建”、“相对集中重建”、“地质灾害搬迁”等多种方式实施改造。

对于一级危房和地质灾害危及点农房，其危房改造主要以“分散重建”、“相对集中重建”、“地质灾害危及点搬迁”、“五保户集中供养”和“结合村寨整治实施危房改造”等方式；二、三级危房则采取“局部改造”的方式进行改造，当然不排除同时“结合村寨整治实施危房改造”。

重建的农房要体现当地的地域风情和民族特色，让农民亲身体会到新型民居功能合理、居住舒适、造型美观的特点。在有条件、有能力的地区，对小范围内比较集中的危房采取统一建筑风格，发动建房户进行小环境治理的方式进行改造。有条件的地区，可采取结合村寨整治的方式实施危房改造，以村寨整治带动农村危房改造，使农村人居环境得以改善，农民生活水平得到提高。

从调查数据来看，除去不知道的比例 26. 53% 以外，一级危房占 23. 27%，地质灾害房占 13. 06%，二者主要以重建方式进行，所需费用大，二、三级危房的数量与之差不多，二者主要是以局部改造方式进行，所需费用相对小些。

表 5-2　住房改造前的危房等级

等级	一级危房	二级危房	三级危房	地质灾害房	不知道	合计
频数	57	28	63	32	65	245
比例（%）	23. 27	11. 43	25. 71	13. 06	26. 53	100

就我们在贵州的苗族、侗族、布依族所聚居的地区所作的调查研究来看，各个民族从各自村寨的发展规划出发，危房改造的模式存在一些区

别，但是总体上来看可以分为以下几种。

一、整村推进，原址维修或重修模式

贵州省的危房改造主要采取这种模式。实施这种模式的村寨有一个共同的特点，一般是民族传统民居保护得比较好，准备作为旅游景点开发。但实际上，重修的少，维修的多。在资金有限的情况下，当地政府从村寨发展规划和房屋实际情况出发，因地制宜地采取了这种模式。

就我们所调查的村寨来看，侗族聚居区黎平县的青寨村，苗族聚居区雷山县的上朗德村、乌东村、干荣村、格头村等；布依族聚居区兴义市的南龙布依古寨、安龙县的打凼村等都实施了这种危房改造模式。

这种模式要求在危房改造过程中努力做到“风貌统一、格调一致、修旧如旧”。比如苗族和侗族的木板房，有部分房屋的历史甚至上百年了，少许的砖瓦房主要是20世纪80年代后开始修建。由于历史久远，部分房屋成为了危房，产生了安全隐患，不再适合居住，急需进行维修改造或拆除重建。在危房改造过程中，主要根据当地群众的居住习惯，建筑样式仍为木板房。在不改变原有风貌的原则下，以维修为主，尽量使得村寨的建筑风格大体相同。一些又旧又破的房子，经过维修，特别是房屋正面门、窗、檐等木构件的修整，增加了风格一致的雕花窗格和白色的风檐板等，使过去单调粗陋的门窗变得美观而生动，对建筑物的美化起到了比较大的作用。

危房改造项目的实施产生了比较好的效果，以前大量的矮旧、破损和危险的房屋都不见了，取而代之的是整齐有序、具有民族风格的新民居。凌乱、灰暗的村庄景观被整齐、明亮的村庄风景所代替。

二、个体异地搬迁或原址维修或重修模式

个体异地搬迁或原址维修或重修模式在贵州省危房改造中也是一种比较普遍存在的模式。

在危房改造资金有限的情况下，在一些非旅游景点和非交通移民地区

（如果处于交通干道，则会涉及旅游而倾向考虑整体性的改造）实施的是个体异地搬迁或原址维修模式。如黎平县侗族聚居的贵迷村，雷山县苗族聚居的咱刀村，布依族聚居的贞丰县纳孔村、必克村。

这种危房改造模式因人而异，结合村民自身的经济承受能力进行危房改造，其目的是消除危房村民的住房风险。在这种模式中，大多数村民由于经济条件的限制，重建后的房屋样式简单，材质以水泥、混凝土为主。即使是原址维修的房屋，也仅仅更换了原来房屋的个别构件。因此，少数民族传统民居建筑文化元素的保留考虑得比较少。政府部门也没有强制要求这些房屋必须保留少数民族传统民居特色，只要达到能消除居住风险就行。当然不能排除这种模式中，个别村寨对少数民族传统民居文化的重视，如布依族的石板房，坡形屋顶、屋顶上的铜鼓、雕花窗格、白色或黄色的墙面等文化元素。

三、生态移民的集体异地搬迁模式

危房改造中采取生态移民的集体异地搬迁模式的村寨一般是在远离中心村寨的高寒边远山区村寨中。这些村民居住地交通条件不好，购物、看病和上学很不方便。此外，由于自然条件恶劣，生态环境的破坏，这些村民屡次遭受山地滑坡和泥石流等自然灾害的影响。如侗族聚居的黎平县岩洞村就实施了这种模式，苗族聚居区的雷山县大塘乡排里村也将实施这种模式。

这种危房改造模式要处理的一个很重要的问题就是新址的选择，涉及到移民与搬迁地居民的土地、利益协调问题。一般情况下，由于土地的家庭联产承包责任制，移民要获得搬迁地足够的建筑面积比较困难。而很多情况下，需要政府机关帮助协调才能取得新的建筑用地。

新建地的房屋大都要求保持少数民族传统民居建筑特色。就侗族来说，飞檐青瓦、白色风檐板、雕花窗格，这些民族传统民居建筑文化元素是要求在新的住房中体现出来的；苗族的生态移民异地安置也要求保持本民族传统民居的美人靠、动植物图案的雕花窗格、牛角翘顶、吊脚木楼青瓦盖顶等建筑特色。

从总体上看，少数民族生态移民的危房改造是成功的。消除了移民居住风险，保障了移民的居住安全，但同时也出现了很多新问题。由于新址上每家能获得的建房面积有限，搬迁户在新址上的生活就面临一些新的问题，如没有可耕的菜地，没有独自的圈舍，甚至没有独自的厕所。新建的吊脚楼也在很多方面与其传统的民居存在差别。由于建房面积的限制，新的吊脚楼的长廊部分被精简，室内固定楼梯被取消。有些居民只能用活动木梯上下楼梯或是在房屋外墙修建固定楼梯，而这却破坏了整幢吊脚楼的美观。此外，一般不允许在房屋外墙修建固定楼梯，即使建了也会被勒令拆除。诸如此类小问题在这次移民整体搬迁中还比较普遍地存在。

四、交通移民的集体搬迁重建或就地维修模式

在贵州省的危房改造中实施交通移民模式的村寨比较少，但由于交通移民，这些村寨的危房改造跟其他情况下的危房改造相比具有不同的特征，所以这里把这种模式单列出来，为以后类似情况下的危房改造提供经验借鉴。黎平县侗族聚居的贯迷村、雷山县苗族聚居的小咕噜村等村寨实施的就是这种危房改造模式。

由于修路的需要，贯迷村的村寨被一分为二。处于公路主干道的房屋采取搬迁重建的方式。这些重建的房屋一般需要安装危房改造所提供的民族建筑样图重建，以使重建的房屋保持原来少数民族传统民居的建筑风格。重建房屋的资金来源一般分为三个部分，其一是村民自己筹集，其二是危房改造的资金，其三是修路征地所得的赔偿资金。由于资金较充足，这些重建后的房屋相比单纯依靠危房改造资金所重建的房屋，其民族传统建筑风格保留得比较完整。对处于公路主干道以外的房屋一般采取就地维修模式。在维修过程中强调保持或添加本民族传统民居建筑文化元素。如贯迷村就地维修的房屋中添加了小青瓦，白色风檐板，木质雕花窗格等民族民居建筑元素，以更加凸显出侗民族传统民居的特色。小咕噜村就地维修的房屋中强调美人靠、雕花窗格等苗族的传统建筑文化元素。

值得一提的是在这种交通移民危房改造模式中，除了少数民族传统民居建筑文化元素得以保留、添加或强调外，现代的建筑观念也得到了贯彻。如贵迷村的危房改造就独创性地提出修建“消防道和消防池”以防火灾对村寨的破坏。每四、五户民居周围必定挖建一个消防池，每家每户都有较宽的道路连接到村中的主要路上，构成纵横分布的消防道，也自然形成了一条条防火线和方便群众出行的步道。

调查数据显示，上述四种模式体现在“个体异地搬迁”、“集体异地搬迁”、“原址维修”、“原址重建”四者上，四者的比例如下表。可见，原址维修与重修占了大多数，其中，又以原址维修居多，异地搬迁占了小部分。

“个体异地搬迁”、“集体异地搬迁”、“原址重建”三者合计近55%，占了多半，这与上表数据基本吻合。此三种方式资金耗费大，初步可见对于经济贫困的危房户而言，危房改造资金平均1户补助1万元左右，补助额显得不足。如果在改“危”的同时再兼顾民族特色保护，资金可能更会是一个问题。

表5-3　危房改造方式

改造方式	个体异地搬迁	集体异地搬迁	原址维修	原址重建	合计
频数	23	45	112	65	245
比例（%）	9.39	18.37	45.71	26.53	100

第四节　危房改造与公共建筑改造

尽管危房改造的资金投入没有用来进行公共建筑的改造，但是对传统民居文化的保护却伴随着公共建筑的改造，所以本书把少数民族地区公共建筑的改造情况也纳入到讨论主题中，特别是侗族。

侗族的公共建筑主要有鼓楼、风雨桥、凉亭、禾晾、石板路等。在各个村庄的危房改造过程中，对这类公共建筑进行了保护。如黎平侗族聚居地各村庄对鼓楼、风雨桥等建筑进行保护，在黎平岩洞村，保留下来的鼓楼有5个，戏台3个，风雨桥1座，凉亭1个，水井3个，粮仓285个，禾晾35个，石板路一条。其中有几个比较有名的鼓楼：四洲独柱鼓楼、登务鼓楼、沙套鼓楼、弄肯鼓楼和岑翁鼓楼。四寨村和贵迷村各有1座鼓楼，1座风雨桥。这些风雨桥、鼓楼、戏台的建设和维修资金大部分都由群众自发的集资，由单位和私人捐款、群众投工投劳来完成修建维修的。就苗族来说，雷山县苗族的公共建筑主要是芦笙场。伴随着苗族地区危房改造的进程，各个村寨的芦笙场也随着进行扩展、修缮或重建，如掌坳村、大咕噜村和乌东村等的芦笙场大多是在危房改造这几年来，通过村民自筹资金，或是村里整合其他资金进行了相关的修缮保护工作。

贵州的布依族村寨不像侗族、苗族一样有专门的公共建筑，他们的公共活动场合和生产活动场合有着密切的关系。布依族的活动聚会、交流场合是其打谷、晒谷的场合，即晒坝。布依族的晒坝周围常常围绕着高大树木，以供人们休息纳凉。有的晒坝还设有专门的舞台，以供重大节日表演。除此之外，布依族的公共建筑主要还与宗教信仰有关，如土地庙、祠堂等建筑的存在。兴义市南龙古寨对神庙和宗祠的保护就是布依族对本寨公共建筑保护的主要体现。

第五节　危房改造过程中少数民族传统民居文化元素及其保护方法

为了保护传统民居特色，省危改办制定下发《贵州省农村危房改造工程工作规程》(黔危改办通〔2010〕11）文件，要求农村危房改造工程应该遵循“坚持科学规划，突出地域民族特色”的原则。

为了贯彻此原则，贵州省各级政府做了大量工作，首先进行广泛深入的实地调查，广泛收集并汇总少数民族传统民居中的文化元素，然后经过建筑工程师的思考、设计，绘制成《危房改造建筑参考图册》。各民族提炼了自己的少数民族文化元素，如侗族的小青瓦、白底风檐板、木质雕花窗格等民族元素，苗族的吊脚楼、美人靠、雕花窗格，布依族的坡面屋顶和元宝或侗鼓屋脊。

如苗族是一个成功的典型，苗族建筑文化元素的提炼经历了一个逐步的过程。早在本世纪初，历届雷山县领导逐步意识到旅游发展对雷山意义重大，而旅游发展规划中，凸显传统文化则是其重中之重。那么，传统的文化元素主要是哪些元素呢？在民居建筑上如何展示呢？对于此问题，在2008年旅游发展大会上，雷山县由各单位的领导组成小组，负责设计传统文化元素，然后将设计好的成果由他们请人来论证。其中，特别是请苗学专家论证的结果，最后交到县长办公室做决定。但是，在施工前，仍尊重当地的木匠的意愿，由他们设计出来各文化元素的图案，再请雷山苗学会专家进行完善，最后才能依据此图案来进行施工。

其次，在危房改造实际操作过程中，对民族传统建筑文化元素的重点部分予以强调并给与具体、明确的规定来指导和动员居民修缮或重建民族传统民居建筑。

在危房改造的具体操作中，实施“能避就避”的原则，要求明确全省民族文化旅游村寨的保护范围，要求危房集中建设点尽可能避开这些重点保护单位，对这部分村寨的农危房采取定点改造，不进行集中新建。实施“修旧如旧”的原则，要求对少数民族聚居地区的农村危房改造，要求严格按照少数民族建筑指导图集进行规范操作，修旧如旧，保留传统民居建筑的基本风格，延续传统民居的鲜明个性特点。实施“适度调整”的原则，即要求在融合传统民居建筑的基本特征的同时，结合同时代建筑材料的普及应用，以及生态节能技术的推广，避免原有传统民居的不利因素。把建筑安全性作为重点，同时考虑社会进步、生活质量提高的要求，在建筑的使用功能和防火功能上进行强化。

就实地调查情况来看，贵州省少数民族地区的危房改造的原则基本上得到了贯彻。就黎平县侗族聚居地青寨村和贵迷村来说，这两个村是该县旅游规划的景区。有很多历史悠久的吊脚楼，是侗族民居建筑的活化石之一。由于年代久远，很多民居已经破损，变成危房。针对这种情况，在青寨的危房改造中实施“修旧如旧”的原则，并得到了贯彻。青寨村大部分危房实施就地维修，力图保持原来民居的建筑样貌，并突出民族传统民居特色。对于破损比较严重的吊脚楼构件进行了更换，并增加了一些代表民族传统建筑文化的元素，如增加了风格一致的雕花窗格和白色的风檐板等，使过去单调粗陋的门窗变得美观而生动。这样的危房改造既实现了“修旧如旧”的原则，又复兴了民族传统民居文化元素。而贵迷村的危房改造始终围绕着“适度调整”的原则进行。一方面努力保护传统民居的特色，重视吊脚楼的维修，加强小青瓦、白色风檐板、雕花窗格的再现，另一方面力图避免原有木结构民居的不利因素，创造性地用水泥建筑一些消防道和消防池，较好地做到了传统和现代的协调统一。

就雷山苗族聚居地大、小咕噜村、乌东村来看，其危房改造过程中主要提炼的苗族建筑文化元素有牛角翘顶、吊脚木楼青瓦盖顶、美人靠、动植物图案雕刻等。对传统民居建筑的保护方法主要是参考《黔东南州苗族侗族自治州建筑图集》与自身建筑风格相结合来实施的，主要是以修建木质吊脚楼为主，在实施农村危房改造中通过宣传和签订改造协议，引导居民在修建维修住房时，要按照本地传统建筑风格来修建维修住房。

就布依族来说，兴义市的南龙古寨、贞丰县的纳孔村、安龙县的打凼村在危房改造过程中强调保留原有民居建筑风格，有的增加坡形屋顶，有的在屋顶上增加元宝、铜鼓等饰物，有的把墙体统一用油漆刷成白色或黄色等。

第六章 贵州省危房改造中少数民族传统民居保护的经验与成就

要分析贵州省危房改造中少数民族传统民居保护的成就与经验，先要具体分析其保护情形如何。

第一节 少数民族传统民居保护基本情况

贵州省危房改造过程中少数民族传统民居保护情况从民居实体实形和功能这一客观现象和各级政府官员、少数民族学者和村民对传统民居保护的认知与评价这一主观现象来进行分析。

一、民居实体实形和功能

民居实体实形主要包括民居建筑风格和结构。

（一）民居风格

危房改造后的民居，大部分保持了传统的民族风格。从实地调查的数据来看，在危房改造前，少数民族居民的住房类型属于传统的木板房或石板房的居民占被调查对象的88.16%，现代房风格的比例为7.35%。具体情况见下表。

表 6-1　危房改造前的住房类型

住房类型	水泥房	水泥楼房	木板房	木板楼房	石板房	茅草房	其他	合计
频数	8	10	37	168	11	3	8	245
比例（%）	3. 27	4. 08	15. 10	68. 57	4. 49	1. 22	3. 27	100

而在危房改造后，在被调查对象中，46. 53%的少数居民的住房仍然保留了本民族传统民居的建筑风格，只有 21. 22%的少数民族居民的住房在危房改造后建成了现代风格建筑，现代和传统混合风格的 30. 20%。可见，大部分保存了传统民居风格。具体情况见表。

表 6-2　改造后的住房风格

住房风格	本民族传统风格	现代风格	现代和传统混合风格	不知道	合计
频数	114	52	74	5	245
比例（%）	46. 53	21. 22	30. 20	2. 04	100

同时，数据也表明，居民们大多数认为，关于危房改造和民居保护的关系方面，认为危房改造不会破坏传统民居的占 67. 35%。

表 6-3　危房改造对传统民居的影响

影响	危房改造会破坏传统民居	危房改造不会破坏传统民居	说不清	合计
频数	21	165	59	245
比例（%）	8. 57	67. 35	24. 08	100

从少数民族对危房改造和传统民居保护之间关系的认知情况来看，53. 06%的少数民族居民认为危房改造很好或较好地保护了本民族传统民居建筑，而有 45. 71%的少数民族居民认为危房改造从一般意义上讲对少数

民族传统民居建筑起到了保护作用。可见，传统民居特色的保护是基本上得到认可的。具体情况见表。

表 6-4 对危房改造过程中民居保护的看法

看法	很好	较好	一般	较差	合计
频数	32	98	112	3	245
比例（%）	13.06	40.00	45.71	1.22	100

此外，改造过程中努力使危房改造和村寨的整体分布格局相统一，从各村的整体村貌出发，采取“一村一特色，一村一规划”的方案，维持原村寨的风貌，收到了较好的效果。比如说侗族地区的危房改造很注意保护村寨传统的石板路，尽量不使用水泥路代替；增加小青瓦和雕花窗格，尽量不使用混凝土屋顶和铝合金窗户；加强对村寨鼓楼和风雨桥的修缮和重建工作等。

（二）民居结构

从对民族传统民居结构来看，概而言之，少数民族民居危房改造后重修的房屋中，结构变化不大。这主要因为大部分居民是维修，不是重建，维修一般就在原来房子的基础上加或改，不可能有结构上的大的变化，也不可能有过多的资金来进行结构上的变化。其次，政府在危房改造中对多数有要求，要求外部一定要搞好，主要是要凸显民族风格，里面不做要求，同时在资金有限情况下，内外结构均不会有多大变化。

但是，也还是存在一些变化。就侗族来说，变化方面主要体现在有些吊脚楼旁边修建了水泥砖墙的单独火房或厨房，这样比原来木结构的吊脚楼更有利于防火；吊脚楼的长廊因为建筑面积限制而缩短；在木结构的立面里面加上一堵砖墙使房屋更加坚固；一些水井、禾晾的消失；吊脚楼立面陈旧的木纹被刨掉，重新涂木纹色的清漆等等。就苗族来说，变化方面主要体现在：外部，主要是在危房改造后，部分吊脚楼的吊脚消失，而改之为用砖墙或砖墙加木板封砌起来，美人靠被用玻璃或木板封闭起来；内部，主要是将一些特殊的功能使用空间进行粗糙简化，甚至删除火塘、晒台、部分院落和家禽圈养地等功能空间；厅堂与各个卧室以及廊道的组织关系上，缺乏轴线关系和空间的焦点；堂屋不再是平面中的穿堂和家庭的中心，显得裸露和直白；粮仓置于一层，不利于谷物的通风；入口直接进入堂屋空间，没有火塘或者厨房作为过渡的空间，也不符合传统空间序列布局要求。就布依族来说，外部的变化主要体现在房屋的外墙立面上涂抹了一层白色或黄色的油漆，此外强调房屋的坡形屋面的设置，屋顶屋脊中间设置成元宝形状或是铜鼓形状。

（三）民居功能

1. 生产生活

总的来讲，贵州省少数民族地区经过危房改造后，传统民居的功能发生了很大的变化，其生产生活在很多方面比以前更方便了。

根据实地调查数据显示，有 44.49%的居民认为危房改造后的住房比改造前的住房在面积上有了扩展，认为原来老房子大的只有 10.20%；而有 87.35%的居民认为改造后的房屋在坚固程度上有了改进，只有 1.22%的居民认为原来更坚固。有 54.29%的居民认为危房改造后的房屋在储物功能上有了改进，15.92%的居民认为原来的好；有 44.49%的居民认为危房改造在取暖方式上有了改进，3.27%的居民认为原来的好；认为饮水更方便的为 44.08%，5.71%认为以前更方便。认为垃圾处理更方便的 39.59%，7.35%认为以前更方便。认为出行更方便的 44.49%，1.22%的居民认为以前更方便。具体见表。

表 6-5 改造前后房屋面积变化对比

面积比较	老房子大	新房子大	差不多	合计
频数	25	109	111	245
比例（%）	10.20	44.49	45.31	100

表 6-6 村民新旧住房的居住功能对比（%）

住房功能	改造前更方便	改造后更方便	无差异	合计
饮水	5.71	44.08	50.20	100
厕所	17.96	28.57	53.47	100
坚固程度	1.22	87.35	11.43	100
储物功能	15.92	54.29	29.80	100
取暖方式	3.27	44.49	52.24	100
饲养牲畜	28.57	18.78	52.65	100
种植瓜菜	21.22	11.43	67.35	100
垃圾处理	7.35	39.59	53.06	100
交通出行	1.22	44.49	54.29	100

尤其是搬迁重建户，认为生产生活更方便了。搬迁重建后的住房在选址和设计方面更加实用，给这些居民的生产和生活提供了很多方便。根据问卷调查的资料显示，被访的调查对象中有 49 名属于异地搬迁改造户，其中有 36 人认为危房改造后的异地而建的住处与原来居住地相比，在生产和生活方面更方便了。

表 6-7 改造前后的村寨生产生活方便情况对比

生活生产方便	现在的村寨	过去的村寨	差不多	缺失值	合计
频数	36	6	7	196	245
比例（%）	14.69	2.45	2.86	80.00	100

可见，政府的危房改造工程扶危救困，而且，由于危房改造过程坚持与新农村建设、村庄整治相结合的原则，资助资金或材料帮助农村居民修缮或重建住房以及整治周边环境的举措很大程度上改善了老百姓的居住条件和居住环境，方便了老百姓的生产生活。

2. 传统活动

（1）祭祀活动

很多少数民族传统民居都有堂屋。堂屋是房屋的核心，不仅是居民自己及家庭成员活动的空间，是接待客人的地方，更是家庭祭祀的场所。就侗族来说，侗民一般在其堂屋正中间壁上都装有神龛，用作家庭祭祀。神龛由神台和火焰板构成，在神龛的下面设有专门的柜子，叫做“神柜”，有些侗族居民还将神柜柱脚下垫的小石磉墩雕成小巧的鼓形。除了堂屋的神龛外，侗族民居中的“半边火炉”也可以算得上是半个神龛，这是侗族独特的祭祀空间。侗族居民逢年过节的时候常常在火炉一角摆好供桌，象征性地摆上饭菜，请列祖先人享用①。苗族把祭祖神龛设在堂屋正中后壁上，处于全家中心至尊地位。有的苗族在吊脚楼二楼堂屋东壁上，或东次间的板壁上（右间右侧中柱上）设祖先灵位。苗族吊脚楼中的祖先神位不安置在中堂，而安置在右间右侧中柱上。布依族的祭祀活动主要在村寨的“神树”或寺庙、宗祠之中进行的。从实地调查的数据来看，在被调查对象中，大约有86.12%的居民认为危房改造对其从事祭祀活动影响很小，这表明危房改造从客观上保护了少数民族传统民居的祭祀空间。

表6-8　危房改造对祭祀的影响

影响情况	影响很小	影响一般	影响很大	合计
频数	211	23	11	245
比例（%）	86.12	9.39	4.49	100

分别从侗族、苗族、布依族来看，危房改造也从客观上保护了各少数民族民居的祭祀空间。通过侗族的实地调查数据可以得知，有83.6%的侗民在危房改造后的住房中仍然保留堂屋，设置了“神龛”，并在堂屋留下了足够的祭祀活动空间。对于这部分居民来说，危房改造基本没有影响其进行祭祀活动。根据苗族的调查资料显示，危房改造对苗族居民的祭祀活动所产生的影响还是比较小的。在被调查的88户苗族居民中，有86.4%的人认为危房改造对其进行祭祀活动影响比较小。60.2%的居民在危房改

① 田长英：《宣恩民族建筑特色浅说》。恩施新闻网．http：//www.xuanen.gov.cn/wenlv/minzuwenhua/2012/0508/1791.html.2012-05-08。

造后还经常保持祭祀活动。而布依族的调查资料表明87.5%的居民认为危房改造对其进行祭祀活动影响很小，仅有5.2%的居民认为危房改造对其从事祭祀活动影响很大。

（2）手工劳动

手工劳动是少数民族人们的日常生活中一项重要活动，贵州省很多少数民族都保留了本民族的手工工艺活动。如苗族的银饰、刺绣、蜡染、服装等，侗族草鞋、纺纱、织布技艺等，布依族的千层底绣花鞋、土布等纺织技术。少数民族的手工劳动既是少数民族居民生产生活的需要，也是少数民族居民对艺术和审美的追求等精神生活的需要。因此，危房改造对少数民族手工劳动空间的保护具有非常重要的意义。

表6-9 危房改造对手工劳动的影响

基本情况	会，且次数有所增加	会，基本上跟以前没有什么改变	会、但次数有所减少	基本上不会进行了	合计
频数	8	140	71	26	245
比例（%）	3.27	57.14	28.98	10.61	100

从总体上来看，各少数民族居民在危房改造后从事手工劳动的情况没有多大的改变。从表6-9可知，危房改造后有60.41%的少数民族居民从事手工劳动情况变化不大或有所增加，10.61%的少数民族居民在危房改造房屋重建后不再进行手工劳动。其主要原因是危房改造后，由于异地搬迁，重建的房屋建筑面积狭小，房屋格局产生变化，堂屋很小，楼上也很狭小，不宜居住，只能堆放杂物，操作空间的减少限制了居民从事手工劳动。

此外有28.98%的少数民族居民从事手工劳动次数跟危房改造前相比有所下降的情况。造成这种现象的原因很多，主要表现为两个方面：第一，现代技术进步和消费观念发生变化后，少数民族居民不再把从事手工劳动活动看作是其现代生产和生活的重要方面，对纯手工制作品的需求下降了。第二，危房改造异地重建后，由于建筑面积的限制，很多居民在新居地缺少独立圈舍，也没有独立的卫生间，甚至缺少安装楼梯的空间。建筑面积狭小，居民操作空间的不足影响了少数民族居民在新居地从事手工劳动。

二、各方的认知和态度

这主要从危房改造过程中各利益相关者对危房改造中的传统民居保护的认知和评价（既包括“是否要保护”、“如何保护”等的认知，也包括“保护得如何”的评价）来分析。

（一）政府官员的认知态度

在危房改造过程中，对于少数民族传统民居的保护，政府官员的态度一直十分明朗，强调保护少数民族传统民居对保护文化的多样性，促进当地旅游经济的发展都具有重要意义。因此在危房改造项目中，也努力通过多种方式，利用多种渠道，尽最大努力去保护少数民族传统民居建筑风格。我们调研了解到地方政府通过多种形式的调研，召开相关的研讨会，征询专家意见，最后从民族地区各地的建筑特色中选出几个重要文化元素加以强调和普及。正是因为政府官员在少数民族传统民居保护方面的积极态度和积极行动，才使得贵州省少数民族传统建筑文化得以保护和进一步发扬。

（二）学者的认知态度

在危房改造过程中，各少数民族文化爱好者以及相关的学者，在保护本民族传统民居文化方面也采取了积极的行动。这些学者出于对本民族文化的热爱，非常重视危房改造中的少数民族传统民居的保护工作。他们在危房改造方案制定前，积极地参与实地调研，为方案的制定献计献策；在危房改造方案实施后，尽力督促居民按照预先制定的建筑参考样图进行，努力使本民族传统民居的建筑文化元素得以保留或重现。

（三）村民的认知态度

从调查来看，就居民内心而言，首先，在对待传统民居是否应该保护、值得保护的态度上，居民们多数觉得是应该和值得保护的。

问题“修建水泥房后，传统房是否应该保护”调查显示，70.20%的人认为应该保护传统民居。

表 6-10　修建水泥房后，传统房是否应该保护

态度	应该	不应该	不知道	合计
频数	172	48	25	245
比例（%）	70.20	19.59	10.20	100

关于为什么应该保护的原因，数据显示，传统房性能好、传统房有民族特色、对传统房有感情是主要原因。其中，又以前两者最重要。就已经修建成传统风格的民居的居民来说，他们认为其原因多半来自传统房自身因素（认为传统房好、传统房性能好）而不是外部（如游客喜欢或者政府要求）。

表 6-11　传统房应该保护的原因

原因	传统房性能好	砖房性能好	传统房有民族特色	对传统房有感情	传统房不实用	传统房难保存	各有长处	不知道	合计
频数	59	8	54	33	21	23	8	39	245
比例（%）	24.08	3.27	22.04	13.47	8.57	9.39	3.27	15.92	100

表 6-12　目前修建传统风格民居的原因

原因	游客喜欢	上面要求	传统房好	传统房性能好	维修方便	缺失值	合计
频数	17	2	67	35	1	123	245
比例（%）	6.94	0.82	27.35	14.29	0.41	50.20	100

但是，当问及居民的建房风格意向（水泥房或传统房）和维修房屋模式选择（水泥房或传统房）意向时，其意向建房差不多，即使在经济许可的情况下也差不多，而维修房屋上，按照传统模式维修房屋的意向也大概占半。

表 6-13 村民的建房意向

建房意向	水泥房	传统房	合计
频数	123	122	245
比例（%）	50. 20	49. 80	100

表 6-14 在经济许可情况下，村民修传统房或水泥房的意愿

房屋类型	水泥房	传统房	不知道	合计
频数	123	120	2	245
比例（%）	50. 20	48. 98	0. 82	100

表 6-15 村民按照传统模式维修房屋的意向

维修意向	非常有必要	比较有必要	一般	比较没必要	完全没必要	合计
频数	49	56	47	60	33	245
比例（%）	20. 00	22. 86	19. 18	24. 49	13. 47	100

表 6-16 愿意修水泥房的原因

原因	自己喜欢	便宜	水泥房的性能好	水泥房的外观好	水泥房空间大	政府要求	个人偏好	缺失值	合计
频数	75	6	36	4	4	1	3	116	245
比例（%）	30. 61	2. 45	14. 69	1. 63	1. 63	0. 41	1. 22	47. 35	100

可见，如果从性能、自己的喜好、民族特色等因素综合而言，绝大多数人认为应该保护传统民居。但是如果抽离民族特色相关因素而仅考虑房屋性能、居民自己喜好等方面，传统房和水泥房相比，居民认为两者差不

多，各有优势。因此，在对待传统房的态度上，居民对传统民居特色的认可和感情是不容忽视的因素，这些因素促使居民绝大多数认为应该保护传统民居。

其次，就居民对民居保护得如何的认识与评价上，前已分析，对民居的保护居民是基本认可的，53.06%的少数民族居民认为危房改造很好或较好地保护了本民族传统民居建筑，而有45.71%的少数民族居民认为危房改造从一般意义上讲对少数民族传统民居建筑起到了保护作用。同时，在危房改造中，“居民感觉政府做得不到位的”这一问题上，居民认为政府对民居文化保护得不到位的只占了2.86%。

表6-17 居民感觉政府做得不到位的

不足	对危房改造的规划不到位	政府只操作不规范	资金问题	对民居文化保护得不到位	都满意	综合原因	合计
频数	42	12	85	7	70	29	245
比例（%）	17.14	4.90	34.69	2.86	28.57	11.84	100

第二节 少数民族传统民居保护的成就和经验

贵州省的危房改造在民族传统民居保护方面积累了丰富的经验，其一是危房改造提炼了少数民族传统建筑的典型文化元素，使民居文化特色变得醒目并得以集中体现；其二是危房改造复兴了少数民族传统建筑文化，使某些消失了的民族建筑文化要素得以重现，这在一定程度上是对民族建筑文化的挽救；其三是危房改造普及和推广了少数民族传统建筑文化，使原来仅仅存在于少数民族富裕居民群体中的建筑文化元素得以普及到贫困群体，从而使典型的民族建筑文化元素得以推广；其四是继承、发扬了民族传统建筑技艺。

一、提炼了少数民族传统建筑的典型文化元素

少数民族传统建筑都具有自身的特色，也就是说都具有独特的建筑文化元素。这些独特的建筑文化元素是区别于其他民族建筑的重要标志，也是形成本民族建筑文化特色的重要基石。比如一提到侗族传统民居的风格，人们马上会想到小青瓦、白色风檐板和雕花窗格以及翘角屋檐。再如苗族的美人靠、吊脚楼、呈“米”、“寿”、“田”等字形的雕花窗格等就是苗族传统民居的典型建筑文化元素。

危房改造后，这些少数民族传统民居建筑文化元素得以提炼和强调，少数民族传统建筑文化得以传承和发展。如在侗族聚居地的危房改造实践中，侗民族的传统民居的一些建筑文化元素得以保留和强化。侗族的危房改造强调保护侗民族地方建筑风格和传统民居吊脚楼特色，对民居上的小青瓦、白色风檐板、木质雕花窗格等民族建筑元素加以强调，并且在危房改造监督、检查时，加强对改造所需的小青瓦、风檐板和外墙漆等建筑材料的检查、监督，确保质量合格。雷山苗族聚居区的危房改造后，统一增加了美人靠，雕花窗格等，使苗族传统民居建筑文化得到进一步发扬。布依族的危房改造强调对石板房、“人”字形屋顶、不对称歇山双坡屋面、燕窝吞口、吊脚楼等民族传统民居建筑元素的强调。

二、复兴了少数民族传统建筑文化

随着现代化和全球化步伐的加快，人们生产和生活方式发生了巨大的变化。加上文化的变迁和外来文化的侵蚀，很多少数民族传统建筑文化逐渐被现代建筑文化所替代，或被重组甚至最终消失。

并且，随着村民外出打工人数的增加，经济上的改善和审美观念的变化使他们在回家修建住房时不再考虑修建民族传统的吊脚楼，而是尽量想仿照外地人或是城里人一样修建象征时髦和进步的现代化砖房或洋楼。这种现象特别明显地体现在一些外出打工的年轻人身上，随着他们经济条件的好转，他们对房屋的审美观念已经产生了很大的变化，他们对本民族传

统民居建筑文化的认同感不再像他们的父辈和祖辈那样强烈了。

因此，如果任由上述因素发展，而没有外来因素的干预，少数民族地区传统民居文化特色将会随着人们观念的变化而逐渐消亡。而危房改造作为一种外来的力量，坚持在危房改造中“修旧如旧”的原则，在一些具有鲜明民族特色的地区“不允许修建砖房”，在危房改造的具体操作中努力要求体现本民族的文化元素，这些措施在一定程度上阻止或延缓了民族传统民居建筑文化的快速消亡。并且，进而可以说，从某种意义上而言，危房改造在一定程度上复兴了少数民族传统建筑文化。

三、普及和推广了少数民族传统建筑文化

一般来说，我们今天所谈论的少数民族传统特色建筑，在过去年代应该属于该民族富裕居民所修建的豪宅。因为房屋上富丽堂皇的装饰和别具一格的造型是需要一定的经济实力和艺术素养，而能做到这点的只能是过去社会中的富人。穷人由于经济条件较差，住房相对而言非常简陋，解放前很多少数民族穷人更多地修建茅草房、杈杈房等简陋房屋。随着社会的发展和时代的变迁，特别是我国社会主义制度的建立，人和人之间平等意识增强，经济条件的普遍好转，原来仅存在于少数富人群体中的民族建筑文化要素得以普及，大众化趋势越来越明显。在当今社会，普通的少数民族居民都有经济能力去建造过去只有少数富人才能修建的住宅。而由政府主导的危房改造对少数民族传统民居建筑文化要素的重视和强调从客观上无疑普及和推广了少数民族传统建筑文化。

四、继承、发扬了民族传统建筑技艺

少数民族传统民居建筑技艺是少数民族人们在长期的生产、生活和建筑过程中的智慧结晶和经验积累。这些传统建筑技艺主要表现在建筑材料的选取、建筑工艺的流程、建筑艺术的创造、建筑技术的指导等方面。由于各少数民族居民大多居住在盛产木材的山林中，建筑工匠就地取材，用木头建筑房屋，其木工的制作技术娴熟，工艺流程完备。如侗族工匠建筑

的鼓楼就不用一钉，全凭榫卯连接而成，表现了建筑工匠高超的建筑技艺；侗族的吊脚楼就是建筑工匠因地制宜，顺应地形而独创的艺术。少数民族建筑中的雕龙画凤、画花饰锦也是少数民族工匠的独特艺术创造，如苗族吊脚楼上的雕花窗格、翘角飞檐等。这些少数民族的建筑技艺随着社会的变迁、现代化的发展以及现代建筑技术、建筑材料和建筑审美文化的影响而逐渐走向消亡。在少数民族地区的危房改造过程中，强调对少数民族传统民居的保护，这需要大量掌握传统民族民居建议的工匠，从而使一部分年老建筑工匠的技艺重新派上用场，更激发了一部分年轻人重新去学习本民族的传统建筑技艺，这些表明了少数民族地区的危房改造项目在一定程度上继承和发扬了少数民族传统建筑技艺。

从以上可以得知，贵州省的危房改造在少数民族传统民居建筑文化的保护方面取得了一定的成功，积累了独特的经验。这些成功经验的取得主要跟政府官员的重视和当地经济社会的发展需要密不可分。在设计危房改造方案时，各级政府部门在相关的文件中多次强调危房改造要"注重保护旧有的建筑风格，突出地方和民族特色。少数民族民居规划设计要突出少数民族特色，尊重少数民族习俗，将危房改造与少数民族文化传承保护、发展民族风情旅游相结合。"在危房改造实施过程中，对少数民族传统民居保护的强调也一直作为各级政府官员的重要工作原则之一。并在实际操作中各级政府部门在调研基础上聘请相关专家绘制了如《黔东南苗侗建筑指导图集》等民族建筑样本图集，并把这些图集贯彻到危房改造实际中，严格要求各危改户增加少数民族传统民居建筑文化元素。除了政府官员对少数民族传统民居建筑文化元素的重视外，当地旅游业发展的需要也是贵州省少数民族地区危房改造中能充分重视民族传统民居建筑文化元素的另一个重要原因。

第七章　贵州省危房改造中少数民族传统民居保护的问题与建议

贵州省少数民族地区的危房改造在改好“危”的同时又一定程度上保护了少数民族传统民居文化，取得了一定的成就，积累了一定的经验，但也存在一些问题与不足，值得我们反省和深思，以利于更好地推进危房改造项目，更有利于保护好少数民族传统民居建筑文化。

第一节　问题与不足

一、传统建筑文化元素提炼不够深刻、准确

在危房改造中，对少数民族传统民居保护的欠缺还停留在对传统民居主要构件的随意压缩或改变，有些甚至把其他民族民居的建筑风格杂糅在一起，没有深入思考这种风格是否为本民族的传统风格。

如在实行生态移民整体搬迁的黎平县洞寨村，由于新的安置点地基太小，有些移民为了尽可能地增大房屋房间的面积，长廊面积的缩小产生了一系列的问题，首要的是长廊的功能发生了变化，侗族以前的长廊比较宽敞，能把屋顶雨水引到离房屋墙体比较远的地方倾泻下来，防止木结构的房屋墙体被雨水浸泡，也是侗民晾晒和储藏东西的主要地方，还是以前姑娘小伙谈情说爱的主要场所，而危房改造后，由于建筑面积的限制，长廊结构发生了变化，其传统的功能消失，依附于其上的长廊文化也随之消失。在实地调查中，有些困难群众在木质墙体外围加围一层杉木板或是树

皮以保护墙体不被雨水浸泡；有些群众则在木结构的墙体外加围半层砖混结构的护墙体。

又如布依族的部分民居，在危房改造中，屋脊中央都放有一面铜鼓，而在实地调查中，很多布依族居民认为其危房改造后屋顶上的“铜鼓”不属于本民族传统民居核心文化元素，而属于侗族的文化元素。

二、所提炼的建筑文化元素处理存在简单化、形式化之嫌

第一，对反映传统民居建筑文化主要构件的处理，有些仅停留在细枝末节的保护上，没有从整体上对传统民居建筑的保护予以规划。如黎平县坝寨乡青寨村的危房改造实行原址维修方式，危房改造只在屋顶和风檐板上发生了改变，也就是把原来的茅草屋顶或是杉木屋顶改成小青瓦屋顶，并在屋脊上涂抹上白色的漆，在民居上加上白色的风檐板或者把风檐板涂抹成统一的白色，而不管其形状如何。如后者而言，实际上侗族传统民居风檐板的文化涵义在于其不同形状预示着房屋所处的不同风水位置，风檐板呈现锯齿型表示该房屋面对的是高山险峻等恶劣的地形，风檐板的锯齿形可以化解恶劣的地势给民居造成的不利影响；风檐板呈现波纹型表示该房屋朝向温驯的水源，波纹型的风檐板应和着水面的微波，房屋和所处的水面环境浑然一体，极具美感。而这种缺乏对传统民居建筑保护进行整体性思考和保护的现象在危房改造中较为普遍。

第二，根据地段和经济条件等因素对保护做出要求而不是根据保护本身的需要来做要求。如，对旅游村寨做出统一要求，要按统一的建筑风格进行建筑，对不属旅游村寨但又是旅游公路沿线的村寨有统一要求，不是公路沿线的则不作要求；如果经济条件不行，也不做要求。

三、规划过多强调整齐划一，从而对民居个性与实用性兼顾不够

第一，忽略了传统少数民族村民修房造屋时独特的信仰需求和审美需求。

如在危房改造的异地搬迁重建模式中，由于危房改造的主要关注点是为居民提供新的住房，因而在屋址的选择、屋向的取向、房屋建筑的要求上忽视了少数民族村民传统的风水观念、宗教信仰及价值取向。

例如黎平县侗族聚居地岩洞村生态移民的危房重建过程，由村干部负责购买土地，中心村寨的土地面积有限，很多移民的住房重建根本不可能考虑地址的风水状况，而是像城市住房一样，只要有一块空地建房就行。在村寨道路的修建方面，由政府统一修建水泥路，而没有充分征求村民的意见。其实很多村民还是喜欢本民族传统的石板路。黎平县侗族聚居的青寨村在危房改造就地维修过程中，比较强调外墙的装饰，比如把风檐板涂抹上白色的漆，比如把老木房陈旧的外表刨去一层，重新涂上仿古的黄色漆。其中在当地居民看来有些修饰是不合适其传统民居实际情况的。当地居民对刨去老房子的陈旧木纹重新涂抹黄色清漆颇有微词，因为这不符合其对传统民居追求自然风格的审美观念。

再如苗族，部分吊脚楼的吊脚消失，而改之为用砖墙或砖墙加木板封砌起来，美人靠被用玻璃或木板封闭起来；厅堂与各个卧室以及廊道的组织关系上，缺乏轴线关系和空间的焦点；堂屋不再是平面中的穿堂和家庭的中心，而是显得裸露和直白，入口直接进入堂屋空间，没有火塘或者厨房作为过渡的空间，这也不符合传统空间序列布局的要求，等等。

第二，忽略了少数民族村民一些日常生产和生活的需求。

危房改造中由于多种原因，危房重建后的住房还不能满足居民的日常生活和生产的需要。

如在危房改造过程中，就苗族来看，有些删除火塘、晒台、部分院落和家禽圈养地等功能空间；将粮仓置于一层，不利于谷物的通风；等等。

就侗族来说，对少数民族的禾晾和单体建筑粮仓的随意丢弃就是一个非常明显的现象。例如在黎平县侗族聚居的岩洞村的生态移民整体搬迁的危房改造中，由于新址的建筑面积限制，禾晾和单体粮仓一般都没有地方修建。禾晾和单体粮仓一直是侗族稻作农业文化传统的重要组成部分，是当地古朴的民风和良好的乡风的标志之一。禾晾和单体粮仓的存在，是人们实现将农业收获物贮藏于住屋之外，远离火源的建筑保障。建筑禾晾和单体粮仓表明了人们对食物资源需求性和重要性的认识，就当地的生态环境和木材资源而言，万一失火，住屋被毁，还可以马上另建，但万一粮食被烧，人们马上就会面临饥饿的威胁。此外，将人类赖以生存的食物资源贮藏于住屋之外的村寨周围，不但表明了村寨内部人和人之间的相互信任，还表明了村寨之间和民族之间的相互信任。

再如，岩洞村有些居民还缺少独立的厕所、圈舍。也缺少足够大的堂屋来从事手工劳动，在有些家庭人口较多的家庭中，他们的生活跟原来相比甚至更为不方便，如他们没有独立的厨房和足够多的房间、储藏室等。所有这些问题的存在表明危房改造在某些方面过度强调房屋的安全性而忽略了居民的一些日常生产和生活需求。

第二节　问题与不足之原因分析

一、主观原因

主观原因主要是对民居传统文化保护的认识还不够。

民居传统文化元素有哪些，这些文化元素到底有何意义，保护这些文化元素又有何意义等方面的问题，对于居民和政府人员而言，虽然有一定的认识，但是认识并不太清晰，不太全面，高度也不够。居民有的完全认为水泥房好，有的虽然认为木房好，但是不知道其整体或其部分文化元素所代表的文化意义，如上所述的“吊脚楼”“美人靠”“风檐板”“铜鼓”等等。他们只知道即使要保护，也是因为其确实是特色，或者认为好看，或者能带来旅游的经济效益，至于更深的含义和意义不甚明了。各级政府也许虽然认识上要高些，但是他们的目的重在保护民族文化所带来的经济效益，至于保护本身的文化意义，恐怕也没有去深究了。

二、客观原因

客观原因主要为资金问题及建筑文化本身的变迁与传统建筑工匠和材

料的缺乏。

第一，关于资金问题。

资金直接影响传统民居保护的实现。在消除危房，保障居民生产生活安全这一实现危房改造主要目标后要能突出、提炼、推广民族民居文化要素是必需以充足的资金为依托和后盾的，没有资金，就等于空谈。

然而，投入不足是危改当中的普遍而又最大的问题，尤其是要体现传统特色的话，更是问题。调查显示，在“在危房改造中遇到的最大困难”问题上，经济原因高居榜首，占75.10%。

表7-1 在危房改造中遇到的最大困难

最大困难	经济原因	工艺原因	交通运输原因	地基问题	配套设施不到位	没有困难	人力支持	综合原因	合计
频数	184	9	8	5	5	16	3	15	245
比例（%）	75.10	3.67	3.27	2.04	2.04	6.53	1.22	6.12	100

可以以苗族为例，窥其经济之窘迫。从总的投入资金来看，2009—2012年雷山县农村危房改造完成11020户，投入资金26129.12万元，其中政府补助资金10208.72万元，平均每户政府补助0.9263万元。居民自筹资金15920.4万元，平均每户居民自筹1.4446万元。相当于每户大概资金投入为2.3万元，这个数目对于既要解决安全问题又要突出民族风格的民居而言，投入实在很少。危改要在确保生产生活安全方便的条件下同时兼顾民族风格，经济上的要求确实更高，毕竟民族风格元素的存留是需要经费保障的。据访谈了解，一个美人靠的造价成本就需要4000元左右，更遑论将牛角翘顶、吊脚木楼、青瓦盖顶、美人靠、植物图案雕刻这些所有元素都要体现出来所需花费的造价了。

因此，在政府给了相当大的补助（占投入的将近一半，这个补助对于危改居民而言也是具有一定力度的。众所周知，危改对象户当然是经济能力有限的，前已述及，雷山县是国家新阶段扶贫开发重点县之一。2012

年，农民人均纯收入4560元，在样本村，人均收入也差不多，有的更低，咱刀村甚至只有910元。因此，居民平均每户能自筹1.4446万元，对于居民来说，也只有这个经济支出的能力了。可见，在这有限的总投入中，政府补助是具有一定力度的）的情况下，居民对政府政策的评价方面，最满意的是政府补助，占52.24%。但是，即使如此，还是不能满足需求、使房屋的二者兼顾的效果存在缺憾的情况下，有部分人对补助又有不满（同时也有33.06%的人对政府补贴最不满意），这看似矛盾的现象共同说明了一个问题，就是经费确实很棘手。

表7-2　村民关于危房改造政策的看法

危房改造政策	最满意		最不满意	
	频数	比例（%）	频数	比例（%）
财政补贴	128	52.24	81	33.06
人力支持	9	3.67	83	33.88
房屋选址	40	16.33	11	4.49
设计规划	48	19.59	29	11.84
无	20	8.16	41	16.73
总计	245	100	245	100

第二，关于建筑文化本身的变迁与传统建筑工匠和材料的缺乏。

建筑文化本身的不断变迁和传统建筑工匠和材料的缺乏在客观因素中其影响也不可小觑。

少数民族建筑文化也跟其他传统文化一样面临着现代文化和全球文化的冲击与威胁。

第一，现代科技在建筑材料和建筑技术上的创新和发展对侗族传统民居的建筑材料和建筑技术产生了很大的冲击。

第二，现代的生产、生活方式改变了人们对传统建筑的居住需求。随着社会的进步，工业化、现代化浪潮席卷全世界各个角落，农村自然不可避免。在此背景下，特别是一方面，年轻人长期在外打工，带回来新的生活观念与生活方式；二方面农村原有的许多生产生活方式逐渐减少甚至消失，许多人已不再从事农业生产，即使从事，其劳动方式也是从以体力为主的手工劳动向以机械化、电气化为主的高技术劳动转变；传统的手工活动也逐渐减少等等。上述两方面相互影响，使得农村的生产生活观念与方式在不断变化革新，传统的生产生活观念和方式日趋式微，在对待传统民居和现代民居上，特别是年轻一代与老一代区别更大。访谈中，我们问到年轻一代与老一代人有区别吗（对砖房和木房），回答是年轻人与老年人是有区别的：年轻人喜欢砖房，砖房方便；老年人喜欢木房，木房寿命长。

第三，很多少数民族历史上没有文字，拥有自身文字的历史并不长，很多民族建筑技巧和建筑文化都靠口耳相传，极易流失和变异。

如此，对传统民居文化进行保护又受多种因素的限制。所有这些都使少数民族传统民居建筑文化面临前所有未有的挑战。

同时，传统建筑工匠和建筑材料也匮乏。在实地调研中，我们发现很多村寨既缺乏手艺较好的民间工匠特别是真正懂得传统工艺的民间工匠，也缺乏木材。因此，即使有保护民居文化特色的想法和设计，也难以付诸实施。在实地调研中，有居民就讲到“那个传统的木房没人住了，设计师也就没有了”。再以木材为例，其高昂的成本是居民难以承担的。如在掌坳村调研时，当地政府部门给我们算了一下账。掌坳村是为数不多有木材的村寨，因背靠大山，大多居民都有自留山，危改用的木材，可以自行解决，人力成本主要是请木匠和包工头，如果是三开间的房子，劳动力一般要 2 万元左右。如把建筑材料用市场价格换算的话，材料成本：劳动力成本 = 3∶1。材料成本价格之高由此可见一斑。

第三节 思考和建议

在危房改造中，要想完整地和全面地保护少数民族传统民居几乎是不可能的，也没有这个必要性。但是危房改造又不能完全忽视对传统民居建筑文化的保护。因此，我们有必要认真思考和反思如何在改“危”的同时更好地保护少数民族传统民居建筑。

首先，传统民居保护的意义和理念值得我们进一步深思，其次，对传统民居所采用的保护的方法与手段，我们要更加慎重和全面地去反思。

一、传统民居保护的意义与理念

所谓少数民族传统民居保护，实际包含了对少数民族的心理状况、宗教观念、价值观、行为习惯等民族文化的保护。而单有保护没有发展的文化是没有生命力的，因此，对少数民族传统民居文化的保护，其意义在于为文化的开发、利用提供前提和基础，最终的目的是促进少数民族传统文化的发展，促进少数民族地区的社会的发展，为人类文明的发展作出贡献。那么，少数民族民居文化的意义、功能与对少数民族传统民居文化保护的理念具体如何理解呢？下文将对上述问题进行详细阐释。

（一）少数民族民居文化的意义、功能

学界对“文化”的定义，比较完善的就有两百多种。这些定义从各个方面阐释了文化的内涵。狭义的文化定义仅仅限定在精神领域，而广义的文化则包括整个人类通过后天学习所掌握的各种思想和技巧，以及由这种思想和技巧所创造出来的各种物质、制度和精神方面文明的总和，建筑文化中的少数民族民居文化就包含在广义的文化定义之中。

少数民族民居文化的功能包括了物质功能和精神功能两种类型。民族民居文化的物质功能是满足了人们逃离风雨、逃避敌害、进行生活和休憩的需要。民族民居文化的精神功能是满足人类的认知、审美、崇拜和寻找归属感的需要。因此，民族民居文化既受民居所处的地理环境的影响，也与民居所处社会文化环境相关。民居建筑是特定历史阶段、特定社会环境和特有自然环境的综合产物。不同生产力发展水平，不同的社会环境造成了民居的不同风格和形式。反之，不同风格和形式的民居也体现了不同的社会环境和不同的生产力发展水平。

现代民居文化从根本上来看是对传统民居文化的继承和发展。研究少

数民族传统民居文化，不仅可以帮助我们了解少数民族民居建筑所形成的历史条件和社会环境，还可以帮助我们了解少数民族民居发展和利用的制约因素，进而为促进少数民族民居建筑和民居文化的发展提供前提和基础。总之，保护少数民族传统民居文化具有十分重要的意义，一方面是因为少数民族传统民居建筑不仅是对少数民族地区而且对整个人类来说都是十分珍贵的文化瑰宝，具有极高的艺术价值和历史价值。另一方面，少数民族传统民居在建筑布局、施工、装饰等方面积累了很丰富的经验，这些为现代民居文化的发展提供了学习和借鉴的源泉，为后世的人们认识、利用、发展它们提供了可能。

（二）传统民居文化保护的理念

传统民居建筑和传统民居建筑文化之间联系十分紧密。传统民居建筑的风格、样式等本身就是民居建筑文化的重要组成部分，而民居建筑文化中的一些重要因素的变化，如生产力的发展、生活方式的变化、技术的进步等都会影响民居建筑的存在、变化和发展。一般来说，经济越发达、现代化程度越高的地区，传统民居建筑所遭受到的破坏就越严重，其存在的空间也就越狭窄。虽然任何的民居建筑必然会随着时代的发展而变成传统，最终消亡，但是当前人们为了短期的利益而对传统民居建筑进行肆意性破坏，忽视了新建民居和传统民居在文脉上的传承性和延续性，造成了大量具有历史文化价值的民居建筑在短期内很快消亡，这是对人类文化极端不尊重的行为。因此对传统民居进行保护，对传统民居文化进行保护是必需的。

要对传统民居文化进行保护，就要对传统民居进行保护，就要坚持正确理念既不能“绝对保护”又不能“全盘否定”。首先要正确认识民族传统建筑和现代建筑之间的关系。现代建筑在建筑材料、建筑技术和工艺上无疑比传统民居建筑在物质功能上更完善、更实用，但是在民居的精神功能上未必比传统民居好。传统民居建筑不仅保留着丰富的建筑文化信息，而且蕴涵了各族人民共同的审美追求和审美情趣，浸润了浓厚的乡土气息，弥漫着浓郁的风土人情。而现代民居建筑大多趋向“大一统的方盒子”结构，过度脱离了传统的文化底蕴，也就缺少了丰富的人文精神，容易使人产生一种单调、孤独之感。

因此，要满足现代人多样的物质和精神文化需求，就必须走民族传统和现代技术相结合的道路，探索把现代建筑完善的物质功能和传统民居建筑丰富的精神功能相结合的模式。在危房改造中，对少数民族传统民居保护，要坚持“部分根于传统，部分根于往昔……又部分根于飞速改变的社会的理念。”[①] 坚持把传统和现代结合起来，“打开传统的宝藏，以现代意识为准衡，重新作一次评估，使暗淡的宝藏重现光辉，以激发先天的潜力，创造出属于自己的‘现代’的理念。”[②]

当然，传统民居建筑必然有一些不足之处，传统民居建筑文化也必然存在一些糟粕。我们在对传统民居进行保护，对传统民居文化进行学习的过程中，要正确处理好传统和现代，发扬和批判，继承和创新的关系。贵州省在改“危”过程中不仅重视民族传统民居文化的保护，重视对少数民族传统民居建筑的保护，更重视改善少数民族居民的居住条件，提高少数民族居民的生活质量。因此，上文中提到的理念也应该是我们在危房改造中对传统民居保护的基本理念和指导思想。

二、传统民居保护的手段与方法

遵循上述理念，基于当地经济社会发展实际状况（“文化旅游发展创新区”为战略目标），结合传统民居保护的实际状况，在传统民居保护的手段与方法上，主要是从以下三方面提出建议和思考。

（一）更加注重集思广益，走群众路线

危房改造过程中房屋的设计规划要深入到各少数民族群众中去，广泛听取群众工匠和相关专家学者的意见，集思广益，真正做好对少数民族传统民居建筑要素的提炼和房屋建筑风格的指导工作。

---

① 查尔斯·詹克斯著：《后现代建筑》，中国建筑工艺出版社1986年版，第16页。
② 贺陈词：《建筑上的‘传统’与‘现代’问题》，《世界建筑》1982年第2期。

第一，要更充分重视民族工匠的技艺。

民族工匠对各自少数民族民居建筑比较熟悉，要重视民族民间工匠的技术水平、技术能力，像雷山县，把工匠集中起来，从工匠中学习建筑的用材、技艺，提炼民居建筑的特色文化元素，在保护少数民族传统民居建筑时充分重视工匠的技艺，坚决走群众路线。

第二，要更充分重视专家学者的智慧。

在危房改造过程中，各级政府要积极组织各专家学者参与，成立专家团队对各少数民族传统民居建筑特色进行充分的讨论、研究，对少数民族传统民居保护进行充分的支持。

在危房改造中多听取民委及民族专家学者的建议和意见。这些民族专家、学者是各个少数民族的精英。他们对本民族的传统文化了解多，理解深。可以使我们在危房改造中更好地抓民族民居建筑最突出的文化元素。同时，他们在本民族中威信较高，说话的分量重，更有利于保护少数民族传统民居文化。

（二）更要因地制宜，充分考虑从民居特色情况和村寨综合发展的角度进行规划

第一，对于特色突出、保存较为完好、文化价值高、保护可行性大的民族村落，要实施重点保护。例如贵州黔东南州雷山县的郎德苗寨，吊脚楼建筑依山而建、鳞次栉比，配合风雨桥、芦笙场等公共建筑彼此呼应，2001年被列为“全国重点文物保护单位”，其民居建筑文化得到了有效保护和传承，整个村寨至今古香古色、风韵犹存。为此，政府、相关专家学者应深入民族地区发掘这样的民族村落，有选择性地保护和开发一批有特色民居建筑的民族村寨。

第二，对于传统民居特色不太突出，但在旅游意义突出的景区的民族村寨，传统民居保护要做要求。

对有条件的居民，可以重点考虑，对其进行“修旧如旧”或完全按传统风格重建，从空间和实体、从尺度和符号乃至材料结构全方位保护；对

破旧不堪的木楼，可以刻意保留下来，居民有条件可再重建。

对经济条件一般但有重要旅游意义的区段的民居，可以主要是保留它的意象，保留它的一些个别符号，比方说苗族的吊脚、美人靠、雕花窗格等等。

对于经济条件差但又有重要旅游意义的区段的民居，可以做“基因”保护，看起来它的一切都变了，但仍然是它。

第三，对于传统民居特色不太突出，旅游意义也不太突出的地段的民居的传统民居保护，在做宣传工作的前提下还是以自愿为主要求为辅。对经济条件好的，可以要求进行不同程度的保护，条件不怎么样的，可以不要求进行保护。

（三）更特别强调资源整合，特别是资金整合

首先，加大危房改造指标向少数民族居民倾斜，减免或降低地方政府的配套资金金额。由于贵州省很多少数民族聚居地相对较贫困，很多居民的居住条件差，自身经济能力较低，因此，将危房改造的指标向这部分群众倾斜。同时，考虑到这些地区需要改造的危房数量多、任务重、地方财政收入较低等实际困难，在危房改造配套资金的要求方面可以减免金额或降低要求，从而保证这些地区危房改造项目的顺利进行。

其次，适当提高少数民族危房改造户的补助标准。政府在危房改造资金的分配上应该根据居民的实际情况采取不同的补贴标准，灵活地分配资金，以避免有些危房改造户因建房而返贫。

第三，为了更好地保障危房改造的同时能更好地保护好少数民族传统民居特色，应该设立民族民居保护专项资金。如在危房改造过程中，对于具有历史价值、建筑价值和旅游价值的民居不能拆除重建，只能“修旧如旧”，而维修这些危房的成本会比较高，很多时候甚至超过了重建所投入的成本。因此，对于这类危房应该设立民族民居保护专项资金。要加大对危房改造中民族传统民居保护的资金投入力度。

第四，探索多渠道筹集少数民族危房改造资金的途径。除了危房资金外，能否由政府统筹，把扶贫、新农村建设、村容整治等资金集中使用，

使经费使用效率更高，效果更好。同时，加大动员民间捐赠、个人资助等筹集资金的渠道，建立少数民族传统民居保护基金会。对危房改造后保留了民族传统民居风格的居民实行一定程度的物质奖励。在危房改造过程中，政府要有意识地检查其保留传统民居风格的程度，按照其保留民族传统民居的不同程度发放不同层次的奖金。对于任意改变民族传统民居风格的居民进行思想动员、劝告、适当阻止等，以尽最大可能保护好民族传统民居文化元素。

（四）更积极培训、积极宣传

请有关专家对传统民居保护的文化元素有哪些，为什么是这些元素，保护它们究竟有何意义等问题进行专门研究，然后就这些知识请专家结合村寨发展规划的实际，对各级政府部门的负责人、危房改造的负责人与技术人员等相关人员进行培训，再在危房改造过程中，使其把知识的种子播至每一位农户家中，真正做好宣传工作。

从实际调研来看，危房改造中，有充分利用广播、电视、鸣锣喊寨、黑板报和召开会议等方式来进行宣传，但是这主要是对农村危房改造相关文件精神及工作内容的宣传，让农户及时了解最新情况，鼓励农户积极实施“危房”改造。而就民居保护的文化元素有哪些，为什么是这些元素，保护它们究竟有何意义等等并没有做过多的思考，采取有针对性的、切实有效的措施去进行宣传，虽然，做了《图集》要求居民参照实施，但是这还远远不够。

危房改造中，在改好“危”的前提下，同时要保护好少数民族传统民居，是一件不容易的事情，更何况，它事实上是在诸多事件的背景上实施的。可以说，危房改造工程是一项整体系统的工程。它既要考虑民族民居文化的传承与保护，也要考虑到居民的意愿，还要考虑到土地资源的保护和利用、考虑到生态环境保护、考虑到社会主义新农村建设、考虑到产业结构调整、考虑到乡村综合整治与发展等等。因此，在这项浩大的工程中，要做好传统民居特色的保护工作，实属不易。

在贵州省少数民族地区实施危房改造项目过程中，由于政府各部门的重视，在方针决策上把保护少数民族传统民居文化作为一条重要的原则提出来，获得了领导干部的积极支持和贯彻，并采取了卓有成效的手段。总体而言，站在兼顾诸多事件的背景上，在改“危”的同时兼顾了少数民族传统民居的保护，其保护基本上达到了预期的效果，这一点很难能可贵。不仅消除了少数民族居民的居住风险，保障了他们的住房安全，赢得了少数民族的民心，而且更重要的是这个项目对少数民族传统民居文化的保护、开发、重构、拓展起到了积极的促进作用，这必将使我国少数民族传统民居文化在未来的岁月中进一步得到发扬光大，为人类文化的多样性发展做出自己的贡献。同时，在贵州省少数民族地区实施危房改造实践中所采取的一些措施，总结的一些模式、所取得的成就和经验都是当地政府、少数民族文化工作者和爱好者、少数民族居民共同的经验总结和智慧结晶，这些能为其他民族地区的危房改造和少数民族传统民居保护提供经验积累和现实借鉴，从而使我国民族地区传统民居建筑文化在危房改造项目中得到保护、重构、拓展并进一步发扬光大。但是，贵州省少数民族地区危房改造项目也存在一些问题，两者关系处理有些不当，少数民族民居保护存在一定的缺憾，这期待我们去进一步改善和提高。

下篇

典型剖析：贵州省苗族、布依族和侗族地区危房改造及传统民居保护

第八章　黔西南州雷山县苗族地区危房改造与苗族传统民居保护

第一节　危房改造情况

本节内容主要从雷山县总体危房改造情况和样本村的简况及其危房改造情况来分析。

一、雷山县总体危房改造情况

住房和城乡建设部仇保兴副部长曾指出：在农村，有“三座大山”——一是疾病问题，二是住房问题，三是自然灾害，这些问题是贫困地区农民难以自己解决的。为此，国家制定了农村危房改造政策，整合国家、地方政府和居民三股力量，共同对农村危房进行全面改造，从而服务于民生，服务于三农。据2008年调查统计，雷山县农村贫困群众中的无房户、危房户有14728户。近年来，为切实改善农村困难群众居住条件，全县各级各有关部门积极探索，把农村危房改造作为保民生、保增长、保稳定的重大举措来抓，强化组织保障，加大人、财、物的投入，同时采取整合资源、完善机制、开展帮扶等措施，扎实推进农村危房改造，切实解决了一批农村困难群众的基本住房问题。

（一）计划安排

第一，改造理念。

观念是行为的先导，观念到位，事半功倍。雷山县委、政府秉承科学发展观的理念，按照中央保民生、保增长、保稳定的总体要求，以解决农村困难群众的基本居住安全问题为起点，以促进地方经济、社会全面发展为目标，因地制宜，量力而行，科学合理编制农村危房改造规划。

为了保护传统民居特色，省危改办制定下发《贵州省农村危房改造工程工作规程》（黔危改办通〔2010〕11）文件，要求农村危房改造工程应该遵循“坚持科学规划，突出地域民族特色”的原则。在“旅游强县”战略指导思想下，雷山县各级政府在危房改造前做了大量的准备工作，并绘制危房改造要遵循的少数民族民居建筑的样图——《雷山县地方传统建筑参考图集》，要求各乡镇在危房改造中根据实际情况参照实行。

危房改造工程是一项整体系统的工程。它既涉及到千家万户的利益，也涉及到全县的发展问题。因此，既要考虑民族文化的传承与保护，也要考虑到居民的意愿，还要考虑到土地资源保护和利用、考虑到生态环境保护、考虑到社会主义新农村建设、考虑到产业结构调整、考虑到乡村综合整治、考虑到城镇化建设。因此，这项浩大的工程中，要做好传统民居特色的保护工作，实属不易。

第二，组织领导。

在实施方面强化组织领导，建立层层落实的责任体系。在县、乡/镇、村三级分别成立领导小组及工作机构，层层签订责任书，形成了“县级负主要责任、乡/镇级负直接责任、村级负具体责任”的组织领导体系和责任体系。

第三，资金筹集。

在资金筹集方面，注重统筹安排，多渠道筹集资金。坚持以居民自筹为主、外部辅助为辅的原则，动员危改户自筹资金（物资）投入危改工程，依靠自身力量建设新家园。积极争取国家支持，及时落实配套资金。县发改部门负责对项目资金的整合，把与农村危房改造相关的资金调整到试点村寨组织实施，统筹整合各种资金、资源，集中用于农村危房改造。积极发动社会捐助、开展部门帮扶，多渠道筹集农村危房改造资金。金融部门积极帮助解决农房建房小额贷款。

因此，资金渠道主要有：一是政府加大财政投入，安排危房改造专项资金；二是积极动员机关单位、工商企业、社会各界捐款捐物帮助农村困难户改造危房；三是支持和帮助农民申请金融机构贷款，帮助需要贷款的困难居民改造危房解决建设资金问题；四是县政府对资金统筹整合、捆绑使用，按照“渠道不乱、用途不变、捆绑使用、统筹安排、各记其功”的原则，加大对村庄整治、扶贫开发等相关到县项目资金的整合力度，形成农村危房改造合力。

第四，建设标准。

农村危房改造要在满足最基本居住功能和安全的前提下，严格控制建筑面积和建造成本。改造资金大部分由政府补贴的特困户，翻建、新建住房建筑面积原则上控制在40平方米以下，其他贫困户人均建房面积控制在20平方米以下，户均在40—60平方米。农房设计建设要符合农民生产生活习惯、体现民族和地方建筑风格、传承和改进传统建造工法，推进农房建设技术进步。

第五，改造模式与方式。

按照“统一规划、统一设计、统一施工”的原则，依据居民自行选择的图集，采用“原址修缮重建”、“相对集中重建”、“地质灾害搬迁”、“分散重建”、“局部改造”等多种方式实施改造。

对于一级危房和地质灾害危及点农房，其危房改造主要以“分散重建”、“相对集中重建”、“地质灾害危及点搬迁”、“五保户集中供养”和“结合村寨整治实施危房改造”等方式；二、三级危房采取“局部改造”的方式进行改造。

重建的农房要体现当地的地域风情和民族特色，让农民亲身体会到新型民居功能合理、居住舒适、造型美观的特点。在有条件、有能力的地区，对小范围内比较集中的危房采取统一建筑风格，发动建房户进行小环境治理的方式进行改造。有条件的地区，可采取结合村寨整治的方式实施危房改造，以村寨整治带动农村危房改造，使农村人居环境得以改善，农民生活水平得到提高。

第六，补助标准。

政府补助资金标准：

2009 年五保户一级 2 万元，二级 0.5 万元，三级 0.3 万元；低保户一级 2 万元，困难户一级 1 万元，一般户一级 0.5 万元，低保户、困难户、一般户二级、三级分别为 0.3 万元和 0.2 万元；

2010 年五保户和低保户茅草房 2 万元，困难户茅草房 1 万元，一般户茅草房 0.5 万元（2010 年主要是消除茅草房）；

2011 年五保户二级 0.7 万元，三级 0.55 万元，低保户一级 2 万元，困难户一级 1 万元，一般户一级 0.6 万元，低保户、困难户、一般户二级、三级分别为 0.55 万元和 0.5 万元（2011 年没有五保户一级）；

2012 年低保户一级 2.23 万元，困难户一级 1.23 万元，一般户一级 0.83 万元，低保户、困难户、一般户二级、三级分别为 0.7 万元和 0.65 万元。

表 8-1　2009—2012 年雷山县危房改造补助资金标准　单位：万元

家庭类别	危房等级	补助标准			
		2009 年	2010 年	2011 年	2012 年
五保户	一级	2.0	2.0	-	-
	二级	0.5	0.3	0.7	-
	三级	0.3	0.2	0.55	-
低保户	一级	2.0	2.0	2.0	2.23
	二级	0.3		0.55	0.7
	三级	0.2		0.5	0.65
困难户	一级	1.0	1.0	1.0	1.23
	二级	0.3		0.55	0.7
	三级	0.2		0.5	0.65
一般户	一级	0.5	0.5	0.6	0.83
	二级	0.3		0.55	0.7
	三级	0.2		0.5	0.65

（续表）

家庭类别	危房等级	补助标准			
		2009 年	2010 年	2011 年	2012 年
地质灾害危及点危房户	户均	2.0	2.0	2.0	2.0

注：2010 年主要是消除茅草房，2011 年没有五保户一级，2012 年没有五保户。

（二）实施情况

经过 2008 年的摸底工作，雷山县农村危房改造总任务为 14728 户，覆盖全县 9 个乡镇 154 个行政村。按照省委、省政府的统一部署，计划分为两大阶段完成危房改造任务：第一阶段（2009 年—2012 年），主要改造最危险的一级危房、最困难居民居住的危房和地质灾害危房；第二阶段（2013 年—2016 年），主要改造二、三级危房。

第一，已完成改造的危房总数。

在第一阶段（2009—2012 年）已完成了 11020 户的改造任务。

第二，资金投入。

2009—2012 年雷山县农村危房改造总计投入资金 26129. 12 万元，其中政府补助资金 10208. 72 万元，居民自筹资金 15920. 4 万元。

政府补助资金比例：2009 年中央和省级补助 85%、州级补助 2%、县级匹配 13%；2010 年中央和省级补助 79%、州级补助 2%、县级匹配 19%；2011 年和 2012 年中央和省级补助 88%、州级补助 2%、县级匹配 10%。

第三，危房改造民族结构及模式与方式。

关于民族结构。农村危房改造主要以苗族居民为主，占危房改造的 95%以上。

关于整村推进和非整村推进。为了民族文化产业的旅游开发，有些村寨采取整村推进的模式，主要是以发展旅游为主的上郎德村、乌东村、干荣村、格头村四个苗族村寨。整村推进的村寨，除了危改资金，还有旅游局或文化局等的资金，所有资金整合，形成合力，加大危改力度。整村推进的危房绝大多数都是局部维修的二、三级危房，相比其他村，危改的指标户数适当增加。如：乌东村。在这些村寨，采取统一建筑风格，发动建房户进行小环境治理的方式进行改造，实施“穿衣戴帽”工程。对于非整村推进的村寨，只有危改资金，根据村寨的经济、区位等具体情况程度不同地、有选择性地做出传统文化保护的要求。

关于异地搬迁与原址修建。雷山县属于典型的喀斯特地貌，很多村寨都是重点地质灾害隐患点，都需要整体搬迁，但目前为此准备实施整体搬迁的村寨只有大塘乡的排里村。就调查问卷来看，因修路占房等各种原因搬迁的只占 25%，原址重修或维修的占 75%。

关于原址维修与原址重建。因一级危房和地质灾害危及点农房为重建，二、三级危房采取“局部改造”的方式进行改造，因截止到 2012 年底的数据没有，但据 2013 年上半年获取的危改房数量来看（截至 2013 年全县总共实施完成 15412 户，占总任务的 81%，其中，一级危房 5889 户，二级危房 4653 户，三级危房 4870 户。低保户 4240 户，五保户 373 户，困难户 7938 户，一般户 2861 户），二级、三级危房所占比例为 61.8%，即原址维修的占 61.8%。从调查问卷来看，与实际数据是基本吻合的。

表 8-2　改造情况（异地搬迁与原址修建）

改造情况	频数	比例（%）
个体异地搬迁	12	13.6
集体异地搬迁	10	11.4
原址维修	51	58
原址重建	15	17
合计	88	100

第四，苗族建筑文化元素及其保护方法。

雷山县提炼的苗族建筑文化元素主要有牛角翘顶、吊脚木楼、青瓦盖顶、美人靠、动植物图案雕刻、雕花窗格等，将其载入《黔东南州苗族侗族自治州建筑图集》。在具体实施过程中，要求居民参考《黔东南州苗族侗族自治州建筑图集》与自身建筑风格相结合来实施，主要是以修建木质吊脚楼为主，在实施农村危房改造中通过宣传和签订改造协议，引导居民在修建维修住房时，要按照本地传统建筑风格来修建维修住房。政府认为，当前雷山县发展主要是以旅游为主，要想发展好旅游首先就要把苗族文化传承保护好，而苗族民居建筑传承是保护苗族文化的一个重要方式。

上述苗族建筑文化元素的提炼也是一个逐步的过程。早在本世纪初，历届雷山县领导逐步意识到发展旅游对雷山县意义重大，而旅游发展规划中，凸显传统文化则是其重中之重，那么，传统文化主要是哪些元素，在民居建筑上如何展示呢，对于此问题，在2008年旅游发展大会上，雷山县由各单位的领导组成小组，负责设计传统文化元素，然后将设计好的成果由他们请人来论证，其中，特别邀请苗学专家，最后交到县长办公室做决定。但是，在施工前，尊重当地木匠的意愿，由他们设计出各文化元素的图案，再请雷山苗学会来完善。最后，才是依据此图案来进行施工。

第五，危房改造与公共建筑改造。

从所调查的样本村（掌坳村、大固鲁村、小固鲁村、乌东村、咱刀村）来看，都不涉及公共建筑改造。

如掌坳村，公共建筑不涉及危房改造的资金，且与危房改造无关。村长回忆，自本村有人开始算起，就有了芦笙场。但以前的很简陋，只有70㎡，且是泥巴场地。2004年，居民自筹资金对芦笙场进行了扩建，鹅卵石铺设，面积达到150㎡，是原来的两倍多。涉及到一个居民的搬迁，方法是置换村委会的办公楼。现在的芦笙场是2009年修建的，文体局的专项资金，面积达330㎡。国家政策明文规定，危改资金，专款专用，不得挪作他用。

大固鲁村，30年前修建的芦笙场，当初有一个篮球场大小，泥土地基，2013年通过“一事一议”筹集资金扩建了当前的芦笙场，现在为500—600㎡，扩建不涉及搬迁，不涉及危房改造资金。

乌东村，一直都有芦笙场，篮球场大小，泥土地基。2008年修建村委办公楼，顺便扩建了芦笙场，现在面积达900㎡。扩建资金来自建设局和旅游局。

而即使不是样本村的新桥苗寨，也不存在危改和公共建筑有关的问题。该村的“水上粮仓”位于寨子中央，规模宏大，保护良好，独具特色。水上粮仓具有防火、防鼠、防潮的功能，这是苗族对自己曾经生活在水乡泽国的记忆，也是苗族祖先随粮食进行有效保存的科学办法。不过也不涉及改造，也许是保存尚可不需要改造之故吧。

因此，综合而言，危房改造意味着资金专门用于危房的改造，不涉及公共建筑。

二、样本村简况及其危房改造情况

样本村有大固鲁村、小固鲁村、乌东村、咱刀村和掌坳村。

（一）大固鲁村

大固鲁村属于丹江镇，距雷山县城3公里，距凯里35公里。大固鲁共14个组三个自然寨，245户，1080人，2012年村人均纯收入为4360元，东与教厂村、南屏村相邻，南与小固鲁、猫猫河村连接，西与脚猛村相邻，北与下郎德村连接；海拔720米，地貌以丘陵为主，属亚热带高原季风湿润气候。全村耕地面积3280亩（田面积378亩，土面积624亩，林地面积2280亩）。大固鲁村始建于清朝时期，当时清政府以九里安城，十里安堡，清政府欲在大固鲁寨安堡，统治民族，当时寨上只有十几户，为不给清政府安堡，群众出金银给清政府，并称寨上像驴模样，安堡不吉利，清政府只好迁往南屏村，后来人们称之为固鲁。现在，200多户的大固鲁，座座木楼瓦舍，依山傍水分布在半面缓坡之上。

（二）小固鲁村

小固鲁村属于丹江镇，距雷山县城3公里，距凯里35公里。小固鲁共6个组两个自然寨，120户，428人，东与郎当村相邻，南与猫猫河村连接，西与大固鲁相邻，北与南屏村、脚猛村连接；海拔720米，地貌以丘陵为主，属亚热带高原季风湿润气候。全村耕地面积1579亩（田面积286

亩，土面积55亩，林地面积1238亩）。2012年村人均收入为3610元。小固鲁村已有500多年的历史，李姓居多。两寨皆为李姓，属同一宗族，互相不能通婚。

大小固鲁村经济条件一般，村寨民族风情不像乌东村这样突出，但处于雷公山旅游公路沿线，所以在民居传统文化保护上，政府主要是对公路沿线的居民做出统一要求，比如说要有雕花窗格等民居建筑文化元素，其他的居民则不作统一要求，可以自行设计自行改造。

（三）乌东村

乌东村属于丹江镇，地处苗岭主峰雷公山山腰的谷地内，群山环抱。位于雷山县城东部，距离县城20公里，距离雷公山旅游公路1.5公里，海拔1300米，辖4个居民小组，全村108户，477人，世居均为苗族。由于山高寒冷，加上雷公山森林气候的影响，乌东村阴冷烂锈田居多，产量极低，人民生活长期得不到保障，全村靠砍树烧山种小米来弥补粮食的空缺，有的甚至到山上挖蕨根来充饥，是一个典型的生活靠救济、吃粮靠返销，远近闻名的穷村、乱村。

自2006年乌东村被省委省政府确定为贵州省新农村建设“百村试点”以来，在省、州、县各级政府的正确领导和有关部门的关心支持下，乌东村抢抓历史发展机遇，依托农村党员干部现代远程教育平台，以农村“一户一技能”创建活动为抓手，以建设“生产发展、生活宽裕、乡风文明、村容整洁、管理民主”的社会主义新农村为目标，以“两推动、四做强”（素质推动、示范推动；做强茶叶产业、做强蔬菜产业、做强畜牧产业、做强旅游产业）为载体，因地制宜，扬长避短，大力发展种养殖业，村“两委”带领群众走出了一条适合当地的致富路子，从此乌东村的穷、旧面貌焕然一新。2012年，全村人均纯收入由2005年的1040元提高到5886元。村党支部先后荣获省、州“五好基层党组织”、全省社会主义新农村“百村试点”、州级“文明村寨”、县级“先进基层党组织”等多项荣誉称号，在雷公山上树起了新农村建设的一面鲜艳旗帜。2011年乌东村被评为

“全国先进基层党组织”。

乌东村群山环抱，全镶在绿色的世界里，三条清泉溪水混集于寨子后，迂回而过，形成雷公山高海拔地区难见的水系景观，被誉为“当代桃花源”。2007年乌东村水系景观被评为“中国景观村落”。

旅游经济是乌东村的支柱产业，为了发展旅游经济，在危房改造中，采取整村推进的模式进行改造，在民居传统文化保护上政府有统一要求，按统一的建筑风格进行危改。

表 8-3　大固鲁村、小固鲁村和乌东村已完成改造的危房等级及居民经济状况构成

单位：户

户别		大固鲁村					小固鲁村					乌东村				
		2009	2010	2011	2012	合计	2009	2010	2011	2012	合计	2009	2010	2011	2012	合计
低保户	一级	6	2			8	1	1			2	2	1			3
	二级			2		2			3		3			3	15	18
	三级			2		2			2	4	6			1	1	2
困难户	一级	2	2	1		5	2	8			10	4	4	3		11
	二级			1		1			1		1				32	32
	三级			2	24	26			1	19	20			2	9	11
一般户	一级			2		2			1		1	1		1		2
	二级			2		2			2		2			2	17	19
	三级			7	11	18			6		6			5		5
合　计		8	4	19	35	66	3	9	16	23	51	7	5	17	74	103

（四）咱刀村

大塘乡咱刀村地处雷山县城以南13公里处的乡政府所在地，距省道雷榕公路0.5公里，全村有一个自然寨，4个居民小组，共有169户，662

人，劳动力 565 人，由于历史自然等诸多因素，本村的社会经济发展滞后，全村尚有贫困人口 280 人，极贫人口 150 人，贫困人口占全村人口的 51%，极贫人口占贫困人口的 80%，贫困面大，且贫困程度深。全村耕地面积 706.5 亩，其中稻田面积 550 亩，旱地 150 亩，人均耕地面积为 0.96 亩，人均粮食为 343 公斤，人均纯收入 910 元，低于全县平均水平。

咱刀村经济条件差，村寨民族风情也不突出，虽处于雷公山旅游公路沿线，但在民居传统文化保护上，由于经济条件实在有限，政府对居民不做要求，可以自行设计自行改造。但是根据我们的实地考察，发现村里绝大多数危房改造都是采用局部改造的办法，即把烂掉的门窗、柱等换成新的，房屋主体基本不动。

表 8-4　咱刀村已完成改造的危房等级及居民经济状况构成　　单位：户

危房等级	户别				合计
	五保户	低保户	困难户	一般户	
一级	1	3	8	4	16
二级		3	12		15
三级		1	20	22	43
总计	1	7	40	26	74

（五）掌坳村

掌坳村位于大塘乡东部，距雷山县城 6 公里，距乡人民政府驻地 7.5 公里，素有“铜鼓之乡”、“民族歌舞之乡”等美誉。全村 171 户 713 人。村寨依坡而建，坡顶古木参天，绿树成荫，民族风情浓郁。年生产总值：215.0 万元，人均 3015 元。主要经济产业：水稻，茶叶，种草养羊、种草养牛、稻田养鱼、种植杨梅等。人口总数：713 人，农业人口：703 人，非农业人口：10 人。行政区面积：5.0 平方公里，耕地面积：408.0 亩，主要民族成分是苗族，占全村人口的 96%。

掌坳村与大小固鲁村一样，经济条件一般，村寨自然条件的民族风情也不突出，但处于雷公山旅游公路沿线，所以在民居传统文化保护上，政府主要是对公路沿线的居民做出统一要求，其他的居民则不作统一要求，可以自行设计自行改造。

表 8-5　掌坳村已完成改造的危房等级及居民经济状况构成　　单位：户

危房等级	户别				合计
	五保户	低保户	困难户	一般户	
一级	1	2	15	3	21
二级		2	11		13
三级			22	22	44
总计	1	4	48	25	78

所有样本村的改造模式基本上是原址维修和重建。其中一级危房必须重建，二级、三级危房要求局部维修。危房改造的民族基本上都是苗族。危房补贴严格按照一、二、三级危房的标准给居民补贴，补助不存在民族差异。

第二节　危房改造中的传统民居保护情况

传统民居保护情况拟从传统民居保护现状，传统民居保护的成绩与经验，传统民居保护存在的问题和不足及其原因来分析。

一、传统民居保护现状

下面拟从民居实体实形和民居的功能来进行分析。

（一）民居实体实形

1. 住房风格

危房改造后的苗族民居，大部分保持了传统的民族风格。就问卷调查的情况来看，危房改造前96.6%的民居属于传统的木楼建筑，只有3.4%的民居属于水泥楼房和其他建筑。危房改造后，其中有58%的被调查对象认为保持了本民族传统民居风格，只有4.5%的被调查对象认为危房改造后的民居完全变成了现代建筑风格，有36.4%的居民认为自己的房屋经过危房改造后处于一种传统民族风格和现代建筑特色混合而成的混合风格。可见，传统风格保存得较好。

表8-6　住房类型（改造前）

住房类型	频数	比例（%）
水泥楼房	1	1.1
木板房	6	6.8
木板楼房	79	89.8
其他	2	2.3
合计	88	100

表8-7　住房类型（改造后）

住房风格	频数	比例（%）
本民族传统风格	51	58
现代风格	4	4.5
现代和传统混合风格	32	36.4
不知道	1	1.1
合计	88	100

同时，数据也表明，居民们普遍认为，关于危房改造和民居保护的关系方面，危房改造不会破坏传统民居，占80.7%。

我们又从另一个角度设计了关于民居保护如何的问题，就是“居民认为政府对特色民居保护得好不好”，结果表明，在推行危房改造的过程中，居民认为政府对特色民居的保护情况方面，较差、很差为0%，一般为40.9%，很好和较好的占60.1%，这都充分说明，传统风格确实保存得较好。

表 8-8　居民认为政府对特色民居保护得如何

对特色民居保护	频数	比例（%）
很好	10	11.4
较好	42	47.7
一般	36	40.9
较差	0	0
很差	0	0
合计	88	100

2. 结构

在重修的危房改造户中，内部结构有变化，但一般变化不大。访谈中，很多居民表示，自己房屋在结构上并没有多大的变化。这有可能主要是因为大部分居民是维修，不是重建，维修一般就在原来房子的基础上加或改，不可能有结构上的大的变化，也不可能有过多的资金来进行结构上的变化。其次，就是政府在危房改造中对多数有要求，要求外部一定要搞好，主要是要凸显民族风格，里面不做要求，同时在资金有限的情况下，也就内外结构均不会有多大变化。

变化的表现在于：外部——主要是一些吊脚楼的吊脚消失，而改之为用砖墙或砖墙加木板封砌起来。内部——主要是将一些特殊的功能使用空间进行粗糙简化，甚至删除火塘、晒台、部分院落和家禽圈养地等功能空间；厅堂与各个卧室以及廊道的组织关系上，缺乏轴线关系和空间的焦点；堂屋不再是平面中的穿堂和家庭的中心，显得裸露和直白；粮仓置于一层，不利于谷物的通风；入口直接进入堂屋空间，没有火塘或者厨房作为过渡空间，也不同于苗族民居传统空间序列布局要求。

3. 选址

传统民居特别强调风水观念，强调地址的选择。危改中，迁址重建的有 25%，为 22 户，大部分是原址改造，为 66 户，占 75%。在迁址重建的危改对象户当中，多半部分是自己选址，为13户，少半部分是由政府统一安排规划地点，为9户。而在自己选址的户数中，地皮因素占首位，有8户是因为有原来就属于自己的地皮，只有1户强调是因为风水先生说好。

表8-9　搬迁地点由谁决定

地点决定者	频数	比例（%）
由政府统一安排规划地点	9	10.2
由自己选定地点	13	14.8
合计	22	25
缺失值	66	75
总计	88	100

表8-10　自选地址的原因

原因	频数	比例（%）
风水先生说好	1	1.1
交通便利	2	2.3
自然条件好	1	1.1
原来就属于自己的地皮	8	9.1
其他	1	1.1
合计	13	14.8
缺失值	75	85.2
总计	88	100

从数据来看，难以反映风水因素在选址中的重要性如何。一方面是在自己选址的13户当中，有8户是因为原来就有自己的地皮，也不太可能再去寻求新的地皮，因为毕竟如果要重新买地皮，费用是很高的，危改资金本身又有限。另一方面是迁址重建的样本较小，也不太能反映真实情况。当然，在选择原有地皮的居民中，并不排除这原有的地皮也是属于看过风水的。我们在访谈中，遇到一户是在自己地皮（自家的土地）上建房的居

民就是看了风水的，而且建房时还请了巫师。

问：建木房前要看风水吗？

答：我们自己（我和我舅）看的风水。

问：风水怎么看？

答：地势好的就是不亏主人家，要看前面，前六看六，后面要有高山，具体意思我也不知道，老人家都是这样……搞这个房子还杀牛、杀猪。还有鬼师来清理。

（二）功能

1. 生产生活

总的来说，在面积、坚固程度、储物功能、取暖方式、饮水、上厕所、垃圾处理、交通出行等方面都有不同程度的改善，尤其在面积、坚固程度、储物功能和取暖方式上，多半的人都认为得到了改善。因此，居民觉得更好了，生产生活更方便了。

表 8-11　改造前后面积较大的是

面积较大的是	频数	比例（%）
老房子	2	2.3
新房子	49	55.7
差不多	37	42
合计	88	100

数据显示（表8-11），55.7%的居民认为新房子大，而认为老房子大的仅2.3%。面积多数都变大了，因为原来的确实太小了，很多危房改造户原来都只有一两间或一小层，小小的、窄窄的。他们认为改造后更坚固的高达85.2%，储物功能更方便的有56.8%，取暖方式更方便的有50.0%。

表 8-12　改造前后的坚固程度变化

坚固程度变化	频数	比例（%）
改造前更坚固	1	1.1
改造后更坚固	75	85.2
无差异	12	13.6
合计	88	100

表 8-13　改造前后的储物功能变化

储物功能变化	频数	比例（%）
改造前更方便	5	5.7
改造后更方便	50	56.8
无差异	33	37.5
合计	88	100

表 8-14　改造前后的取暖方式变化

取暖方式变化	频数	比例（%）
改造前更方便	2	2.3
改造后更方便	44	50
无差异	42	47.7
合计	88	100

在饮水方面，43.2%的人认为改造后更方便（只有3.4%的人认为改造前更方便），认为改造后上厕所更方便的有29.5%（只有3.4%的人认为改造前更方便），认为改造后垃圾处理更方便的有36.4%（只有2.3%的人认为改造前更方便），认为改造后交通出行更方便的有33.0%（只有1.1%的人认为改造前更方便）。

不过，在饲养牲畜和种植瓜菜上，认为改造后更方便的各为20.5%和13.6%，而认为改造前更方便的各为23.9%和17%，看来是不同影响都有，不过影响都不是很大。

尤其是搬迁重建户，认为生产生活更方便了。搬迁重建后的住房在选址和设计方面更加实用，给这些居民的生产和生活提供了很多方便。根据问卷调查的资料显示，被访的调查对象中有 9 名属于异地搬迁改造户，其中有 8 人认为危房改造后异地而建的住处与原来居住地相比，在生产和生活方面更方便了。

表 8-15　改造前后生产生活哪个更方便

哪个更方便	频数	比例（%）
现在的村寨	8	9.1
过去的村寨	1	1.1
合计	9	10.2
缺失值	79	89.8
总计	88	100

访谈也充分表明，很多居民觉得改造后面积更大了、更好用、更方便。如“以前的房子就住一间，小小的”，“以前的房子是小小的、窄窄的”，“以前房子窄，老家没好住，现在比以前好”，“现在的要好用”，“现在的比以前的大多了”，“现在的比以前的方便多了，有洗澡间、卫生间”等等。

可见，政府的危房改造工程扶危救困，支助资金或材料帮助农村居民修缮或重建住房的举措改善了老百姓的居住条件和居住环境，方便了老百姓的生活。尤其是对于那些危房改造中的异地搬迁重建居民户来说更是如此。

2. 传统活动

首先是祭祀活动。

为居民的祭祀活动提供场所和空间是传统民居的一个重要功能。苗族把祭祖神龛设在堂屋正中后壁上，处于全家中心至尊地位。有的苗族在吊脚楼二楼堂屋东壁上，或东次间的板壁上（右间右侧中柱上）设祖先灵位。苗族吊脚楼中的祖先神位不安置在中堂，而安置在右间右侧中柱上。

根据调查的资料显示，危房改造对苗族居民的祭祀活动所产生的影响还是比较小的。在被调查的 88 位苗族居民中，有 86.4%的人认为危房改造对其进行祭祀活动影响比较小。10.2%的人认为危房改造对其从事祭祀活动影响一般。只有 3.4%的人认为危房改造对其从事祭祀活动影响很大。

表 8-16 危房改造对祭祀的影响

影响	频数	比例（%）
影响很小	76	86.4
影响一般	9	10.2
影响很大	3	3.4
合计	88	100

而在问到危房改造后的祭祀情况时，被访的 88 人中，有 53 人经常祭祀，占被访问对象总数的 60.2%。有 23 人回答偶尔祭祀，占被访问对象总数的 26.1%。只有 12 人回答从来没有，占被访问对象总数的 13.7%。

表 8-17 危房改造后的祭祀情况

祭祀	频数	比例（%）
从来没有	12	13.7
偶尔	23	26.1
经常	53	60.2
合计	88	100

当今社会，可能由于时事变迁，祭祀的人在逐渐减少，老一辈的可能保留此活动的多，而到年轻一代，从事此活动的会越来越少，所以此处有少半只偶尔或从来没有祭祀，或许是由于此等原因。

3. 手工活动

三分之一以上居民的手工劳动（纺花刺绣）在危改前已经没有了，占 38.6%；危改后，增加和减少的都不多，可见居民的手工劳动情况与危改的关系不大。

表 8-18　手工劳动（改造前）

手工劳动	频数	比例（%）
从来没有	34	38. 6
偶尔	29	33
经常	25	28. 4
合计	88	100

表 8-19　手工劳动（改造后）

手工劳动变化	频数	比例（%）
会，且次数有所增加	1	1. 1
会，基本上跟以前没什么改变	32	36. 4
会，但次数有所减少	11	12. 5
基本上不会进行了	44	50
合计	88	100

表 8-20　手工劳动变化与危改的关系

关　系	频数	比例（%）
无关	82	93. 2
有关，但影响很小	5	5. 7
有关，而且影响很大	1	1. 1
合计	88	100

可见，总体而言，危房改造过程中，在确实使居民的生产生活更方便的情况下，传统活动也没有受到影响。

二、传统民居保护取得的成绩与经验

从前述客观的民居保护状况来看，成绩与经验主要体现在传统民居保护结果本身以及政府如何保护传统民居这两大方面。

（一）传统民居保护结果本身方面

第一，在改善了生产生活条件的同时提炼了一定的传统民居文化元素，并使这些元素得到了较好的保护，使传统文化得以推广、传承和发扬。

从上述分析中可以看出，在危房改造过程中，人们提炼了牛角翘顶、吊脚木楼、青瓦盖顶、美人靠、动植物图案雕刻、雕花窗格等苗族建筑文化元素并使这些元素得到了较好的保护，使之得以推广和传承。前已述及，其保护方法主要是政府提供《黔东南州苗族侗族自治州建筑图集》，让居民参考并与自身建筑风格相结合来实施，主要是以修建木质吊脚楼为主，在实施农村危房改造中通过宣传和签订改造协议，引导居民在修建维修住房时，要按照本地传统建筑风格来修建维修住房。通过此举，客观上提炼了一定的传统苗族民居的文化元素并使这些元素得到了较好的保护，使传统文化得以推广和传承。

第二，苗族传统民居工艺在一定程度上得到复兴。

为使上述民族建筑元素能得以体现，在懂得传统工艺的匠人极少的情况下，除了请传统工匠进行设计建筑外，居民还另外请一般意义上的师傅根据图集进行设计建筑，使传统工艺在一定程度上得以复兴。

第三，传统民居文化保护得到了居民的认可，赢得了民心。

前已分析，居民普遍认可民居传统文化得到了保护。而且从调查来看，就居民内心而言，他们多数觉得传统民居是应该保护，值得保护的。

虽然调查表明，修建传统风格的原因，多半（54.7%）认为是行政指令，少半（40.6）认为是传统房性能好，自己感觉好，是自愿的。

表 8-21　目前修建传统风格民居的原因

原　因	频数	比例（%）
游客喜欢	2	3.1
（上面要求的）传统房好	35	54.7
（自己感觉的）传统房性能好	26	40.6
维修方便	1	1.6
合计	64	100

可是同时数据显示，71.6%的人认为，如果经济允许，还是愿意修建传统房，只有少部分（27.3%）人愿意修建水泥房。

表 8-22 在经济许可的情况下，愿意修传统房或水泥房

内容	频数	比例（%）
水泥房	24	27.3
传统房	63	71.6
其他	1	1.1
合计	88	100

愿意修水泥房的原因依次是“水泥房性能好”（41.7%），自己喜欢（37.5%），便宜（12.5%）等等。

表 8-23 愿意修成水泥房的原因

原 因	频数	比例（%）
自己喜欢	9	37.6
便宜	3	12.5
水泥房的性能好	10	41.7
水泥房的外观好	1	4.1
水泥房空间更大	1	4.1
合计	24	100
总计	24	100

确实如此，在同样的造价下，水泥房在防火、防水、防冰雹、防盗、防鼠上要强于传统的木房。

但是，在经济条件许可下愿意修传统房的毕竟还是大多数，原因是什么呢——我们设计了问题“修建水泥房后，传统房是否应该保护”，结果表明，绝大多数（90.9%）都认为应该保护。

表 8-24　修建水泥房后，传统房是否应该保护

是否应该	频数	比例（%）
应该	80	91.0
不应该	4	4.5
不知道	4	4.5
合计	88	100

原因主要是：传统房性能好、有特色、有感情依托（各占 20.5%）等，由此看来，在居民眼中，首先，在某些性能方面，即使不挑剔经济条件，传统房也是有优势的，如通风防潮、储物等方面，而如果经济条件许可，那么性能还会更占优势，无怪乎前述有 20.5%人认为当前选择传统民居风格是因为传统房性能好；其次，传统房有民族特色，能彰显本民族的风格；最后，传统房寄托着本民族人们的民族感情和因长时间居住而积淀下来的深厚情感。

表 8-25　传统房应该保护的原因

原　因	频数	比例（%）
传统房性能好	18	22.5
传统房有民族特色	18	22.5
对传统房有感情	18	22.5
各有长处	1	1.3
不知道	25	31.2
合计	80	100

访谈中，很多居民都表示，还是喜欢传统的木房，认为木房寿命长，有传统特色，漂亮，性能好等等。比如说，危改时，如果房屋是重修，资金又允许的话，还是愿意修木房的多。如果是维修，资金又充足的话，即使政府没有要求也把民族风格的元素凸显出来。如：有居民谈到“砖混结构是比较好看，但是砖混结构和全木房结构的比较，还是更喜欢木房结构的”；有居民表示“如果有钱修砖房，木房也要留下，离不开木房”；有的

说“砖房和木房比较，喜欢木房多，要是政府给钱多，还是要修木房，木房子比砖房好”；还有的觉得“建房要按苗家传统修建”等等。

因此，居民从内心讲，如果经济允许，大多数还是愿意选择传统房，传统房是他们内心最认可最喜欢的。所以危改中传统民居保护较好无疑得到了居民的认可，赢得了民心。

4. 强化和提升了传统文化保护的意识

行动可以强化观念。政府人员、居民对传统民居的保护过程也是一个对传统民居文化的再认识过程，这可以加深他们对传统民居文化的认识，使之认识更深刻，更清晰，从而进一步强化和提升对传统文化的保护意识。

（二）政府如何保护传统民居方面

第一，政府组织领导有方，贯彻有力。

要保护好传统民居文化，有两个关键因素，一是资金，二是人——房屋的设计者和施工者。资金总的来说，都非常有限，那如何用好有限的资金就非常重要。就房屋的设计者和施工者而言，当前农村是非常缺乏的，既缺手艺较好的民间工匠特别是真正懂得传统工艺的民间工匠，也缺建筑工、劳动力。前面调查问卷显示，在人力支持上，居民对政府最不满意的占 34. 1%，最满意的只有 1. 1%。访谈时，很多人也表示人力缺乏，师傅难请。如，“师傅不容易，我们寨子里有，但是不够，我们寨子只有 18 个（此处指的是一般的建筑师傅，不包含传统工匠）”“传统的工匠没有了。那个传统的木房没人住了，设计师也就没有了。（在这儿都找不到古老的房子了）”“修房过程中什么都难，木板最难，需两个人拉上来”，有装修师傅表示，“搞这个房子困难，我在广东学了 8 年的技术才来搞这个房子的”等等。此外，大塘乡迎检汇报时讲到如下困难：“时间紧、任务重，技术工、建筑材料供需矛盾突出，造成居民只能出高价购材料，请木工建房”“各村外出打工人员较多，造成部分危改户劳动力紧缺”等等。

因此，政府实事求是，从现实出发，把握好资金和人这两个关键因素。重要举措就是政府给钱，并且把钱直接打居民的卡上，而不是给另外哪个中间人或承包人之类的，对居民提出民居保护的要求后，居民可以根据情况，自行或请人设计、施工等，这样居民有主动权，可以保证资金落到实处也用到实处。反之，如果由政府请人，费用要高得多，再则政府请人还不一定能像居民自己请人一样能请到手艺较好的民间工匠特别是真正懂得传统工艺的民间工匠。调查显示，在住房改造设计来源上，88.6%是自己设计，住房建造者是“自己”和“自己请人”的占90.9%。

表 8-26　住房设计者

设计者	频数	比例（%）
政府	6	6.8
自己	78	88.6
承包商	2	2.3
其他	2	2.3
合计	88	100

访谈也表明，设计上，如果不懂，大部分是自己请人设计，建造就是自己或自己请人。

表 8-27　住房修建者

修建者	频数	比例（%）
自己	31	35.2
自己请人	49	55.7
政府请人	2	2.3
其他	6	6.8
合计	88	100

当然，除了钱方面的上述处理以外，与民居文化保护相关的政府的许多举措都是很得力的。从最初的改造理念——雷山县的政府规划是“旅游强县”，危改“要坚持科学规划，突出地域民族特色”，要注重民族文化的保护并且制定了《雷山县地方传统建筑参考图集》到层层落实的责任体系之组织领导，再到资金的筹集，再到“严格执行政策不走样、严格加强建筑面积控制、严格确保工程质量”的要求，严格危改资金使用手续，确保专款专用、安全高效等一系列措施，无不体现出政府在危房改造中组织领导有方，贯彻有力。

所以，危改后，居民对政府的政策是相当拥护的，对危改结果也是比较满意的，对民居保护也是普遍肯定的。如果要有意见，还是费用上补贴太少。如“对政府满意，有不好的都是小地方，大部分都满意。给钱做危房改造，有情况反映也给处理，政府好！”“政府的危房改造政策好，就是给的钱比较少”，“对政府的政策没有不满意的，就是补助不公平”等等。

第二，把危房改造中的传统民居保护和村寨发展规划相结合，借力旅游村寨的打造加大传统民居文化保护的力度。

前已述及，雷山县在一些重点村寨，如乌东村、上朗德村等以旅游经济为支柱产业的村寨，把危房改造和村寨的旅游经济相结合，采取整村推进的模式，统一要求建筑风格，加大资金投入。除了危改资金，还有旅游局或文化局等其他渠道的资金，合力改造危房。这样，既能使危改安全，保证民居生产生活上的安全以及方便，同时，还能使传统特色有条件得到保护，发展旅游经济。如建设了以原生态民族文化旅游为主的西江千户苗寨，以绿色食品开发加工为主的乌开等一批特色鲜明、风情浓郁、环境优美的示范村，村庄面貌焕然一新，群众的生产生活条件得到极大改善，增收门路得到极大拓宽。雷山县借力农村危房改造打造旅游村寨取得显著成效，2012 年全年接待游客 601 万人次，同比增长 70.1%，实现旅游综合收入 35.9 亿元，同比增长 120.5%。反过来，从长期看，旅游经济的发展，又可更进一步地促进传统民居文化的保护和传承。

三、传统民居保护中存在的问题与不足

传统民居保护中存在的问题与不足主要表现在保护存在表面化形式化倾向、经费投入不足以及保护意识还有待进一步提升这三方面。

（一）保护存在表面化、形式化倾向之嫌

从上述分析中可以看出，对旅游村寨做出统一要求，要按统一的建筑风格进行建筑。对不属旅游村寨但又是旅游公路沿线的村寨，那么公路沿线有统一要求，不是公路沿线的则不作要求；如果经济条件不行，也不做要求。如此种种现象，表明保护存在表面化、形式化倾向之嫌。政府的要求和最终的改造结果往往并不相同。如："政府要求前面做个花窗，旧房打磨就刷点油漆"；"还要推，要白，要漆好"；"对危房改造这个政策不知道，只知道要弄花窗，修好"；"房子里面（可以）没修好，外面要修好""政府没有要求，修水泥房都行"；"没有那个讲究，随自己弄"；"没有用统一图纸规定改成什么样子，只是维修"；"窗户自己请人装的，自己装，（房子）只要装好就行，没讲要装成什么样子"等等。

（二）经费投入不足

无论是问卷还是访谈都表明，投入不足是危改当中存在的普遍而又最大的问题，尤其是要体现传统特色的话，资金方面更是问题。

前已述及，居民大多数不是不愿意修成传统房，而是在危改的同时又兼顾传统特色，觉得经济条件有限，难以兼顾，难以两全其美。当前修成传统风格的房子，在多数人看来，经济条件并没有达到应该有的程度。

在"危房改造中遇到的最大困难是什么"问题上，居民认为经济原因是最大，最困难的占 76.1%，居首位。

表 8-28　最大困难

最大困难	频数	比例（%）
经济原因	67	76.1
工艺原因	6	6.8
交通运输原因	6	6.8
地基问题	2	2.3
配套设施不到位	2	2.3
没有困难	4	4.5
综合原因	1	1.2
合计	88	100

访谈中，我们发现，居民普遍反映补助太少，经费很困难。有居民就反映“政府要求搞好点，但是没钱”，“木房还是砖房什么我都喜欢，但是没钱”，“政府补助少小啊，七千块钱”等等。以下是两节访谈节选。

节选一：

问：（修房过程中）你家有什么困难呢？

答：我们这里高山，生活都相当困难，种米收成都不好。政府补助低，要主人家有钱才行，主人家没钱的话都搞不成。

节选二：

问：你对政府的危房改造怎么看？

答：党的政策好，就是给的钱比较少。

问：你家的房子政府给定几级危房？

答：三级。

问：你家在维修房子中总共得多少钱？

答：得到 4500 元，主要是用于刷漆。

问：你的房子维修大概花了多少钱？

答：二万五千元。

前述补助标准标示得很清楚，最多的是 2 万元（2012 年提高到 2.23 万元），其他的大部分是六七千元以下，少的只有两三千元。同时，除了政府的危房补助以外，另外的补助基本就没有了。

从总的投入资金来看，可发现政府资金补助确实和补助标准预算是相吻合的，2009—2012 年雷山县农村危房改造完成 11020 户，投入资金 26129.12 万元，其中政府补助资金 10208.72 万元，平均每户政府补助 0.9263 万元。同时，众所周知，危改对象户当然是经济能力有限的，前已述及，雷山县是国家新阶段扶贫开发重点县之一。2012 年，农民人均纯收入 4560 元，在样本村，人均收入也差不多，有的更低，咱刀村甚至只有 910 元。在前面的投入资金 26129.12 万元中，居民自筹资金 15920.4 万元，平均每户居民自筹 1.4446 万元，对于居民来说，他们也只有这个经济支出的能力了。

可见，在这有限的总投入中，政府补助也已经是占了差不多一半，所以，这个补助对于居民而言也是具有一定力度的。调查表明，在危改过程中，对政府政策的评价方面，居民最满意的是政府补助，占 56.8%。但是，同时也有 30.7%的人对政府补贴最不满意。

表 8-29　对政府政策满意度排第一的

满意度排第一的	频数	比例（%）
财政补贴	50	56.8
人力支持	1	1.1
房屋选址	15	17
设计规划	10	11.4
无	12	13.7
合计	88	100

表 8-30　对政府政策满意度最低的

满意度最低的	频数	比例（%）
房屋外观	8	9.1
房屋面积	11	12.5
坚固程度	5	5.7
房屋结构	10	11.4
配套设施	54	61.3
合计	88	100

并且，在居民感觉政府做得不到位的选项中，经济投入占 46.6%，居首位。

表 8-31 居民感觉政府做得不到位的是什么

做得不到位的	频数	比例（%）
对危房改造的规划不到位	9	10.2
政府操作不规范	6	6.8
资金问题	41	46.6
对民族文化保护不到位	1	1.1
都满意	19	21.6
综合原因	12	13.7
合计	88	100

这些数字看来相互矛盾不小。实际上，这主要是因为危改要在确保生产生活安全方便的条件下同时兼顾民族风格，经济上的要求确实更高，毕竟民族风格元素的存留是需要经费保障的，据访谈了解，一个“美人靠”的造价成本就需要 4000 元左右，更遑论牛角翘顶、吊脚木楼、青瓦盖顶、动植物图案雕刻等这些所有元素都要体现出来所需花费的造价了。

因此，在政府给了相当大的补助但还是不能满足需求、使房屋的二者兼顾的效果存在缺憾的情况下，有部分人对补助又有不满，此种现象也就不难理解了。可见，经费确实是一个很棘手的问题。

（三）传统民居保护意识还有待进一步提升

传统民居特色保护得较好，但在保护意识方面还有待进一步提升。

前有分析，在传统房和现代房的选择上，居民虽然有 71.6%的认为，如果经济允许，还是愿意修传统房，但也有少部分（27.3%）人愿意修水泥房。在村落调查时我们也看见了一些打工回家的村民（非危房改造对象）正忙着建水泥楼房。当我们问他们为什么不建木质吊脚楼时，他们回答“水泥楼房坚固、新式、好看、舒适、洋气。”

在传统房是否应该保护的问题及其保护原因上，对“修建水泥房后，传统房是否应该保护”的问题，也还有9%的人认为不应该保护或者是不知道，对“传统房应该保护的原因”的问题，有31.2%的人回答不知道。

在客观得出的调研结果“住房类型”上，保持本民族传统风格的58.0%，现代风格的4.5%，现代和传统混合风格的36.4%。

在结构的变化上，实地调研时，我们发现有的居民把吊脚楼的一层封砌起来，这都不明智。实际上，传统吊脚楼民居一层架空，既有隔湿的作用，又有防洪的作用，一旦出现山洪暴发，洪水会从一层空间流过而不致冲毁整个建筑。如果将一层封以砖墙，遇到较大的降雨，房屋受到的侧向荷载短时内急剧增大，极易造成房屋倒塌。内部结构上，删除火塘、晒台、部分院落和家禽圈养地等功能空间；厅堂与各个卧室以及廊道的组织关系处理、堂屋的布置、粮仓位置的选择等等都不符合传统民居文化的特点。

并且，有人虽然保留或新建了传统文化元素的建筑，但是问及其具体意义时表示不知道，只知道“好看”。实际上前文关于苗族吊脚楼的介绍中，这些传统的文化元素都是有其功能和文化等多方面意义的。如有的居民当被问及喜欢砖房吗，回答是“我喜欢砖房，漂亮”，“喜欢，我都想修砖房，可以修四五层高，住的人多，木房不能修太高……”，当被问及“你们苗族的房子为什么会是翘角呢？有什么意思没？”时，他们的回答是“为了好看，翘起来风吹不走啊！”而关于房子瓦中央的那个圆形的意义，他们认为“主要是好看”。对于美人靠，有些人把它用玻璃封起来，认为封起来“比原来好看”。下面还有两则节选。

节选一：

问：屋檐下方为什么是波浪形的？

答：就是好看。

问：有什么意义吗？

答：就是苗家的工艺，好看。

问：屋檐的梁上刻的那个是什么意思？

答：要搞这种才好看。就是一只箭的意思，看风水的嘛。

节选二：

问：你们房子有没有讲究说要搞成什么花样吗？

答：没有那个讲究，随自己弄，吊脚楼有人搞，好看，但是我们没弄，我们的地基用不着修吊脚楼。

问：吊脚楼和这普通房有什么不同？

答：也不晓得好多，吊脚楼很少。

这些均表明，危改过程中，在传统民居特色问题上，有些居民的认识层次还不太全面或不太清晰，保护意识还有待进一步提升。虽然整体来说，资金有限这个关键问题使得居民只能先保证“改危”然后才兼顾民居特色。比方说，木材有限，造价高，全部遵循传统风格起木板房显然不现实。有的居民只能采用砖混结构来改造房屋，特别是经济条件实在有限的居民。因此，只能因户、因地、因材制宜来对民居保护作出要求。所以，从改造后的风格类型等客观结果上评价其保护意识可能有失偏颇，但是，从居民对民居保护的态度上来看，保护意识确实是还有待进一步提升。

第三节　传统民居保护不足的原因分析

不足的原因主要有主观和客观两大方面。

一、主观原因

对民居传统文化保护的认识还不够。

民居传统文化元素有哪些，这些文化元素到底有何意义，保护这些文化元素又有何意义等方面的问题，对于居民和政府人员而言，认识并不太清晰，不太全面，高度也不够。居民有的完全认为水泥房好，有的虽然认为木房好，但是不知道其整体或其部分苗族文化元素所代表的文化意义，他们只知道即使要保护，也是因为其确实是特色，认为好看，或者能带来旅游的经济效益，至于更深的含义和意义不甚明了。各级政府也许虽然认识上要高些，但是他们的目的就是重在为旅游服务，其他的恐怕也没有去深究了。

二、客观原因

客观原因主要表现在物质条件的匮乏、生产生活观念和方式的变迁这两个方面。

（一）物质条件的匮乏

首先，资金匮乏，其次，建筑的工匠和劳动力都匮乏，最后是建筑材料——木材匮乏。

例如，在实地调研中，我们发现很多村寨都缺乏木材。而如果购买木材，多数居民经济条件难以承担。如在掌坳村调研时，当地政府部门给我们算了一下账。掌坳村是为数不多有木材的村寨，因背靠大山，大多居民都有自留山，危改用的木材，可以自行解决，人力成本主要是请木匠和包工头的费用。如果是三开间的房子，劳动力一般要 2 万元左右。如把建筑材料换成市场价格估算的话，材料成本：劳动力成本 = 3 ∶ 1。材料成本价格之高由此可见一斑。

对于物质条件匮乏问题，在前面的分析中都已有之。下面的访谈中，这方面的声音也很多。

节选一：

问：你觉得你们家改造时什么方面比较困难？

老乡：没有钱买材料。

问：师傅容易请不？你们寨子里有吗？

老乡：不容易，我们寨子里有，但是不够，我们寨子只有 18 个（此处指的是一般的建筑师傅，不包含传统工匠）。

节选二：

问：你为什么不修木房？

答：没钱搞。

问：修木房贵啊？

答：啊。

问：修砖房还便宜点吗？

答：修砖房也贵。

问：那为什么当时不修木房啊？

答：木房我家也没得树。

节选三：

问：修房过程中什么是最困难的？

答：搞这个房子困难，我在广东学了8年的技术才来搞这个房子的。

问：你家有什么困难呢？

答：我们这里高山，生活都相当困难，种米收成都不好。政府补助低，要主人家有钱才行，主人家没钱的话都搞不成。

（二）居民生产生活观念和方式的变迁

随着社会的进步，工业化、现代化浪潮席卷全世界各个角落，农村自然不可避免。在此背景下，一方面年轻人长期在外打工，带回来新的生活观念与生活方式；二方面农村原有的许多生产生活方式逐渐减少甚至消失，许多人已不再从事农业生产，即使从事，其劳动方式也是从以体力为主的手工劳动向以机械化、电气化为主的高技术劳动转变；传统的手工活动也逐渐减少等等。上述两方面相互影响，使得农村的生产生活观念与方式不断在变化革新，传统的生产生活观念和方式日趋式微，在对待传统民居和现代民居上，特别是年轻一代与老一代区别更大。访谈中，我们问到年轻一代与老一代人有区别吗？（对砖房和木房）回答是，年轻人与老年人是有区别的，年轻人喜欢砖房，砖房方便；老年人喜欢木房，木房寿命长。另外，人们生产、生活方式的变化，也对传统民居的功能产生影响，使其功能也产生了变化，如美人靠，这也使保护产生困难。所以，传统民居的生存和保护肯定会遭遇一定问题，对保护的意义及其方式方法，我们要认真考虑。

第四节　危房改造中的传统民居保护的思考和建议

首先，传统民居保护的意义和理念值得我们进一步深思。其次，传统民居保护的方法与手段上我们要更慎重、更要全盘考虑。

一、传统民居保护的意义与理念

传统民居保护，实际上是文化的保护，那么，文化的含义与功能及与传统文化保护的意义如何呢。

（一）文化的含义与功能及传统文化保护的意义

“文化”具体可以从两方面定义：一是从广义上讲，指人类在社会历史实践中所创造的物质财富和精神财富的总和。二是从狭义上讲，指社会的意识形态以及与之相适应的制度和组织机构。显然，我们采用的是第一种含义。

文化的重要功能之一是促进了人类社会的发展。文化的发展使人类能根据它的有利条件来改变环境，以及改变自己的行为方式来适应改变了的环境条件。在产生文化以前，人类只能通过生物进化来适应环境的变化，文化使人的适应过程加快了许多。

文化本身成为人类环境中的一种力量，它无论是范围上、影响上都变得和环境一样重要，而且自己也处于动态进化过程中。在游牧——定居——小城镇——城市——国家——全球化经济这一发展历史中，文化贯穿其中：衣服、房屋、工具、商品、技术。

现代文化从根本上是对传统文化的继承和发展。保护传统文化其意义就在于，为现代文化的发展提供历史价值，促进历史长河中的文化不断发展，促进人类社会的发展。

（二）居住文化的含义以及传统民居文化保护的意义与理念

居住文化①的组成关系是由以人为核心的文化因、场因和载体组成。人（指社会人，是一切关系的总和），文化因（指土地形态、生活方式、观念形态、审美情趣、价值观念等）是围绕人所形成的；场因（指自然界、地理环境、场地、气候、环境生态）是围绕人和文化因而自然存在的；载体（指建筑、城市、装饰、色彩等层次）是文化的载体。具有不同居住体系特点的居住文化有自身发展的规律，占有重要的位置的人的要素、人们的生活方式、建造房屋的技术手段要素、材料要素，以及为了适应环境要素，而最终形成的文化载体——建筑，集中体现了现实环境中人的生活理念和建造房屋的技术手段，会随着人和时代的发展而变化。建筑是一个有生命力的有机体，从历史长河来看，它不是亘古不变的。

因此，传统民居建筑与其相适应的居住文化之间存在着紧密的联系，由于维系这一文化体系之中一部分因素的变化，如人们生产生活方式的变化、建筑载体建造技术、材料的变化，必然对民居建筑的存在和发展产生影响。所以，任何民居模式都有它的时空坐标，必然随着时代的发展变化而变化。

但是，保护传统民居建筑文化是必需的，其意义在于为后世的建筑特别是民居建筑的发展提供历史价值，其饱含着的历史的信息，我们今天可以认识它、利用它，后人会掌握更多的资料和技术，肯定会有更多的解释，了解到许多我们今天认识不到的东西。我们的责任就是在利用它的同时，不破坏它的历史信息，再把它完整地传给后代，使之得到永续的利用。可使历史长河中的建筑文化不断发展，使生活在历史长河中的居民追求高质量的居住环境和新民居模式——现代的、也是传统的，成为一种可能。

对于传统民居而言，保护不可能“原真性”和“整体性”，因为传统

---

① 丁俊清：《中国居住文化》，同济大学出版社1997年版。

民居不等同于名人故居、也不等同于历史文化名城，它有典型的“二重性”。此“二重性”就是：传统民居，既是传统文化特别是乡土建筑文化载体的历史遗存，更是当代中国亿万普通老百姓的居住现实。所以，单德启教授提出“少量保护、大量更新改造”，这恐怕是传统民居必然的历史命运，也是一种基本的保护理念。在这里，保护和更新改造应该是历史的和辩证的统一；保护之中有更新改造，更新改造中也有保护。保护可以根据不同情况因地制宜进行，根据内部和外部的实际情况分层次，即：有的是空间和实体从尺度和符号乃至材料结构全方位的保护；有的是保留它的意象或符号；有的甚至要保护它周边的环境。最低限度、最难的、也可能最有意思的，是“基因”保护，看起来它的一切都变了，但仍然是它。[1]

毋庸置疑，传统村落与民居建筑是发展乡村旅游的重要资源，传统村落的环境、丰富多彩的民居建筑本身就是重要的观光景点。此外，传统民居及其建筑造型的语言、造型与技术等处理手法也是创造旅游风景建筑形象的重要依据。

雷山县在危房改造中对传统民居的保护是站在“旅游强县”的发展规划上来实施的，危房改造中对传统民居的保护必须和旅游发展规划结合进行。对此，不管如何，上述的基本理念应该也是我们危房改造中民居保护的基本理念，是总的指导思想，在此思想指导下再因地制宜进行，既保护了传统民居，又能促进旅游发展、经济发展。

二、传统民居保护的手段与方法

遵循上述理念，结合传统民居保护的实际状况，在传统民居保护的手段与方法上，主要是从以下三方面进行思考。

（一）更进一步注重保护手段本身

从上述理念出发，从居民的“危房”改造实际情况出发，以居民的生

① 《以发展的眼光看待传统民居的保护与改造——访清华大学建筑学院教授单德启》，《设计家》2009 年第 6 期。

产生活质量提高为先、为重点，结合民居本身的传统特色和旅游发展规划，因地、因房、因户、因材等来保护民居特色。

第一，对于特色突出、保存较为完好、文化价值高、保护可行性大的民族村落，可以实施重点保护。例如贵州黔东南州雷山县的郎德苗寨，吊脚楼建筑依山而建、鳞次栉比，配合风雨桥、芦笙场等公共建筑彼此呼应，2001 年被列为“全国重点文物保护单位”，其民居建筑文化得到了有效保护和传承，整个村寨至今古香古色、风韵犹存。为此，政府、相关专家学者应深入民族地区发掘这样的民族村落，有选择性地保护和开发一批有特色民居建筑的民族村寨。

第二，对于传统民居特色不太突出但在旅游意义突出的景区的民族村寨，传统民居保护，要做要求。

对有条件的居民，可以重点考虑，对其进行“修旧如旧”或完全按传统风格重建，从空间和实体、从尺度和符号乃至材料结构全方位保护；对破旧不堪的木楼，可以刻意保留下来，居民有条件可再重建。

对经济条件一般但有重要旅游意义的区段的民居，可以主要是保留它的意象，保留它的一些个别符号，比方说苗族的吊脚，美人靠，雕花窗格等等。

对于经济条件差但又有重要旅游意义的区段的民居，可以做“基因”保护，看起来它的一切都变了，但仍然是它。

第三，对于传统民居特色不太突出，旅游意义也不太突出的地段的民居的传统民居保护，在做宣传工作的前提下还是以自愿为主要求为辅。对经济条件好的，可以做要求来进行不同程度的保护，条件不怎么样的，可以不做要求。

（二）加大资金投入特别是政府的资金投入

危房改造本身是一项耗资的工程，同时，要进行传统民居保护，肯定耗费要更高，雷山县的经费投入从实际状况看，确实较少，作为危改户，多数较贫穷，政府资金投入就尤其应该加大力度，以使传统民居保护实施的关键因素——资金能得到保证。

（三）进一步加强宣传力度

从实际调研来看，危房改造中，有充分利用广播、电视、鸣锣喊寨、黑板报和召开会议等方式进行宣传，但这主要是对农村危房改造相关文件精神及工作内容的宣传，让农户及时了解最新情况，鼓励农户积极实施“危房”改造。而就民居保护的文化元素有哪些，为什么是这些元素，保护它们究竟有何意义等等并没有做过多的思考，采取有针对性的、切实有效的措施去进行宣传。虽然做了《黔东南州苗族侗族自治州建筑图集》要求居民参照实施，但是这还远远不够。政府应该请有关专家对传统民居保护的文化元素有哪些，为什么是这些元素，保护它们究竟有何意义等问题进行专门研究，然后就这些知识请专家结合雷山县旅游发展规划的实际，对各级政府部门的负责人、危房改造的负责人与技术人员等相关人员进行培训，再在危房改造过程中，使其把知识的种子播至每一位农户家中，真正做好宣传工作。

第九章　黔西南布依族地区危房改造与布依族传统民居保护

社会现代化已成为一股席卷全球的浪潮，日新月异的科学技术和高速发展的经济在给全世界带来巨大变化的同时，也让很多富有地域性的传统文化逐渐消失。因此，传统文化作为一种稀缺资源在现代社会具有极为重要的价值。少数民族传统建筑就是这种传统文化的重要载体之一，是一个民族传统建筑文化的重要呈现。同时，传统民居也展现了地方少数民族的生活方式。因此，民族地区危房改造过程中的少数民族传统民居文化的处理和保护问题是极为重要的，既关系到少数民族传统文化的传承，又与当地少数民族的日常生活息息相关。

从 2008 年 7 月开始，全国性的危房改造工作作为一项重要的民生工程和民心工程正式启动。贵州是全国首个农村危房改造试点省份，全省需要改造的农村危房总数达 192 万多户，其中大多数农村危房户主要集中在民族地区。

贵州是多民族聚居省份，在贵州少数民族人口数量的排序中，作为贵州世居民族之一的布依族位居第二。布依族在解放前曾被称为“夷族”、“仲家”、“水壶”等。直到 1953 年，在贵州省首届各族各界人民代表会议上，经布依族代表商议，一致同意使用“布依族”来作为该民族的民族族称[①]。全国的布依族人口有两百多万，97%居住在贵州，主要分布在黔西南、黔南和黔中三个地区[②]。布依族传统民居保护工作是贵州省少数民族

---

① 辛丽平：《布依族族称简介》，《贵州民族研究》1996 年第 4 期。

② 阿伍：《布依族的人口分布》，贵州民族研究 2003 年第 9 期。

传统民居保护工作的重要组成部分。

贵州省布依族地区的危房改造工作是如何开展的？在这一过程中布依族传统民居是否得到了保护？具体效果怎样？当地的布依族百姓对危房改造持什么态度？黔西南布依族苗族自治州是主要的布依族聚居区，因此本研究将以该州的布依族危房改造为例，采用问卷调查、访谈、文献分析等多种方法收集资料，以对上述问题进行深入探究。

第一节 黔西南州危房改造基本情况

从黔西南州的人口构成情况来看，该州少数民族居多，经济发展相对滞后，其结果造成了该州的危房数量大，危改任务重。下面我们分别从危房改造任务与成绩、危房改造资格与审批、资金补助与管理等几个方面来对黔西南州危房改造的基本情况展开描述。

一、危房改造任务与成绩

黔西南州危房覆盖了 8 个县（市）、开发区 124 个乡（镇、办事处）的所有村（居）委会。黔西南州 66.83 万户农户中，有危房农户 204797 户，占全州农业总户数的 30.65%。其中：一级危房 123210 户，二级危房 52513 户，三级危房 29074 户。[①] 自 2008 年农村危房改造试点工作开展以来，在政府各级部门和广大群众的共同努力下，2008 年至 2011 年农村危房改造工程共完成 133424 户，占全州危房总数的 65.15%。2012 年黔西南州农村危房改造任务为 44877 户。截至目前，已完成 39796 户，竣工率为 88.68%，其中改造了约 67000 户少数民族农户。州政府拟用六年的时间，基本消除全州的农村危房。

① 邹远刚：《黔西南州农村危房改造试点的几点做法和思考》。http：//www.qxn.gov.cn/OrgArtView/jzjj/jzjj.Info/10696.html，2008-09-24。

二、农村危房改造对象的资格与审批程序

农村危房改造对象是以户为单位，由户主提出申请，同时具备下列条件：一是拥有当地农业户籍并在当地居住，且是房屋产权所有人；二是属于2008年农村危房摸底调查时统计在册的危房户；三是属于农村五保户、低保户、困难户、一般户任意一种类型。有如下情形的农户不能享受农村危房改造补助：一是已建有安全住房的；二是住房困难、拥挤，需要分户的；三是无居住房屋的。

农村危房改造按照以下程序操作：申请受理→调查核实→一榜公示→乡（镇）人民政府审查→二榜公示→县（市）人民政府或农危改领导小组审批→三榜公示→批准改造。

三、危房资金补助情况

黔西南州政府计划改造44877户农村贫困户的危房，户均改造面积40—60平方米。[①] 此外，州政府将一级危房政府补助标准在2011年标准的基础上户均提高0.23万元，将二、三级危房政府补助标准户均提高0.15万元，具体补助标准如下：1）五保户一级危房，户均补助2.23万元；2）五保户二级危房，户均补助0.85万元；3）五保户三级危房，户均补助0.7万元；4）低保户一级危房，户均补助2.23万元；5）困难户一级危房，户均补助1.23万元；6）一般户一级危房，户均补助0.83万元；7）低保户、困难户、一般户二级危房，户均补助0.7万元；8）低保户、困难户、一般户三级危房，户均补助0.65万元。

各年度补助标准为平均补助标准，各县在具体实施过程中，在切实体现公平、公正、公开和县级匹配资金足额到位且不改变危改资金用途的情况下，以农民群众满意为前提，根据危改户贫困程度、房屋危险程度等实际情况，可对平均补助标准进行适当调整。

---

① 王芝武：《黔西南州今年改造危房4.49万户》。http://www.gz.xinhuanet.com/2012-09/05/c_112972589.htm，2012-09-05。

政府补助资金的筹集按照中央和省级财政补助一部分，州和县（市）财政配套一部分的原则执行。2009年至2010年，中央和省补助资金占总补助资金的比例为71.98%，州和县占28.02%，其中州级占11.95%，县级匹配占16.07%。2011年至2012年，中央和省补助资金占总补助资金的比例的75.23%，州和县占24.77%，其中州级占10.26%，县级匹配占14.51%。2009年至2012年，各级政府补助资金见下表。

表9-1　黔西南州危房改造任务与资金补助

年度	任务数	总补助资金（万元）	中央及省资金（万元）	州级补助资金（万元）	县级匹配资金（万元）
2009年	30363	37934.50	27305.26	6396.16	4233.09
2010年	41460	37417.50	26933.12	4471.38	6016.74
2011年	55511	60881.30	45802.32	6247.70	8869.68
2012年	44877	40634.63	30570.31	4261.14	5803.18
合计	172211	176867.93	130611.01	21376.38	24922.69

四、农村危房改造资金管理办法

农村危房改造政府补助资金实行县级财政专户管理，专款专用，封闭运行。各级财政部门根据全省农村危房改造工程年度计划和分配到各县（市）的农村危房改造任务情况，将中央和省、州补助资金拨入县（市）农村危房改造资金财政账户，县级匹配资金也拨入县（市）农村危房改造资金财政账户，即所有农村危房改造政府补助资金必须纳入县（市）财政专户管理。乡（镇）财政部门根据工程进展情况申请拨付资金，经县（市）审核后拨付到位，并由乡（镇）财政部门通过一卡通的方式发放到农户手中。

五、农村危房改造工作面临的困难及可能的对策

黔西南州实施农村危房改造工程四年多以来，坚持“政府引导、自建为主、确保重点、兼顾一般、科学规划、分类指导、经济实用”的原则，

切实加强领导，精心组织实施，取得了良好的经济效益和社会效益。各级政府累计投入资金17.22亿元，其中全州各级政府共投入资金4.63亿元，惠及群众60多万人，在有效拉动内需的同时，还密切了党群、干群关系，改善了困难群众的生活生产环境。然而，黔西南州的危房改造工作在开展过程中也遇到了一系列的困难。

首先，资金短缺的问题比较突出。

“农危房改造要求有特色，难度较大，本来农危房改造的都是最贫困、最危险的，有钱的不需要农危房改造，他自己可以修。（危房户）老百姓的经济和劳动力和思路也不是很好，如果好就已经富裕起来了，另外还有一些老弱病残的经济基础更差，自己没有劳动力，亲戚朋友很少也不愿帮助他们。他们用一二级危房的改造指标只能修一个大概，搞一个斜屋面什么的。”（黔西南州建设局干部访谈摘录）

其次，农村危房改造的建筑技术力量薄弱，建房成本高、农民自建房无特色。

“危改这么多年我们发现，布依族沿江地区的少数民族房屋在危改后由木房基本改成了水泥房，一方面民委希望通过危改，整合资金保持民族特色，但老百姓想修水泥房，（觉得）安全，木房瓦房防不了冰雹。”（黔西南州建设局干部访谈摘录）

对此，继续加大政策扶持力度，科学规范实施，积极探索推进农村危房改造的新机制、新方式，做到农村危房改造与村级建设规划相结合，与社会主义新农村建设、村庄整治、扶贫开发相结合，与农业农村产业结构调整相衔接就显得极为必要，这样就可以积极整合各种资金、资源用于农村危房改造。同时，相关部门还可发动社会捐助、开展部门帮扶，多渠道筹集农村危房改造资金，协调各相关部门结合本部门的职责和任务，最大限度地为农村危房改造提供支持，不断加大对农村危房改造的投入。此外，政府还要注重对农民工匠的培训工作，努力提高黔西南州农民工匠的整体技能水平和综合素质，加大农危改图集的使用力度，逐步消除目前农村平顶房屋大跨度、不抗震的安全隐患，打造一只建安全房、建突出地域和民族特色的黔西南民居的地方工匠队伍。在房屋的设计规划方面，政府相关部门要深入到各少数民族群众中去，听取群众和相关学者专家的意见，真正做好对少数民族文化元素的提炼和房屋建设风格的指导工作。

第二节　布依族样本村危房改造基本情况

一、布依族样本村简况

本书选择了南龙、打凼、纳孔、必克村四个布依族村寨作为布依族危房改造与传统民族保护调查的样本村，发放问卷100份，回收有效问卷96份。调查样本基本情况见表9-2。

表9-2　调查样本基本情况　单位:%

变　量	选项比例			
性　别	男性：57.3	女性：42.7		
年龄段	20—35：14.6	35—55：43.8	55以上：41.7	
文化程度	小学及以下：63.5	初中：32.3	高中：3.2	大专及以上：1.0
家庭人口	3人及以下：21.9	4—6人：50.0	7人及以上：28.1	

（一）南龙

南龙布依古寨，位于兴义市万峰湖畔的巴结镇境内，距兴义市区39公里，面积约为2平方公里，寨中住着的218户813人，全为布依族，是一个集优美自然风光、浓郁民族风情和神秘布依建筑于一体的古寨。据考证，该古寨的形成可以追溯到明初洪武年间的“调北征南”时期，明朝在贵州设置的十三府的上五府（贵州府、安顺府、南龙府、大定府、遵义府）之一的南龙府就设在这里，后来由于水源供不上官家之用和城镇发展的需要，才转迁到今天的安龙县建城。

寨中房屋按九宫八卦形排列建筑，巷道环环相扣，道道相通，不熟悉的人进入其中如进迷宫。数百年来，寨中的吊脚楼坏了就拆，拆了又建，但始终保持着原有的建筑格调。古寨被300多棵盘根错节、奇崎虬劲、千姿百态的参天古榕严严实实地包围着，远远望去，200多座布依干栏式吊脚楼若隐若现。

图9-1　南龙古寨①

（二）打凼村

打凼村位于安龙县钱相乡东北部，距县城15公里，东邻钱相乡坡硝村、新华村，北连笃山乡歪纳村，土地面积11250亩，辖湾子、大寨、坪寨、纳冗、河对门5个村民组，全村人口246户1013人，其中布依族人口占98.5%，人均纯收入2930元，是一个典型的民族村寨，寨中有许多独具特色的旅游资源，极具开发价值。

打凼村生态良好，全村森林覆盖率达90%以上，空气质量很好。打凼

① 兴义市巴结镇南龙古寨．http：//zt.gog.com.cn/system/2011/07/29/011153770.shtml，2011-07-29。

村水源源于当地的一条河流——湾湾河，水源丰富，水质优良。河水流经村寨，并在村寨旁形成了一个小型瀑布和一个十亩见方的水潭，构成了一幅“小桥流水人家”的美景。坪寨组后山脚下，有一片青杠林，枝繁叶茂，是良好的休憩、青年谈情说爱和浪哨的场所，当地人称情人坡。

图 9-2　打凼村①

（三）纳孔村

纳孔村位于黔西南州贞丰县者相镇西面，坐落在省级风景名胜区和国家级水利风景区——三岔河湖畔，距者相镇政府所在地 1.5 公里，全村共有 11 个自然村寨，17 个村民小组，总户数 834 户，3686 人，是一个布依族、汉族、苗族杂居的村，主要以布依族为主，布依族人口占总人口的

① 打凼概况 . http：//www. gzjcdj. gov. cn/wcqx/detailView. jsp？ id=21882，2011-09-24。

71.6%，民族风情较为浓郁，土地面积8.19平方公里，耕地面积2367亩，是一个以坝区为主，水稻种植为主的行政村。现全村人均收入2860元。

2002年起，者相镇政府请州设计院对纳孔村的建设作了规划设计。采取以农户自筹为主，争取上级补助的方式，已对53户民居进行外观改造及改厕改厨，凸现了纳孔布依古民居“风火墙，三滴水”式的建筑风貌；同时还进一步完善了纳孔村旅游基础设施建设，铺设了6000余平方米连接家家户户的青石板路，修通了近三公里的进寨油路，建起了富有布依民族特色的寨门等，进一步展示该村的民族文化历史、民族风情和布依古建筑民居风貌。

图9-3 纳孔村①

(四) 必克村

贞丰县珉谷镇必克村距贞丰县城8公里，总面积5平方公里，604余户近2038人，全是世代居住的布依族。房舍多为依山而筑，傍水而建。村寨四面青山环抱，自然风光秀丽，民族风情浓郁。

---

① 《美丽乡村——贵州贞丰县纳孔村（图组）》.http：//gz.people.com.cn/n/2013/0227/c349805-18221589.html，2013-02-27。

必克布依大寨始建于元代，至今已有六百多年的历史，寨子筑在较平缓的田坝上。房舍多为依山而筑，傍水而建。四面青山拥抱，绿水环绕。达老河与榜达河穿寨而过。寨中翠竹婀娜，绿柳成荫，小桥流水，石台、石礅，互相辉映，供人歇息。

必克是布依戏的发源地之一，寨中有古戏台、戏楼遗址，有高大而古老的墓群，其墓体墓碑的设计、造型、碑文、墓联、刻工等，有较高的观赏和研究价值。寨里德王氏与陆氏院内，保留有古老的民居建筑楼，颇具民族特色。

图7　必克村①

二、布依族样本村危房改造情况

布依族样本村的危房改造对象的资格、审批程序、资金补助与管理等

① 贞丰县珉谷镇必克村　http：//blog. 163. com/zfxmgzbkxx @ yeah/blog/static/171815548201010141 1842952/，2011-11-14。

内容都与黔西南州的相关政策规定一致，无需再述。本部分主要从危房等级、改造方式以及村民对危房改造的满意度三个方面来对样本村危房改造情况进行描述。

（一）危房等级

在样本村，一级危房和三级危房所占比例较高，分别为 35.5% 和 24.0%。有 28.1% 的人不知道自己的危房等级情况。结合住房改造方式来看（见表 4），因为危房等级较高而采用的“原址重建”选项比例达 47.9，这意味着一级危房所占的实际比例应高于 35.5%。

表 9-3 住房改造前的危房等级

危房等级	一级危房	二级危房	三级危房	地质灾害房	不知道	合 计
百分比（%）	35.5	8.3	24.0	1.0	28.1	100

（二）危房改造方式

有 89.6% 的调查对象住房改造地点都是在原址，所不同的是部分属于原址维修，部分属于原址重建。本次调查所选的四个样本村均为具有良好地理条件和旅游资源的布依族村寨，具有一定的旅游开发价值，原址维修或原址重建具有布依族风格的建筑除了可以改善困难群众住房条件以外，更重要的是可推动当地旅游业的发展。相对于异地搬迁而言，原址维修和原址重建更容易达到对布依族传统民居的保护。

表 9-4 危房改造方式

危房改造方式	个体异地搬迁	集体异地搬迁	原址维修	原址重建	合 计
百分比（%）	7.3	2.1	41.7	47.9	100

（三）村民对危房改造的满意度

在危房改造的房屋外观、房屋面积、坚固程度、房屋结构和配套设施五个方面，有43.8%的村民选择了“坚固程度”为最满意的，选择“房屋外观”的仅为14.6%。房屋安全是危房改造最根本的目标，从这个角度来看，危房改造还是比较成功的。但危房改造的另一个原则是保护原有建筑风格，突出民族特色，为此政府还编订了黔西南州民居改造参考图集，但村民选择“房屋外观”为最满意因素的比例仅为14.6%。

表9-5　村民对新建住房的满意情况

因素	房屋外观	房屋面积	坚固程度	房屋结构	配套设施
百分比（%）	14.6	10.4	43.8	17.7	13.5

此外，就危房改造的政策来看，在最满意因素的排序中，村民对于“财政补贴”的满意度最高，有62.5%的村民选择该项为最满意因素。而在“最不满意”的选项排序中，“人力支持”是被选比例最高的，为34.4%。在布依族的村寨，很多青壮年劳动力都外出打工，而政府也无力解决这一问题，对很多家庭来说，修房的劳动力确实是较棘手的问题。

就房屋的“设计规划”来说，其作为“最满意”因素被选比例为22.9%。尽管政府的专业设计团队提供了民居改造参考图，但大多数村民还是自己设计住房。总的看来，无论是表9-5中的“房屋外观”，还是表6中房屋的“设计规划”，认为“满意”的村民比例均不是很高。

表9-6　村民关于危房改造政策的看法

因　素	百分比（%）	
	最满意	最不满意
财政补贴	62.5	28.1
人力支持	5.2	34.4
房屋选址	5.2	3.1
设计规划	22.9	12.5

第三节 危房改造过程中的布依族传统民居保护基本情况

一、布依族传统民居保护的政策保障与资金支持

我国全面启动危房改造试点工作的第二年，国务院就下发了《农村危房改造试点的指导意见》。意见指出，农房设计建设要符合农民生产生活习惯、体现民族和地方建筑风格、传承和改进传统建造工法，推进农房建设技术进步。

根据国务院制定的农村危房改造的精神，黔西南州在开展农村危房改造工程时，在年度实施方案中将保护当地传统建筑列入改造中要坚持的原则，即“坚持科学规划，突出地域民族特色”的原则。在有条件的地区，政府倡导将农村危房改造与社会主义新农村建设、农村人居环境治理相结合，与当地经济社会发展总体规划、县域村镇体系规划、乡村规划和公共基础设施布局相衔接，提出要注意保护旧有的建筑风格，突出地方和民族特色，统筹搞好规划，科学选址设计，促进农村经济社会协调发展。

在黔西南布依族地区，危房改造工程资金有限，和新农村建设等项目的结合在一定程度上缓解了农村危房改造本已捉襟见肘的经费供给，在保证房屋安全性的前提下，尽可能地在房屋的功能和外观上实现对少数民族传统民居文化的保护。

“农村的工作牵涉的部门多，多笔资金同时汇集到农村，农委搞农危房，民政也搞，州里面新农村建设办公室之前也搞了一点，所以说各种形式的都有，……他们除了危房改造资金还有生态家园建设资金，所以他们的资金投入更大，他们还有“抗日”资金，所以，各种资金汇集到了农村去，这些就是涉及农村危房改造的情况。在贵州危房改造中，我们是紧紧围绕农村危改，尽量考虑到我们民族的风格和元素，这是我们黔西南州农村危房改造的定位。在工作中也紧紧围绕这一点，比如铜鼓是布依族，牛

角是苗族的。”（黔西南州民委干部访谈摘录）

另外，针对没有危房改造资金支持的，但又富含少数民族传统建筑文化的公共建筑，也有相应的政府作为。村庄整治规划和新农村建设资金的注入给少数民族传统公共建筑的恢复带来了新的契机。

“传统公共建筑的维修资金是自筹的，不适用农危改资金。……这些部分是当地老百姓自发捐助的，如布依族的小广场，在自筹的基础上使用了村庄整治和新农村建设的部分资金，危改资金要直接进村民户头，具体情况都可以网上查。……对于民族地区的公共场所，在我们州非常少，根据住建局的要求，危改资金是相对刚性的。在老百姓的要求下，民委用了20万—30万建设民族文化广场，但是是属于新建的，基本没有多年维修重建的，还处于发展阶段。”（黔西南州危房改造办公室干部访谈摘录）

二、布依族传统民居保护的建筑技术指导

黔西南州自实施农村危房改造以来，按照国家、省的有关要求，组织州内设计单位，对黔西南州当地民居进行调研，提炼了黔西南州主要少数民族元素（有苗族、布依族、回族等），编制了具有地方民族特色的农村危房改造参考图集和农村危房改造通用图集，免费提供给危改户使用。

危房改造参考图集旗帜鲜明地指出：“技术导则的基本任务是使黔西南州广大农户能掌握农村民居改造的基本技术，引导农民建房时完善其使用功能，处理好改造与新建的关系，为广大农户建房和危房改造提供技术的参考指导，突出我州的建筑特色和民族特色，确保民居建造质量”。

在外部环境方面，房屋设计注重生态环境建设，强调合理利用好本地的地形地貌，形成民居与景观环境的和谐统一，充分体现黔西南州民居的特点，形成地方特色。本研究所选的四个布依族村寨均拥有优良的生态环境，寨内和寨子四周树木繁茂，河水环绕，依山傍水，风景秀美，经过外观改造的民居掩映在青山绿水间，构成了令人赏心悦目的美景。

三、布依族传统民居文化元素的提取

在建筑材料的使用上，结合黔西南州气候温和的实际情况，充分利用

现有技术手段，推广新型墙体材料和节能材料，整个建筑设计均可使用空心砌块，有天然石材的，还可使用天然石材做为墙体材料。坡屋面盖瓦可使用机制水泥波形瓦或筒瓦，可以达到传统的小青瓦效果。和原来的瓦相比，用水泥倒的瓦更为坚固。在外墙装饰上，以白色和土黄色为主色调，形成该州建筑的基本格调。①

在布依族民居民族风格的体现上，改造方案提取了黔西南布依族传统民居的地域文化元素。在屋顶上，民居建筑以坡屋顶为主，具体说来布依族民居的屋顶采用的是不对称歇山双坡屋面形式；在房屋结构上，充分体现了布依族建筑一柱一瓜、一柱两瓜或一柱多瓜相间布置的穿斗结构形式；保留黔西南州传统民居的燕窝吞口，即底层堂屋大部分都比居室缩退1.2m—1.5m，以适应农村生产生活习惯和会客、摆谈的需要。此外，设计还充分利用墙面、门窗、山墙、屋脊、檐口等细部装饰，形成黔西南布依族民居的独特风格。②

图 9–8　改造后的布依族民居

① 黔西南州住房和城乡建设局：《贵州省黔西南州村庄整治（民居改造）参考图集》。

② 黔西南州住房和城乡建设局：《贵州省黔西南州村庄整治（民居改造）参考图集》。

以上保护措施在实施过程中虽然存在一些问题，但另一方面确实在很大程度上使危房改造中的布依族传统民居建筑文化得到了继承和发展。

四、样本村布依族传统民居的保护与变化

（一）布依族村民的住房风格

木质结构住房是主要的布依族传统民居。在住房改造前，有62.5%的调查对象居住的房屋类型为木房，居住石板房的比例为11.5%，还有3.1%的村民居住在茅草房中，但有16.7%的布依族所居住房屋已经不再是传统的木房或石板房，而是现代的水泥房了。总的来看，74.5%的村民在危房改造前的住房都是用传统建筑材料（木材和石板）所搭建。

表9-7　危房改造前的住房类型

住房类型	水泥房	木房	石板房	茅草房	其他	合　计
百分比（%）	16.7	62.5	11.5	3.1	6.2	100

在实施住房改造后，认为自己的住房为本民族风格的仅为17.7%，而79.2%的村民则认为自己的住房为现代风格或现代传统的混合风格。尽管政府提出危房改造要“坚持科学规划，突出地域民族特色”的原则，但无论是建筑材料、房屋搭建方式还是房屋外观，改造后的住房都不可能再和原来的一样。因此，相当大比例的村民都认为自己的住房是“现代风格”或“现代传统混合风格”。

表9-8　改造后的住房风格

住房类型	本民族传统风格	现代风格	现代传统混合风格	不知道	合　计
百分比（%）	17.7	47.9	31.3	3.1	100

对于危房改造过程中的民族风格营造，政府的主导性很强，而村民的

配合则显得较被动，对于所提炼的文化元素的运用并非出于对布依族建筑文化的认同，而是出于省钱的考虑或是出于对政府行政命令的遵从。

问：三楼的瓦是什么时候弄的？

答：去年。（还）搞了油漆，搞油漆政府可以补钱嘛。

问：您对将屋顶弄成黄色这事怎么看，您觉得有没有必要呢？

答：可以的，有补贴啊。

问：屋檐上的花是政府给你们弄的吗？

答：政府给的。

问：屋脊上的那个像花一样的东西是什么呢？

答：元宝嘛。

问：是怎么弄的？

答：是政府拉进来的，政府搞的。

（摘自普通村民访谈录）

改造后的住房以钢筋混凝土为主，尽管相关设计单位在民居改造的建房方案中提炼并融入了一些布依族传统建筑的文化元素，比如增加坡形屋顶、屋顶有铜鼓、门窗用花格、墙面统一刷白或刷土黄色等手段，但文化元素和原有的自成一体的传统建筑文化肯定是不一样的，仅有44.8%的村民认为改造后的房屋具有民族特色。不可否认的是，随着时代的变迁，布依族的民居建筑已不可避免地发生了变化。

“哪种模式，哪种房子才适合我们的民族特点，我们还找不到个具体的方案。”

“民居改造有图纸，图纸和我们民族特点不太相衬，……和传统建筑有差距。”

（摘自某布依族村村长访谈录）

（二）住房面积与房屋结构

在进行住房改造后，有49.0%的村民认为住房面积增加了，有45.8%的村民认为和原来差不多，仅有5.2%的村民认为老房子住房面积更大。

由此看来，有近半的住房经过改造后面积都有所增加，也意味着家庭人均住房面积的增加。居住空间的扩大对布依族家庭生活质量的提升是有积极作用的。尽管危房补助资金有限，但一定资金的注入还是为村民扩大住房面积、改善住房条件提供了一定的帮助。

在房屋结构上，有93.8%的村民认为新房子的结构设计更好。和以前的住房相比，新房子在居住功能上能更好地满足村民的基本需要。因此，有90.4%的村民认为改造后的住房做起事来更方便。

（三）新旧住房的居住功能对比

无论外观还是内饰，无论是房间布局还是建筑取材，住房改造后的新建房屋都发生了一些变化。在房屋居住体验上，从表9-9可以看出，除了“储物功能”一项外，在其他关于住房功能的选项上，半数以上的村民均认为“无差异”。在改造前后的生活方便度的对比上，除“饲养牲畜”一项外，在其他选项上，认为“改造后方便”的村民比例都高于认为“改造前方便”的。尤其在“垃圾处理”和“交通出行”上，甚至没有村民认为“改造前方便”。而在“饮水”、“厕所”、“取暖方式”和“供神”四个选项上，认为“改造后方便”的比例远远高于“改造前方便”的。总的看来，改造后的住房能更好满足村民日常生活的基本需求。

表9-9　村民新旧住房的居住功能对比（%）

住房功能	改造前方便	改造后方便	无差异	合计
饮水	3.1	35.4	61.5	100
厕所	5.3	31.3	63.4	100
储物功能	17.7	56.3	26.0	100
取暖方式	3.1	37.5	59.4	100
饲养牲畜	21.9	16.7	61.4	100
种植瓜菜	5.2	9.4	85.4	100
垃圾处理	0	37.5	62.5	100
交通出行	0	33.3	66.7	100
供　　神	1.0	17.7	81.3	100

（四）危房改造对日常活动的影响

1. 在祭祀活动方面，87.5%的村民认为住房改造对祭祀活动的影响很小，仅有5.2%的村民认为影响很大。尽管政府提供了危房改造图集，但是由于资金、技术等方面的限制，很多农民都是按照自己的设计来建造房屋，对开展祭祀活动的需要自然会在建房过程中得到充分的考虑。而且，即使没有住房改造，随着时代的变迁，很多家庭开展的祭祀活动无论是程序还是次数都已经大大简化了。

2. 在日常手工劳动方面，63.5%的村民基本不会进行如蜡染、刺绣、纺花等手工劳动，有24.0%的村民仍然像以前一样从事传统的手工劳动。尽管有不足10%的村民认为日常手工劳动在房屋改造前发生了一些变化，但91.7%的村民认为这种变化与住房改造之间没有什么关系。而且，有90.4%的村民认为改造后的住房做起事来更方便，仅不到10%的村民“不同意”这种说法。

3. 在公共活动方面，对于改造后的村寨公共活动场所，76.0%的村民表示满意，认为比较方便使用。而针对危房改造对村寨传统文化节目举办的影响，85.4%的村民认为“影响很小”，仅有2.1%的村民认为“影响很大”。

总的看来，大部分村民认为住房改造对祭祀、手工劳动和公共活动等日常活动没有什么影响。如果一定要说影响的话，这种影响似乎更多体现在积极方面。

“卫生这个（方面的）环境好了，以前我们都乱搭乱建的，现在都拆除了，有指标性的，每家的环境方面很好了。

“外出也好嘛，家里整理好了，你出去你就走得安全了嘛，放心了嘛。”

（摘自普通村民访谈录）

五、布依族村民对传统民居保护的态度

（一）村民对保护传统民居的态度

48.9%的村民认为“应该”保护传统房，而之所以认为“应该”保护的主要原因是村民觉得传统民居“有民族特色”和“性能好”。38.3%的村民表示“不应该”，究其原因，主要是认为传统民居“不适用”和“难保存”。还有12.8%的村民表示“不知道”，这也许可视为一种矛盾的心态。应该说，就传统民居保护的态度而言，认为“应该”保护的村民比例是高于“不应该”的。或者，也可以认为相当比例的村民在心理上对传统民居仍然有着难以割舍的情感，因为尽管真正意义上的布依族传统民居已日渐减少，真正愿意修建传统民居的村民也较少（见表9-10），但在民居保护的态度上，在深受现代化潮流席卷的今天依然有近半的村民表达了“应该”保护的意愿。

表9-10　村民对保护传统民居的态度

态度	应该	不应该	不知道	合计
百分比（%）	48.9	38.3	12.8	100

（二）建房与房屋维修意向

尽管在保护传统民居的态度上，近半数的村民都认为“应该”保护，但落实到自身具体建房的行动选择上来说，仅有33.3%的村民选择愿意建“传统房”。66.7%的村民还是愿意选择修建“水泥房”，而之所以这样选择的重要原因主要是“自己喜欢”和认为“水泥房性能好”。

表9-11　村民的建房意向

建房意向	水泥房	传统房	合计
百分比（%）	66.7	33.3	100

传统民居的主要建筑材料是木材和石头。目前，使用木材或石头来建房的成本更高。而且，一些村民认为木房“不够安全”，而且时间长了的话，木材会腐烂，不好管理。随着社会的变迁，村民对住房的要求也发生了变化，喜欢明亮、干净。而且，在一些人的心目中，修现代的砖房是有能力的一种表现，因为砖房是代表现代的一种符号，而现代在某种意义上是比传统优越的。

“木房管得要那个（麻烦）点，如果你管理不好，下一层地板就会腐朽。

（如果说在经济允许的情况之下），他愿意搞这个砖房啊，他要显示他有能力嘛。……选择现代化了。”（摘自普通村民访谈录）

在房屋维修的行动选择上，村民的选择也表现出同样的趋向，认为“没必要”和“完全没必要”按照传统模式来维修房屋的比例达55.2%。认为“非常有必要”和“有必要”的比例仅为26.1%。这样的房屋维修意愿应该说和建房的选择意愿保持了一致的选择趋向，即都表现出了明显的希望建造现代模式住房的意愿。虽然认为传统的房屋应该保护，但就自己的住房来说，大部分村民还是希望选择现代的水泥房。

表9-12 村民按照传统模式维修房屋的意向

维修意向	非常有必要	必要	一般	没必要	完全没必要	合计
百分比（%）	7.3	18.8	18.7	26.0	29.2	100.0

（三）对危房改造过程中的传统民居保护工作的看法

危房改造的基本原则是保障房屋的安全，所以危房改造的对象主要以农村的生活困难的群众为主，同时在改造过程中兼顾对传统民居的保护。因此，危房改造项目更多的是和新农村建设、生态建设等项目合作，一起来实现对少数民族传统民居的保护，在布依族地区也是如此。

对于危房改造工作中政府对传统民居的保护，认为保护得“很好”和“较好”的比例达36.5%，62.5%的认为保护工作做得“一般”，认为保护得“较差”的仅有1.0%，认为“很差”的则没有。由此看来，在村民的眼中，政府对传统民居所做的保护性工作还是得到某种程度的认同。

表9-13　对危房改造过程中民居保护的看法

看法	很好	较好	一般	较差	很差	合计
百分比（%）	6.3	30.2	62.5	1.0	0	100

危房改造工作的基本要求一是保障房屋安全，二是要体现民族和地方建筑风格。这两个要求理论上似乎能很好统一起来，但是在实际操作过程中，因为资金、人力、技术、村民建房意愿以及对传统民居文化的理解等因素的影响，危房改造对传统民居文化是破坏还是保护尚无定论。在村民的眼中，50.0%的人认为“危房改造不会破坏传统民居”，而同样有50.0%的人分别认为“危房改造会破坏传统民居”和“说不清楚”。

表9-14　危房改造对传统民居的影响

危房改造对传统民居的影响	百分比（%）
危房改造会破坏传统民居	13.5
危房改造不会破坏传统民居	50.0
说不清楚	36.5
合　计	100

第四节　布依族样本村危房改造中传统民居文化保护存在的问题

黔西南州的地方政府在实施农村危房改造工作过程中强调对传统民居的保护工作，坚持“能避则避、修旧如旧、适度调整”的原则，尽量保护传统民居的风格不受破坏。在政府的努力和群众的配合下，传统民居的保护取得了一定的成效，村容村貌也有所改变，尤其是公路沿线的住房改造工作成效是比较明显的，当然这其中有打造“政绩工程”、“面子工程”的考虑。

“州政府提出了‘四个二’（规划），两百个村庄整治，很快要推进；二十个小城镇建设；二十个城市综合体；二十个旧城改造。前些年力度大的还有一千一百九十几个村全部做了村级规划，花了三千多万，率先在全省做了。沿路为了面子还是做了改变，但边缘地区由于资金问题确实做得相对较差，县里面技术人员就很少，寨子里就更少了。”（黔西南州建设局干部访谈摘录）

从上面的访谈资料也可以看出，由于各种原因，改造实践过程中的传统民居工作存在着资金短缺等困难，从而导致了访谈资料中提到的保护工作的不均衡。此外，我们在调研过程中发现，传统民居的保护工作还存在新建民居过分统一、民众参与不足等问题，从而影响了传统民居文化的传承。本部分将就黔西南地区危房改造过程中布依族传统民居保护工作存在的问题逐一进行探讨。

图 9-9　危房改造后的布依村寨

一、现有的传统民居保护工作不能真正保护和体现布依族传统民居文化的精髓

伴随着农村危房改造工程的逐步推进，政府加大了对民族地区的投资，实施了许多扶贫开发项目，极大地改善了民族地区群众的生产生活条件、居住条件、生计方式等。尽管新建的水泥房在外观上体现了一些传统布依族民居文化的元素，但和布依族的传统民居相比，已经产生了很大区别。传统民居的更新使得依附在民居上的民族生产生活文化、宗教信仰、风俗习惯也将被逐渐摒弃。

“哪种模式，哪种房子才适合我们的民族特点。我们还找不到个具体的方案。

“民居改造有图纸，图纸和我们民族不适应，比如要打造的是旅游项目，图纸不吻合，群众不喜欢，和传统建筑有差距。”（黔西南贞丰县某村干部访谈摘录）

虽然政府在危房改造过程中，注意到了对少数民族传统民居保护的技术指导，但是在进行房屋设计的过程中，他们却忽略了社区居民和民俗专家的参与。这导致政府制作的危房改造参考图集不能很好体现布依族民族传统民居文化的精髓，甚至造成对布依族传统民居文化的误读。

“（设计团队）大部分是本地汉族，大多数是本科以上，很多从事这个工作十年以上。基本没有民委参与，每个县的组是由民委、发改委的人组成，会征求他们的意见，但是只是审稿，但不参与设计和初稿讨论。

“我们这个的编写并不是学术型的，每年反复讨论的话时间根本来不及，我们必须尽快制作图纸指导农户修房，一般是设计院在调研的基础上报市人大反复审核，代表的是住建部门对建筑的理解，布依协会和苗协会的参与并没有那么深，但仍然会征求他们的意见。”（黔西南建设局某干部访谈摘录）

上图是一个布依族村寨危房改造的新旧对比图。虽然它确确实实起到了美化房屋外观的作用，但我们很难说青瓦、白墙、斜屋面就是布依族的

图 9-10　布依族村寨危改后的新居和改造前的旧房对比图

传统民居文化。

二、民居改造技术图纸使用率低

贵州省黔西南州住房和城乡建设局和相关设计单位编制了《黔西南州村庄整治—民居改造参考图集》，其目的在于突出该州的建筑特色和民族特色，确保民居改造质量。但是，政府在民族地区传统民居危房改造工程中没有很好征求群众意见，未能很好地结合当地的自然环境和民族传统，再加上资金短缺、传统建筑材料缺乏等原因，致使布依族村民在建房过程中很少选择政府提供的建筑图纸，从表 8 的数据来看，有 78.1%的村民住房设计者是“自己”，政府设计的比例仅占 15.6%。

表 9-15　现有住房设计者

住房设计者	政府	自己	承包商	其他	合计
百分比（%）	15.6	78.1	3.1	3.2	100

和黔西南州政府相关部门人员的访谈结果也证实了布依族村民在建房过程中选择政府提供图案的并不太多。

“（选择这些图案的）不太多。……不太多的原因就是刚才讲的一个是资金问题，第二个是建筑材料的问题，因为这种建筑材料好像还要贵一点，第三个是技术人员的问题。”（摘自黔西南建设局某干部访谈摘录）

非公路沿线的布依族村民修建住房时，基本就是按照自己的喜好来进行，由于存在上述访谈记录所涉及到的几个问题，新建的住房基本都是钢筋混凝土的现代住房了。

“外面的房子反正必须要做，（沿街的房子要盖瓦顶、刷漆）里面的就不管了。”（摘自普通村民访谈记录）

三、新建住房不能很好满足布依族群众生产生活的一些重要需要

危房改造不仅仅是一项民生工程，它也体现了政府的经济目标。2008年底，中央出台了《关于当前进一步扩大内需促进经济增长的十项措施》，将扩大农村危房改造试点列为扩大内需促进经济发展的重点举措；2010年的一号文件中进一步提出，加快推进农村危房改造，把支持农民建房作为扩大内需的重大举措。政府危房改造的安排改善了农村困难群众的基本生活条件，拉动了内需，推动了乡村文明建设，但却带来一系列负面影响。目前，黔西南州危房改造过程中实施的边远生态薄弱地区的整体移民搬迁，虽然居住环境得到了极大改善，但也极大地影响了当地少数民族群众的生存、生活空间。

由于缺乏相应的引导，在危房改造过程中很多人家为了卫生和美观，在水泥地板上铺上瓷砖、墙裙上贴上瓷片，这种改造，常因春夏秋冬四季

气温的变化而“回水”，进而使储藏的粮食和种子发霉或发芽。在一些地区，村民所建的楼房二楼楼板利用钢筋水泥浇灌，彻底隔断了与一楼之间的气流流通，致使新收回的玉米、谷子等粮食无法风干晾干，出现发霉现象。传统的一楼干栏——“半楼”也被新建材“封闭”，导致关在里边的鸡、牛和猪也深受气流不畅之害，鸡、牛、猪发病率有所增高；部分新设计的布依族民居将传统堂屋“中空”——堂屋无楼、可直视梁椽瓦——的空间也进行了楼板浇灌，导致用“联架”脱粒的传统生产活动无法展开。

此外，危房改造本身的客观要求也限制了对民族地区传统民居的保护。作为危改首个试点的贵州省在危房改造的面积上有严格的控制标准，对政府补助的困难户，建筑面积严格控制在40平方米以下。有限的居住空间极大地限制了群众的活动空间及其功能划分，势必进一步影响依附在民居上的文化传承。

第五节　布依族传统民居保护不足的原因分析

一、社会文化的变迁

包括民居建筑文化在内的“传统民族文化发展的一个基本规律是文化的积累性和变革性，……传统文化是历史沿革下来的价值体系，在新的文化体系中既可以传承，也可以变异”。[①]

随着现代社会的发展，布依族地区也已经纳入了全球化的范围，外出打工的人数逐年增多。布依族群众逐渐从小农社会走向工业社会，生产生活方式发生了很大的变化，审美标准、价值判断也随之发生了变化。在很多布依族民众眼中，现代的水泥房拥有传统住房不可比拟的优势，内心的审美喜欢已经不知不觉地倾向选择现代住房类型。

---

① 齐庆福：《少数民族传统文化转型与文化遗产保护的思考》，《云南民族大学学报》，哲学社会科学版2004年第6期。

二、居住环境的改变

民族地区传统民居的重要特点就是与自身所处的环境相得益彰。黔西南州部分布依族地区的生态移民搬迁，政府把居住在交通极为不便的高山密林里、生活贫困的少数民族群众集中安置在公路沿线的平地或坝上，传统吊脚楼建筑就失去了它赖以存在的自然环境和建筑条件。“橘生淮南则为橘，生于淮北则为枳”，同是人类居住的民居，正是因为所处环境不同才形态各异，如果置换了所处的生态环境，原有的民居建筑样式必将不复存在。

三、建筑材料的发展变化及传统建材的匮乏

近年来国家实施天然林保护工程，对砍竹伐木进行了严格规定。由于建筑材料的限制，许多民族地区已很难建盖传统的全木结构房屋。其次，就算获得了林木的采伐权，也还需要交高昂的育林费，再加之木质房屋每隔几年都要整修，与用钢筋水泥修建的现代房屋相比，许多村民认为修建木房是非常麻烦的事情，纷纷用新型建筑材料对老屋进行了改造，同时也吸收了外来的新式建筑风格。在石材的开采上，目前也是比较困难的。建筑材料是伴随着人类社会生产力和科学技术水平的提高而逐步发展起来的。民族地区传统民居所依赖的天然建筑材料已不能适应现代社会生活的需要。

四、投入经费的不足

虽然国家关于农村危房改造试点的指导意见提出“民居改造要体现民族和地方建筑风格，尽量保护传统民居的风格不受破坏”，但是我国危房面广、数量多，改造资金本已非常紧张，很难再承受保护民族传统民居需要支出的额外费用。这里就出现一个悖论：危房改造是用有限的资金解决最困难农户最基本的居住安全问题，不能搞扩大化，要注意在建设标准上不能走过了头，建设标准要求过高、改造费用增加都可能导致农民借债，

使贫困农民陷入贫困的漩涡；而民族地区危房改造中对民居文化的保护却是更高层次的一个需求。如何在这二者之间做好资金倾斜与平衡是一个值得我们思考的问题。

五、传统民居建筑人才的匮乏

民族地区传统建筑之所以能够因地制宜、经济实用，从根本上来讲是源于建筑工匠们精湛的技艺。从技术性的角度来说，石板房、吊脚楼等传统的民居建筑形态各异，建筑技艺也是各不相同，传统的工匠技师并不靠图纸来完成建筑的每一道工序，他们依靠的是在实践中不断摸索的熟能生巧。例如，吊脚楼的整个构架均以榫穿卯相连，无钉无栓，工匠从构思、设计、建造到完工，对作为建筑材料的数百根梁枋的大小长短和开卯作榫的部位，以及复杂的力学估计等数据皆胸有成竹。然而，随着群众对民族传统民居认同的趋弱甚至淡化，传统工匠早已被新式工匠所代替。伴随着传统民族能工巧匠的老去和离世，传统建筑技艺也在慢慢作古，传统建筑艺师后继无人，就算在经济条件完全允许的情况下，传统民居亦不可得。

六、政府职能部门指导不够

出现民居改造造成功能缺陷的主观原因也是多方面的，但我们认为，地方政府在这方面也引导得不够。地方政府虽然在政策和资金上给予了危房改造很大的支持，但在改造成什么样子，改造后的房子在功能上要不要兼顾农民们的传统生计这方面，显然做得不是太够。在我们的调查采访中，一些基层干部甚至还以当地农民住房功能已“城镇化”来向我们介绍当地社会生活的变化。从这个角度可以看出，个别地方的农村基层干部，对改造后民居功能的缺陷也没有引起太多的注意，更谈不上重视。

另外，对贵州省气候认识的不足，也是贵州民族地区住房改造盲目跟风的原因。贵州省古有“天无三日晴”之说，夏秋两季雨并不是很多，但冬春两季，由于受昆明准静止风的影响，长时间的阴冷湿冻天气却是全国少有的。少数农民工们长期在外打工，把外面见到的民居移植了回来，但因为忽视了家乡的气候及湿度特点，因此导致“新房”烦恼。

问：“水泥房好不好？”

答：“水泥房好是好，就是我们这个地面上太潮湿了，一搞装潢墙壁上都是水做不成。”

问：你就全部盖成水泥房可不可以？

答：“可以是可以，就是不好做，那墙壁全部漏水，做不了，现在我们爷爷睡在那里，里面也很潮湿，春天来了那墙壁全部漏水了，就是这样才糟糕。……不能全部搞水泥，地面上潮湿，气候太阴了。”

(摘自普通村民访谈记录)

第六节　危房改造中的布依族传统民居保护建议

一、民居改造中的文化流失是一种客观事实，保护需量力而行

民居建筑是地形、气候、建筑技术、民俗风情、历史文化、社会发展共同作用的产物。它必然随着时代的发展、技术的更新有其自身演变的过程。在当代中国社会现代化的快速发展中，伴随着危房改造的推进，民族地区传统民居建筑作为传统文化的活态形式必须要做出选择和适应。文化多元化的今天，民居的结构形式和风格取向自觉不自觉地发生着变异、调整和重构，这是时代发展下多方面因素共同作用的综合结果。民族地区传统民居的嬗变是自然而然的，民居文化不必要进行原原本本的保护也不可能在危房改造中实现全面有效的保护，传统民居变迁作为一种客观事实，保护需量力而行。

二、选择传统民居建筑较有特色的民族村寨，实施重点保护

现代化进程中，少数民族传统文化的变异和退化已是不争的事实。然而，民居作为一种文化符号，它有其存在的必要性和特殊的文化意义。如

果“置之不理、放任自流”，少数民族传统民居文化必将很快彻底流失。但实事求是讲，所有民族地区的传统民居在危房改造中都要按传统来修建，实行全面保护是不可能的。因此，我们可以选择一批有特色的民族村寨进行重点打造。例如，贵州黔东南州雷山县的郎德苗寨，吊脚楼建筑依山而建、鳞次栉比，配合风雨桥、芦笙场等公共建筑彼此呼应，2001 年被列为“全国重点文物保护单位”，其民居建筑文化得到了有效保护和传承，整个村寨至今古香古色、风韵犹存。在布依族传统民居的保护过程中，也可以选择有代表性的布依族村寨来进行重点保护。为此，政府、相关专家学者应深入民族地区，发掘传统民居建筑特色突出、保存较为完好、文化价值高、保护可行性大的民族村落，有选择性地保护和开发一批有特色民居建筑的民族村寨。

三、危改中可以继续争取多途径的资源支持，扩大保护覆盖面

我们可以在危房改造过程中多途径解决资金、资源问题，在民族地区传统民居保护的面上获得突破。针对民族地区危房改造过程中存在的传统民居保护资金投入不足的问题，可以开辟多元化的融资渠道。首先，可以从制度上保障危改资金来源，例如创设农村危房改造公积金贷款法律制度是解决资金不足问题的重要渠道①；其次，可以吸收社会福利、慈善资金，例如可以利用福利彩票资金每年拿出一定资金支持困难农民盖房，加大福利彩票资金投入民族地区传统民居危房改造的比例等。政府的相关部门落实优惠政策，也可以解决改造户经济困难的问题。在开源的同时，做好节流，各相关部门都应该相互协调从服务民族地区危房改造工作的大局出发，简化项目审批手续，针对危改工程提供各种优惠措施，减免相关行政性、服务性收费；国土部门可以在宅基地的审批上简化手续，同时给予特殊照顾，减免土地占用费；林业部门可以对危房改造林木使用减免育林

① 曹务坤、王亮：《试论创设农村危房改造公积金贷款法律制度》，《农村经营管理》2010 年第 3 期。

费；建设部门可以免费提供改造户型的图纸资料；供电部门可以减免电表安装费；金融部门可以负责帮助危改户解决急需的建房资金，加大小额贷款的力度。针对“危改”过程中，劳动力难以为继的现象，政府部门可以发动民兵、人民武装部队在条件允许的情况下临时组建危房改造建设兵团，以解决民族地区危房改造和整治工作施工劳动力不足问题。

四、传统民居建筑要结合传统与现代两种形式，适应时代发展的潮流

现代社会不断发展的今天，民族地区传统民居不可避免地充斥着传统与现代、本土与外来、生存与发展、解体与重构、衰落与再生等许多矛盾冲突。解决这些矛盾的方法不是简单的非此即彼，而应当以实用和民族情感为导向，在保留原有民居文化的基础上，设计建造出具有现代要素的新型民居。全球化过程本身所具有的规律性在很大程度上限制了不同传统文化的自我防卫机制的发挥，使民族传统文化丧失自我保护的机会陡然增多，极易沦为被动的一方。[①] 面对全球化的滚滚浪潮，少数民族只有在传承自身传统优良文化因子的基础上，努力学习各种先进的外来文化，才能获得立足之地和更为广阔的生存空间。

民族地区很多传统民居建筑的传统技艺、方法已被实践证明其存在的合理性，所以当前的危房改造工程并不是彻底推倒重来，当然也绝非传统样式一以贯之。我们要做的是结合现代先进的建筑工艺和传统建筑工艺的精华部分，双效合一，在致力于改善民族地区少数民族群众生产生活水平的基础上，尽可能地保护民族传统民居所孕育的民族传统文化。

五、要真正挖掘布依族民居文化的真髓，避免传统民居文化保护的简单化甚至误读

地方政府在危房改造过程中，虽然提出了危房改造过程中要突出建筑

---

① 苏国勋、张旅平、夏光：《全球化：文化冲突与共生》，社会科学文献出版社 2006 年版，第 29 期。

特色和民族特色的原则，但对什么是建筑特色、民族特色还缺乏准确的理解，民居改造参考图集的出台缺乏对民俗专家和布依族百姓的尊重，更多的是根据建筑设计部门自身的理解来设计民居改造图集。这不仅不能保护和展现布依族的传统民居文化，反而还有误导的可能性，比如在布依族新建房屋的设计中，就出现了把“铜鼓”置于房顶的设计，而布依族传统民居本没有这样的建筑文化，从而引来一些布依族百姓的不满。对传统民居文化的保护不是最终目的，而是为了实现“面子工程”、“政绩工程”的手段，在这样的思路下来开展传统布依族民居文化保护很容易陷入简单化。因此，只有真正了解了布依族传统民居文化，了解了布依族百姓生产生活的需求，在此基础上才有可能提出真正保护传统民居文化的方案和措施。

第十章　黔东南州黎平县侗族地区危房改造与侗族传统民居保护

第一节　黎平县危房改造情况

一、黎平县样本村寨简介

1. 黎平县坝寨乡及青寨村情况简介

坝寨乡位于黎平县城西面，乡政府驻地距县城28公里，东接德凤镇，西界茅贡乡，南邻岩洞镇，北连孟彦镇、罗里乡。地理坐标为东经108°54′—109°，北纬26°09—26°17′。全乡总面积138.58平方公里。平均海拔为768米，最高海拔在犀牛坡，为1091.7米；最低海拔在青龙村下青龙寨，为570米，相对高差521.7米，地形为北高南低，西高东低；年平均气温15—20℃，最高气温达36℃，最低气达温零下5℃；无霜期180—230天；年均降雨量为1300毫米左右。境内有四条主要河流，即高场河、器寨河、坝寨河、连硐河，均属亮江上游源头，全部流经乡境内各村后汇入八舟河流入亮江。

1992年撤区并乡建镇后，乡政府驻地设在坝寨，辖原器寨和坝寨两个小乡的11个村民委员会80个村民小组32个自然寨。聚居有侗、汉、苗三种民族，以侗族为主，侗族占全乡总人口的95%以上。有吴、杨、石、徐、张、宋、何、潘、林、陈、薛、李、左、钟、刘、彭、黄、周、唐、谢、龚、王、程、冷、罗、闵、胡、段、粟、袁、陆、赵32个姓氏。2005

年底全乡共有2850户，总人口14231人，其中农业人口为13231人，非农业人口1100人。总耕地面积6650.42亩，其中稻田面积6271.58亩，土地面积378.84亩，农业人口人均占有耕地面积0.55亩，属人多田少的乡镇之一。

黎榕省道和坝尚县道两条公路主干线穿越于境内8个行政村。高场、连硐、锦团、青龙四村的村级公路从60年代起陆续修通。全乡除连硐村的阡洞、登应两个边远自然寨未通公路以外，其余30个自然寨全部通公路。全乡境内公路总长69公里，其中省、县道29公里，乡村公路40公里。大部分村寨都修有纵横交错的农用便道。

青寨行政村位于黎平西部，距县城29公里，离乡政府驻地1公里。地跨东经108°58′，北纬26°12′之间。总面积约5.5平方公里。东与坝寨接壤，南与连硐交界，西与茅贡寨头村接边，北与蝉寨为邻。308省道公路从寨中穿过，交通十分便利。海拔620米，年平均气温16℃左右，最高气温35—36℃，最低气温零下3—5℃，无霜期260天。村前一条小溪把田坝分成两边，南边住有岑寨、平寨，北边住川寨。南北两寨由一座建造独特、雄伟壮观的水泥结构单拱加建木质风雨桥横跨河岸连接。川寨鼓楼建于1883年，1989年被列为县级文物保护单位，旁边有1876年立的安民告示石碑一座相衬。该村侗族风俗和文化传统浓厚，各种侗族习俗文化得到保护和继承。如演侗戏、唱侗歌、吹芦笙、斗牛、踩歌堂、走众亲（多耶)、民族节日、婚丧嫁娶等民族礼仪沿袭至今。

青寨村辖4个村民小组，住3个自然寨。2011年有225户、944人，全村都是侗族，全部姓吴。1984年有耕地305亩，人均2.12亩。有耕地272.44亩，人均耕地0.28亩。减少原因为人口增长、基建占地。农业主产水稻，次为油菜、红薯、豆类等作物。过去种稻只有高杆和矮杆，产量极低。

2. 黎平县岩洞镇及岩洞村情况简介

岩洞镇位于黎平县西南部，距县城28公里，区域面积146平方公里，耕地面积10058亩，林地面积16.4万亩，辖10个行政村，1个居委会，38

个自然寨，75 个村民小组，共 3556 户，15221 人，经济收入主要依靠林业和种植业，次之为外出务工，人均纯收入仅为 2017 元，是省级三类重点贫困乡镇之一。

岩洞镇的岩洞村是这次书稿组调查的重要地。岩洞村位于黎平县西南部，距县城 28 公里。东邻竹坪，南接岑卜，西连述洞，北抵德凤甫洞村。先后是区乡镇所在地，是区乡镇政治经济文化教育中心。全村共有 9 个自然寨，20 个村民小组，824 户，3692 人，男为 1946 人，女为 1656 人。岩洞是典型的侗族之乡。侗族人口占总人口的 98%，汉苗族人口只占 2%左右。全村以吴姓为主，杂有赵、石、杨、李、陈、封、邵、江、邓、潘等姓。全村总面积为 33. 6 平方公里，分别在海拔 360—800 米之间。耕地面积 2421 亩，其中田地面积 2260. 6 亩，土地面积 169. 4 亩，人均占有耕地面积 0. 66 亩。以农业为主，兼营林牧渔副业。森林覆盖面为 50%。土地肥沃，雨水充沛，气候宜人，村民勤劳朴实，年人均纯收入 1491 元，人均占有粮食 330 公斤。岩洞村是侗族独特的名村古寨，它具有悠久的历史，依山傍水而建寨，分别坐落在小河两岸，青山环绕，古树参天，中间是田园小坝，小河潺潺流淌，穿坝而过。两边寨中两座鼓楼耸立寨上，工艺精巧，美观古朴，特别是四州寨的独柱鼓楼更为雄伟壮观。远有木结构的民居民宅吊脚楼，玲珑巧妙的寨门、戏台、风雨花桥混为一体。以上这些体现了侗乡古老神奇，清新爽直，环境优美，人与自然环境和谐统一的美景。

3. 黎平县双江乡及双江村情况简介

双江乡距黎平县城 62 公里，总面积 262 平方公里。东北和西北分别与该县的岩洞镇、口江乡相连，东面与永从乡、肇兴乡相邻，南面和西南面分别与从江县的落香镇、贯洞镇、高僧乡、谷坪乡、网洞乡接壤。全乡辖 17 个行政村，102 个村民小组，55 个自然寨，共 4287 户，总人口 19255 人，侗、苗、汉、壮、瑶等多民族杂居，其中侗族人口占总人口的 85%。

全乡共有耕地面积 12766. 96 亩，其中田 12093. 72 亩，塝坡田占

80%，人均0.65亩，土面积673.64亩。双江乡属亚热带温湿气候区，最低海拔240米，最高海拔1218米，年平均气温17.1℃，年降雨量在1100—1300毫米，无霜期达290天，光热充足，雨量充沛，农业气候条件优越，特别是双江、四寨、寨高、贵迷、觅洞、吕孖年均气温17—18.8℃，1月平均气温5.4—6.1℃，大于10℃积温4754—5527℃，极端最低气温-6.4℃，是发展柑桔的适宜区。主产水稻、油菜、松脂、天麻、茯苓、香稻等。现有椪柑480亩、蜜桔600亩、沙田柚150亩、板栗2500亩、核桃225亩。

双江乡森林资源、水能资源丰富。全乡共有林地面积42万亩，森林覆盖率为60%，其中松脂基地1500亩、楠竹基地2000亩、天然草场资源1200亩。境内双江河属都柳江上游水系，主河长54.6公里，平均流量18.19立方米/秒，水能资源蕴藏量2.13万千瓦，水能资源占全县开发量47.68%。共有水库5座。乡境内有全县最大的双江水电站，库区容量2345万立方米，库区面积为8.4平方千米。

双江是黎平县人均国土面积最大的乡、是黎平县水能资源最丰富的乡、是黎平县发展柑桔的最适宜区。辖区内的17个村中，通公路的有15个村，村村通电，移动电话覆盖17个村，通程控电话的有6个村，通自来水的有9个村。四寨村是侗族传统摔跤的发源地，享有“侗族摔跤之乡”的美誉，斗牛节等活动最为壮观，是《侗歌声声》电视剧外景拍摄基地。双江乡是中国原生态稻作民俗文化科学研究基地，2004年被国家评为“亿万农民健身活动先进乡镇”。

二、黎平县危房改造基本情况

（一）危房改造的总量、原则、模式

由于历史上该县侗族地区较贫困、侗族住房多有茅草房、树皮房等，因此，该县侗族的危房数量较多。经2008年5月份的调查统计，黎平县共有农户106997户，其中危房户有53034户，占总农户数量49.57%，其中

普通危房户 51679 户，地质灾害危房户 1355 户。

黎平县县委和县政府秉着科学发展观理念，以解决困难群众居住安全为出发点，以地方的经济社会发展为目标，因地制宜地制定农村危房改造的规划和年度计划。由于黎平县是黔东南州重要的民族文化旅游区，在危房改造中，坚持“能避则避、修旧如旧、适度调整”的原则，确保民族民居不受危房改造工作的影响。也就是说非常注重“保护旧有的建筑风格，突出地方和民族特色。少数民族民居规划设计要突出少数民族特色，尊重少数民族习俗，将危房改造与少数民族文化传承保护、发展民族风情旅游相结合。”在黎平县的危房改造中，根据不同村寨的经济、环境、发展目标和危房情况采取不同的危房改造模式，具体来说有三种模式：其一是整村推进与就地维修模式；其二是生态移民的整体搬迁模式；其三是交通移民的就地维修模式。

（二）危房改造项目实施的结果

1. 实际改造的户数

黎平县的危房改造从 2009 年开始到 2012 年四年间，共完成 22531 户农村困难家庭的危房改造，危房改造的户数情况和面积情况见表 10-1：

表 10-1　2009—2012 年黎平县危房改造户数和面积

	改造户数（户）	改造面积（万平方米）	比上年增长	
			改造户数（%）	改造面积（%）
合计	22531	12.71	-	-
2009	1429	0.81	-	-
2010	3032	1.71	112.2	111.1
2011	13695	7.72	351.7	351.5
2012	4375	2.47	-68.1	-68.0

从上表可以看出，经过四年的危房改造，黎平县全部危房户中的 42.5%的居民（其中侗族 20277 户，占全部危房改造户的 38.2%）危房得以改造，住房安全隐患得以消除，居民的住房安全得到了保障。

在危房改造过程中，充分遵循公平、公正和公开的原则，让最困难的群众优先得到扶助。黎平县的危房改造对象的确定遵循严格的步骤进行。政府部门首先做好危房改造政策的宣传工作，然后由经济困难的居民自主申请，由村上报乡镇或街道进行资格审核，再上报县级部门终审和备案，然后在村、乡、县三级部门进行公示，公示期满后，群众无异议后方可以得到危房改造扶助指标，获得扶助资金。从表 2 可以看出，2009 年到 2012 年四年时间里，黎平县危房改造扶助对象绝大多数是经济最困难的家庭(其中侗族困难家庭占 90%)。

表 10-2　2009—2012 年黎平县危房改造的救助对象情况

<table>
<tr><th colspan="2" rowspan="2">户　别</th><th colspan="2">2009</th><th colspan="2">2010</th><th colspan="2">2011</th><th colspan="2">2012</th><th colspan="2">总　计</th></tr>
<tr><th>户数</th><th>比例</th><th>户数</th><th>比例</th><th>户数</th><th>比例</th><th>户数</th><th>比例</th><th>户数</th><th>比例</th></tr>
<tr><td rowspan="2">最困难户</td><td>五保户
低保户</td><td>407</td><td>28.5</td><td>2384</td><td>78.6</td><td>4394</td><td>31.9</td><td>984</td><td>22.5</td><td rowspan="2">12415</td><td rowspan="2">54.9</td></tr>
<tr><td>受灾户</td><td>659</td><td>46.1</td><td>521</td><td>17.2</td><td>1268</td><td>9.1</td><td>1798</td><td>41.1</td></tr>
<tr><td colspan="2">一般困难户</td><td>363</td><td>25.4</td><td>127</td><td>4.2</td><td>8133</td><td>59.0</td><td>1593</td><td>36.4</td><td>10216</td><td>45.1</td></tr>
<tr><td colspan="2">合　计</td><td>1429</td><td>100</td><td>3032</td><td>100</td><td>13795</td><td>100</td><td>4375</td><td>100</td><td>22631</td><td>100</td></tr>
</table>

从上表可以得知，在黎平县的危房改造中，优先改造受灾户、五保户和低保户等经济十分困难群众（其中 90%属于侗族）的危房，消除了这部分困难群众的安全风险，较好地贯彻了危房改造所要坚持的“公平、公正和公开”的原则。

2. 主要改造模式

在我们所调研的四个村中，青寨村和四寨村主要采取整村推进，就地维修的模式；岩洞村主要采取生态移民的整村搬迁模式；贵迷村主要采取交通移民的就地维修模式。

（1）整村推进，就地维修模式

青寨村现有房屋 240 幢，其中木结构的 232 幢，砖木结构的 8 幢，人均住房面积 4.8m^2，全寨依山而建，傍水而居，森林覆盖面积达到 72%，是一个典型的侗族聚居村寨。过去由于交通不方便，这里的侗族传统民族文化保留得较好，加上这里的自然环境很好，黎平县把这个村寨打造成一个侗族民族文化和生态旅游景区，很多热爱侗族文化的徒步旅游者都热衷来这村寨体验传统的侗族文化生态景观。这里的侗民也正积极从事农家乐的旅游接待而创收。为了进一步开发民族旅游资源，通过对村寨道路硬化、房屋的改建修缮、河道的治理、卫生条件的提高，加快当地的新农村建设步伐。

图 10-1　青寨村

在这样的指导思想下，对青寨村寨的危房改造主要采取整村推进，就地维修的模式，在危房改造过程中努力做到“风貌统一，格调一致，修旧如旧”，因而这个村寨的危房改造就更显得人性化些。青寨村的房屋几乎是木板房，有部分房屋的历史甚至上百年了，少许的砖瓦房主要是 20 世纪

80年代后开始修建。由于历史久远，部分房屋成为了危房，产生了安全隐患，不再适合居住，急需进行维修改造或拆除重建。在危房改造过程中，主要根据当地的群众的居住习惯，建筑样式仍为木板房。在不改变原有风貌的原则下，以维修为主，尽量使得村寨的建筑风格大体相同。一些又旧又破的房子，经过维修，特别是房屋正面门、窗、檐等木构件的修整，增加了风格一致的雕花窗格和白色的风檐板等，使过去单调粗陋的门窗变得美观而生动，对建筑物的美化起到了比较大的作用。

危房改造项目的实施，使青寨村在短短的半年时间里发生了很大的变化，以前大量存在的矮旧、破损和危险的房屋都不见了，取而代之的是整齐有序、具有民族风格的新民居。凌乱、灰暗的村庄景观被整齐、明亮的村庄风景所代替。

（2）生态移民的整村搬迁模式

岩洞村有40户村民居住在远离中心村寨的高寒边远山区村寨中。这些村民居住地交通条件不好，购物、看病和上学很不方便。此外，由于自然条件恶劣，生态环境的破坏，这些村民屡次遭受山体滑坡和泥石流等自然灾害的影响。2011年，岩洞村危房改造主要目标是实行生态移民，把这40户居民整体搬迁到中心村寨，消除由于自然灾害和生态环境恶劣所引发的居住风险。经过乡、村各级干部的协调及获得中心村群众同意后，确定了村中心沿河的一块良田作为搬迁的新址。2012年书稿组进行实地调研时，这里的移民搬迁工作已经完成，四十户居民在新址上都建好了木板房，35户居民已经住进了新房。

由于该村移民的危房改造属于整体搬迁，异地安置，所需经费比较多，而危房改造所投入的资金较少，因而在具体搬迁过程中实行了灵活的搬迁方案，即由政府统一购买、平整和分配地基，并负责安置地的三通（即通水、通路、通电）工作；居民在参照《黔东南苗侗建筑指导图集》提供的建筑样式负责自家房屋的新建工作。由于新址建筑面积有限，这些移民户均获得100平米的建房面积。新建后的房屋主要分布在中心村寨的沿河两岸，房屋隔河相望，房屋之间互隔三米，排列整齐有序。

图 10-2 岩洞村

由于该村移民新建的房屋属于统一规划且有样图参照，建成后的民居基本上保留了原来侗族的吊脚楼样式。新建的房屋位于中心村寨的沿河两岸，飞檐青瓦，整齐有序，给这个村寨新添了一道亮丽的风景。

从总体上看，岩洞村生态移民的危房改造是成功的，消除了移民居住风险，保障了移民的居住安全。但同时也出现了很多新问题。由于新址上每家能获得的建房面积有限，搬迁户在新址上的生活面临一些新的问题，如没有可耕的菜地，没有独自的圈舍，更没有独自的厕所。新建的吊脚楼也在很多方面与其传统的民居存在差别。由于建房面积的限制，新的吊脚楼的长廊部分被精简，室内固定楼梯被取消。有些居民只能用活动木梯上下楼梯或是在房屋外墙修建固定楼梯，而这破坏了整幢吊脚楼的美观。此外，一般不允许在房屋外墙修建固定楼梯，即使建了也会被勒令拆除。诸如此类小问题在这次移民整体搬迁中还比较普遍地存在。

总之，岩洞村侗族居民因生态问题而导致整体搬迁的危房改造工程虽然在一定程度上保留了侗族吊脚楼大部分样式，但在传统民居建筑的构件上和功能上发生了精简、省略和改变。

（3）交通移民的就地维修模式

厦蓉高速公路从江段穿过贵迷村中心地段，把贵迷村一分为二，当地政府就把贵迷村的危房改造工程和交通移民以及村庄整治结合起来。与岩

图 10-3 贵迷村

洞村不同，贵迷村的移民是因修建高速公路而导致的。政府在离公路两边较远的地方重新选定地址重建为搬迁户房屋。具体建房时要求这些重建的房屋必须按照村寨规划和县制定的建筑设计方案，参照《黔东南苗侗建筑指导图集》进行，以保持侗族传统民居的外形和结构特点。对于非征地拆迁区的民居则进行危房改造与村庄整治相结合的方案，以实现该村寨的环境净化、道路硬化、房屋安全与美化、路街亮化、村庄绿化和文体设施配套化等目标。通过拆旧、改造、修缮等方式，拆除占道违章建筑或占防火线建筑物，对危旧房屋进行加固、整治和局部维修，重点对房屋瓦面（其中：草皮房必须改为小青瓦房）、门窗、墙面进行整治，同时对具有文化

保存价值的古民居、民族古建筑（鼓楼、花桥、戏台等）、古祠堂按文物保护方式进行修缮①。

本调研组到该村调查时，贵迷村的交通移民重建工作基本完成，正在进行未拆迁部分的危房改造和村庄整治相结合的工作。从已经完成改造和修缮的325户民居来看，这些民居都统一增加了小青瓦，白色风檐板，木质雕花窗格等民族民居建筑元素，更加凸显出侗民族传统民居的特色。由于全村危改过程中使用的是木质材料，为了防火，当地村民和干部在危房改造中，独创性地提出修建“消防道和消防池”。每四、五户民居周围必定挖建一个消防池，每家每户都有较宽的道路连接到村中的主要路上，构成纵横分布的消防道，也自然形成了一条条防火线和方便群众出行的步道。

根据黎平县和本村的危房改造方案，政府在危房改造和村庄整治中实施了统一的补贴方案，即每户的危房改造资金5000元，村庄整治资金5000元。资金都打入农户的银行个人账户，但危房改造和村庄政治的具体实施过程采取干部领导、村民参与的方式。也就是由镇或村干部统一雇用包工头对村民的民居按照统一的标准进行改造或修缮，统一增加小青瓦、白色风檐板和木质雕花窗格，统一民居的外形、色彩和装饰，力图既保持侗族传统民居的风格，又能体现出新农村建设的新特点。村民对包工头的工作进行监督、验收和付款。经过危房改造和村庄整治后的贵迷村，该村侗民族传统建筑文化特色得到了进一步的凸显和保持，成为厦蓉高速公路线上的一道靓丽的风景。

3. 原则的贯彻及实施效果

在危房改造工程的具体操作中，实施“能避就避”的原则，要求明确全县民族文化旅游村寨的保护范围，要求危房集中建设点尽可能避开这些重点保护单位，对这部分村寨的农危房采取定点改造，不进行集中新建。实施“修旧如旧”的原则，要求对少数民族聚居地区的农危房改造，要求

① 参见：中共黎平县委办公室黎平县人民政府办公室关于印发《黎平县2012年主要交通要道沿线村庄整治及危房改造“两结合”工作实施方案》的通知。

严格按照《黔东南苗侗建筑指导图集》进行规范操作，修旧如旧，保留传统民居建筑的基本风格，延续传统民居的鲜明个性特点。实施“适度调整”的原则，即要求在融合传统民居建筑的基本特征的同时，结合同时代建筑材料的普及应用，以及生态节能技术的推广，避免原有传统民居的不利因素，把建筑安全性作为重点，同时考虑社会进步、生活质量提高的要求，在建筑的使用功能和防火功能上进行强化①。

就实地调查情况来看，黎平县危房改造的原则基本上得到了贯彻。就青寨村来说，这里是黎平县旅游规划的景区之一，很多吊脚楼历史悠久，是侗族民居建筑的活化石之一。由于年代久远，很多民居已经破损，变成危房。针对这种情况，在青寨的危房改造中实施“修旧如旧”的原则并得到了贯彻。青寨村大部分危房实施就地维修，力图保持原来民居的建筑样貌，并突出民族传统民居特色。对于破损比较严重的吊脚楼构件进行了更换，增加了一些代表民族传统建筑文化的元素，如增加了风格一致的雕花窗格和白色的风檐板等，使过去单调粗陋的门窗变得美观而生动。这样的危房改造既实现了“修旧如旧”的原则，又复兴了民族传统民居文化元素。而贵迷村的危房改造始终围绕着“适度调整”的原则进行。一方面努力保护传统民居的特色，重视吊脚楼的维修，加强小青瓦、白色风檐板，雕花窗格的再现，另一方面力图避免原有木结构民居的不利因素，创造性地用水泥建筑一些消防道和消防池，较好地做到了传统和现代的协调统一。

第二节 黎平县危房改造中侗族传统民居保护情况

黎平县在危房改造过程中，坚持了既保证质量又突出地方民族特色的原则，在对侗族传统民居的保护方面取得了一定的成就，不仅表现在对传统民居风格、功能和村寨风貌保护方面的客观现象上，而且体现在各级政

---

① 李筱竹：《麻江县农村危房改造及民族民居保护调查》，《贵州民族调查》第26卷第19—20页。

图 10-4　左上贵迷村危房改造后村貌、左下岩洞村危房改造后村貌、右为青寨村危房改造后村貌

府官员、侗族学者和村民的主观评价中。

一、基本情况

黎平县危房改造中的侗族传统民居保护状况主要表现在对传统民居传统建筑风格的保护情况，对传统民居住房功能的保护情况，对传统民居公共活动空间的保护情况（石板路）和对民族村寨的整体风貌的保护情况等方面。

（一）民居风格

为了突出危房改造过程中地域的民族特色，黎平县各级政府做了大量工作，首先进行广泛深入的实地调查，广泛收集并汇总侗族传统民居中的文化元素，然后经过建筑工程师的思考、设计，绘制成危房改造建筑参考图册，即《黔东南苗侗建筑指导图集》。其次，在危房改造实际操作过程中，对侗族传统建筑文化元素的重点部分予以强调并给与具体、明确的规定。例如调查地点之一的青寨村，在危房改造中强调了风檐板必须涂成白色，屋檐必须是翘角；岩洞村危房改造的整体重建强调建筑样式必须是木质结构的侗族传统吊脚楼；贵迷村的危房改造强调“屋面的处理格式必须统一，窗子和花格要一致；抛光后要进行一次打磨；屋面上两次油漆”，“屋顶上的瓦必须统一风格和质量，盖瓦的风格在原来的基础上屋脊的处理加固，加点石灰固定四个翘角，瓦角用小铁丝固定，瓦角上的瓦用三片”。各级政府对危房改造中侗族传统民居重要建筑文化元素予以强调，在一定程度上强化了侗族传统民居特色，从而保护了侗族民居的传统风格。

这种对民族传统民居风格的强调和保护理念在危房改造实践中基本得到了贯彻和执行。分析问卷调查数据可知，85.3%的危房户在危房改造后的住房仍然保留了或者是改造成了本民族传统民居的吊脚楼风格，而只有3.3%的危房户在危房改造后的住房风格完全变成了现代的钢筋混凝土风格。

表 10-3　危房改造后的住房风格类型

项目		频数（户）	百分比（%）	有效百分比（%）	累积百分比（%）
有效值	本民族传统风格	52	85.3	85.3	85.3
	现代风格	2	3.3	3.3	88.6
	现代和传统混合风格	6	9.8	9.8	98.4
	不知道	1	1.6	1.6	100
	合计	61	100	100	

那么，在危房改造过程中，哪些侗族传统建筑文化元素得以保留呢？通过分析个案访谈材料也发现，侗族民族传统民居建筑风格中的小青瓦、

木板房、白色风檐板，木质雕花窗格等侗族传统建筑文化元素在危房改造中都得以保留。

访谈员（KHM）：请问你们的屋脊处风檐板为什么要漆成白色呢？

侗民（WDH）：这是我们侗族的特色，以前房屋新的时候，我们就爱涂成白色的，远看漂亮，醒目，时间久了漆就剥落了，现在重新涂一下，就有点传统的特色了。

访谈员（KHM）：那么你们房屋在危房改造后还有哪些也是显出了传统的民族特色的？

侗民（WDH）：还有很多啊，你看现在木板上涂成的木纹色漆，那个小青瓦，还有像我们家窗户窗格上的这个雕花和造型都是老一辈开始就很讲究了。（访谈时间：2012. 11. 17）

图 10-5　危房改造后吊脚楼风貌

（二）传统民居功能

侗族传统民居根据家庭成员的生产生活习惯的需要在室内划分有卧室、厨房、堂房或客厅等。这些空间都有各自的功能。

图 10-6　神龛

1. 祭祀功能

堂屋是侗族家庭房屋的核心。它不仅是村民自己家庭成员活动的空间，是安排（接待）客人的地方，也是家庭祭祀的场所。一般在侗族民居的堂屋正中间壁上都装有神龛，用作家庭祭祀。神龛由神台和火焰板构成。在神龛的下面设有专门的柜子，叫做“神柜”。有些侗族居民还将神柜柱脚下垫的小石磉墩雕成小巧的鼓形。除了堂屋的神龛外，侗族民居中的“半边火炉”也可以算得上是半个神龛，这是侗族独特的祭祀空间。侗族居民逢年过节的时候常常在火炉一角摆好供桌，象征性地摆上饭菜，请列祖先人享用①。

就贵州黎平县来说，危房改造对该地侗族居民的祭祀活动是否有影响呢？经过危房改造后的民居是否还保存着神龛等进行祭祀活动的空间呢？根据调查的资料显示，危房改造充分考虑并尊重了侗族居民的家庭祭祀需要。在被调查的61位进行了危房改造的侗族居民中，有83.6%的居民在危房改造后的住房中仍然保留堂屋，设置了“神龛”，并在堂屋留下了足够的祭祀活动空间。对于这部分居民来说，危房改造基本没有影响其进行祭祀活动。只有3.3%的居民在危房改造后没有再建“神龛”。这两户没有建“神龛”的居民属于岩洞村的生态移民户。这两家的主人都是在外省打工的年轻人，他们认为城市人是不喜欢建“神龛”的，何况自己常年在外，也没有建“神龛”的必要。也就是说，这些不进行祭祀活动的危改户并不是因为危房改造影响其进行祭祀活动，而是受现代化和城市化的影响而淡化了对本民族传统祭祀文化的认同。从总体上来说，危房改造客观上保护了侗族居民的祭祀活动和祭祀文化。

表10-4　危房改造对居民祭祀影响情况

项目		频数（人）	百分比（%）	有效百分比（%）	累积百分比（%）
有效值	影响很小	51	83.6	83.6	83.6
	影响一般	8	13.1	13.1	96.7
	影响很大	2	3.3	3.3	100
	总数	61	100	100	

① 田长英：《宣恩民族建筑特色浅说》。http://www.xuanen.gov.cn/wenlv/minzuwenhua/2012/0508/1791.html。

黎平县的危房改造除了保护民居私人的祭祀空间外，居民祭祀的公共空间也得以保护和进一步突出。在危房改造过程中，随着传统民居的修缮或重建而进行的是对鼓楼的进一步修整或重建。鼓楼是侗族村寨最重要的公共活动空间，也是侗民最主要的公共祭祀空间。书稿组通过实地调研发现很多村寨借助危房改造的契机，通过多方面筹集资金对本村寨的鼓楼进行了修缮或重建。岩洞村的生态移民在搬迁到新安置地后重新修建了一座新的鼓楼。尽管修建鼓楼的资金主要来自村民自己的筹集，跟危房改造的资金投入无关，但从客观上看，危房改造促发了侗民对本寨公共祭祀空间的保护。

2. 手工劳动空间

一般来说，侗族居民一般在堂屋或是楼上进行手工劳动。就危房改造对少数民族妇女手工劳动空间的保护情况来看，根据问卷调查可知，危房改造前有近一半的居民经常从事手工劳动，危房改造后，62. 3%的侗族居民从事手工劳动情况变化不大或有所增加。11. 5%的侗族居民在危房改造房屋重建后不再进行手工劳动，其主要原因是房屋异地搬迁后，受建筑面积限制，房屋的格局产生变化，堂屋很小，楼上也很狭小，不宜居住，只能堆放杂物，这种操作空间的减少制约了居民从事手工劳动。具体情况见表 10-5 和表 10-6：

表 10-5　危房改造前居民从事手工劳动情况

项目		频数（人）	百分比（%）	有效百分比（%）	累积百分比（%）
有效值	从来没有	18	29. 5	29. 5	29. 5
	偶尔	12	19. 7	19. 7	49. 2
	经常	31	50. 8	50. 8	100
	总数	61	100	100	

表 10-6 危房改造后居民从事手工劳动情况

项目		频数（人）	百分比（%）	有效百分比（%）	累积百分比（%）
有效值	会，且次数有所增加	3	4.9	4.9	4.9
	会，基本上跟以前没什么改变	35	57.4	57.4	57.4
	会，但次数有所减少	16	26.2	26.2	88.5
	基本上不会进行了	7	11.5	11.5	100
	总数	61	100	100	

从表 10-6 可以明显看出 26.2%的侗族居民从事手工劳动次数有所下降。造成这种现象的原因是多方面的，主要有两个方面的原因：其一是侗族居民在现代化、城市化和市场化的影响下，其生活习惯和消费观念发生了变化，不再把从事手工劳动活动看作是其现代生活的一个主要组成部分，也因为消费观念的变化，对纯手工制作品的需求降低了；其二也是因为危房改造异地重建后，由于建筑面积的限制，很多居民在新居地缺少独立圈舍，也没有独立的卫生间，甚至连固定的楼梯都没有空间安装。由此可知由于空间的狭小，居民操作空间的不足影响了其在新居地从事手工活动。从书稿组对岩洞村危改户的访谈资料中可以得知这种现象在异地重建模式中较为普遍地存在。

访谈员（KHM）：请问你们搬到这个地方来后，从事手工劳动和以前相比有什么不同没有？

侗民（WMG）：搬来后地方太小，我们一家 6 口人才 100 平米建房，人多，东西多，哪有空地去从事手工劳动。能从山上搬下来就不错了。

访谈员（KHM）：您说的是现在房间小了，没空间搞手工劳动了，那么您以前是不是喜欢搞点手工劳动？

侗民（WMG）：怎么不喜欢呢？自己弄的东西结实，耐用，用习惯了。

图 10-7　危房改造后手工劳作空间

总之，危房改造对少数民族居民从事手工劳动的活动尽管产生了一定的影响，但总的来说还是保护多于改变，积极行动多于消极行动。

（三）基础生活设施

在危房改造中，对传统民居保护还包括对传统民居的基础设施的保护，包括垃圾处理、饮水、储物仓库的保护。基础生活设施不方便也是危房改造的重要内容之一。根据实地调查数据可知，危房改造前后，通过对民居原来基础生活设施的保护和改进，提升了已有设施的功能。危房改造后的民居在饮水、垃圾处理和仓库储物等方面都比危房改造前的民居更方便。

从下表可以看出，在饮水方面，59.02%的居民认为危房改造后更方便；在垃圾处理方面近一半的居民认为危房改造后的垃圾处理更科学，更卫生；在仓库储物功能方面，50.82%的居民认为危房改造后的住房储物效果更好。由于危房改造过程坚持与新农村建设、村庄整治相结合的原则，在危房改造过程中充分利用现代的科技和现代的建筑材料为居民生活提供更多的便利。黎平县的危房户对危房改造过程中的饮水、垃圾处理和仓库储物功能的便利性增强的认同从另一个方面反映了危房改造对居民基础生活设施功能的保护和进一步强化。

表 10-7　群众对改造前后房屋基础生活设施便利程度的比较

项　目	饮水		垃圾处理		仓库储物功能	
	频数	比例（%）	频数	比例（%）	频数	比例（%）
改造前更方便	8	13.11	16	26.23	17	27.87
改造后更方便	36	59.02	29	47.54	31	50.82
无差异	17	27.87	16	26.23	13	21.31
合计	61	100	61	100	61	100

图 10-8　危房改造后侗族村寨整体风貌

（四）对整体民族风貌的保护

传统民居具有悠久的历史和深厚的文化底蕴，在危房改造过程中，各级政府尽量做到了尊重传统民居特色和风格，在改造过程中努力使危房改造和村寨的整体分布格局相统一，从各村的整体村貌出发，采取“一村一特色，一村一规划”的方案，维持原村寨的分布格局，强调保护传承好传统的民居特色文化，收到了较好的效果。

在危房改造过程中，各级政府非常重视对侗族传统民居主要建筑文化元素的提炼、强调和推广工作。具体来说主要表现在保护侗族村寨传统的石板路，尽量不使用水泥路代替；增加小青瓦和雕花窗格，尽量不使用混凝土屋顶和铝合金窗户；加强对村寨鼓楼和风雨桥的修缮和重建工作等。

在实地调查中，像青寨一样实行整村推进、就地维修模式的村寨和像贵迷一样实行交通移民、就地维修的村寨，其整体民族风貌保护较好。例如，在对与居民出行密切相关的石板路的保护来说，在危房改造过程中充分考虑民族村寨的整体特色，尽量维修、保留原来的石板路，尽量少修或不修水泥路。从表 10-8 可以得知，黎平县危房改造后对石板路的保护情况较好，水泥路代替石板路的现象还不是十分普遍，大约有 65.57%的石板路被保留下来。

表 10-8　危房改造后的水泥路或石板路情况

情　况	频数	比例（%）
水泥 石板	19 40	32.2 67.8
总计	59	100

二、各方的认知和态度

从各个主体对黎平县危房改造中的传统民居保护所取得的成就评价来看，无论是政府官员、学者还是普通村民，都认为黎平县在保护少数民族传统民居建筑文化方面树立了较为成功的典范。

(一) 官员的认知态度

在危房改造过程中，对于少数民族传统民居的保护，政府官员的态度一直十分明朗，强调保护少数民族传统民居对保护文化的多样性，促进当地旅游经济的发展都具有重要意义。因此在危房改造项目中，也努力通过多种方式，利用多种渠道，尽最大努力去保护侗族传统民居建筑风格。我们调研了解到地方政府通过多种形式的调研，召开相关的研讨会，征询专家意见，最后从侗族地区各地的建筑特色中选出几个重要文化元素加以强调和普及。正是因为政府官员在侗族传统民居保护方面的积极态度和积极行动，才使得黎平县侗族传统建筑文化得以保护和进一步发扬。在实地调查过程中，书稿组成员发现很多政府官员能充分认识到民族地区保持民族特色的重要性，因而也非常重视危房改造中对少数民族传统民居文化的保护。正如 Y 主席本身就是侗族，也是一个侗族文化的专家，他说："我很有耐心，在做侗族文化调查时，我也像你们学者一样，用录音笔、用相机、做笔记，挨家挨户地找村民了解实际情况。很多时候愿意花三个月、半年甚至一年去做调查，了解侗族文化的实质，了解老百姓的需求。只要你愿意去听老百姓讲话，你就会学到很多东西的。"

他对侗族民居的分析很独特，他认为："侗族民居的特点就是它的实用性，没有多余的装饰性的东西。侗族民居的核心是建筑文化元素，这些文化元素都蕴含着本民族基本的宗教信仰和审美取向。比如屋脊中的那个用瓦片叠成的元宝，代表风水卦象，也就是阴阳两卦，叠瓦片的时候是很讲究的，不是随便堆上去就可以的。还比如屋顶上的风檐板，从实用上看是挡风雨的，但从象征意义上看是防煞的。"

正因为各级政府官员对少数民族建筑文化的了解，对危房改造中保护少数民族民居建筑的强调，黎平县的危房改造在很大程度上保持了侗族传统民居建筑特色。

（二）学者的认知态度

在危房改造过程中，侗族文化爱好者以及相关的学者，在保护侗族传统民居文化方面也采取了积极的行动。黎平县侗族协会著名的学者吴定国先生在谈到危房改造和侗族传统民居保护问题时，他认为，“传统文化包括其中的建筑文化的变迁是历史的必然，民族传统文化的特色性是要保护的，采取保护措施了，最起码能延缓其衰亡的速度。在侗族的危房改造中，各级政府部门也积极地采取措施去保护民族传统的建筑文化，像我们这样的学者都参与了讨论本地方的危房改造方案。我就坚持一条，民族特色主要通过重要的民族文化符号来体现，要保护侗族传统民居文化，就要找出哪些是侗族传统民居中具有代表性的、重要的建筑文化元素符号，把这些突出来、再现出来就可以了，不一定要完完整整地保留当时的建筑实体。”

像吴定国先生那样的侗族学者还有很多，这些学者出于对侗族文化的热爱，非常重视危房改造中的少数民族传统民居的保护工作。他们在危房改造方案制定前，积极地参与实地调研，为方案的制定献计献策；在危房改造方案实施后，尽力督促居民按照预先制定的建筑参考样图进行，努力使本民族传统民居的建筑文化元素得以保留或重现。

（三）村民的认知态度

从黎平县侗族居民对危房改造中传统民居保护情况的评价来看，通过问卷调查“危房改造中少数民族传统民居保护情况如何?”问题时，96.7%的危房改造户认为当地的危房改造较好地保护了当地少数民族传统民居文化，而只有3.3%的居民认为危房改造中传统民居保护较差。数据表明危房改造项目在一定程度上使少数民族传统民居建筑文化得以传承和发扬。具体情况见表10-9：

表 10-9　侗族居民对危房改造中传统民居保护情况的评价

评价	频数	比例（%）
较差	2	3.9
好	33	64.7
一般	16	31.4
总计	51	100

就危房改造对村寨整体风貌的保护情况来看，绝大多数村民认为政府在危房改造过程中通过强调小青瓦、雕花窗、白色风檐板等民族建筑文化元素，使民族村寨更具有民族特色了。而对于他们本人来说，由于从小生长在民族地区，对于本民族传统文化有一种偏爱和认同感，绝大多数人仍然喜欢本民族的吊脚楼、喜欢翘起的屋檐和雕花的窗格。从村民对石板路的认知中可以找到村民对本民族文化的那种强烈认同感，有 68. 85%的居民认为石板路好，因为它“保留了民族特色”。此外还有 27. 87%的居民认为石板路的优点在于“可以发展旅游”或者“美观”或者“耐用”等方面，具体情况见表 10-10。

表 10-10　侗族居民喜爱石板路的原因

原　因	频数	比例（%）
耐用	6	9. 84
好看，美观	4	6. 56
可以发展旅游	7	11. 48
不知道	2	3. 27
保留了民族特色	42	68. 85
总计	61	100

三、传统民居保护的成果和经验

黎平县的危房改造在民族传统民居保护方面积累了丰富的经验，其一是危房改造提炼了侗族传统建筑的典型文化元素，使民居文化特色变得醒目并得以集中体现；其二是危房改造复兴了侗族传统建筑文化，使某些消失了的民族建筑文化元素得以重现，这在一定程度上是对民族建筑文化的挽救；其三是危房改造普及和推广了侗族传统建筑文化，使原来仅仅存在于少数民族富裕居民群体中的建筑文化元素得以普及到贫困群体，从而使典型的民族建筑文化元素得以推广。

（一）项目提炼了侗族传统建筑的典型文化元素

侗族传统建筑的特色主要展现在公共建筑风雨桥、鼓楼、凉亭等方面。而传统民居的特色主要展现在富人家的房子上，以小青瓦、白色风檐板、雕花窗格和屋檐翘角为特点。而一般穷人的住房主要是茅草房、杈杈房等简陋住房，民族传统建筑特色不是很明显。经过多年风雨侵蚀或是人为破坏，大多是传统民居已经丧失了原来的华丽和炫目，外墙剥落，构件破损，很多具有特色的传统建筑元素逐渐消失。危房改造后，少数民族传统民居建筑文化元素得以保留，少数民族传统建筑文化得以传承和发展。根据《贵州省农村危房改造工程工作规程》中关于危房改造第四条原则规定，“要坚持科学规划，突出地域民族特色”，黎平县对侗族聚居区的危房改造注重保护侗民族传统民居特色，制定了相关的政策和制度，指导修缮或重建侗族吊脚楼。在侗族聚居地的危房改造实践中，侗民族的传统民居的一些建筑文化元素得以保留和强化。双江乡的贵迷村和四寨村的危房改造强调保护侗民族地方建筑风格和传统民居吊脚楼特色，对民居上的小青瓦、白底风檐板、木质雕花窗格等民族建筑元素加以强调，并且在危房改造监督、检查时，加强对改造所需的小青瓦、风檐板和外墙漆等材料的监督检查，确保质量合格。经过政府部门的统一规定，经过危房改造和村庄整治的贵迷和四寨村民居确实保留了侗族传统民居文化特色，成为厦蓉高速公路线上一道靓丽的风景。

（二）项目复兴了侗族传统建筑文化

随着现代化和全球化步伐的加快，人们生产和生活方式发生了巨大的变化。加上文化的变迁和外来文化的侵蚀，很多侗族传统建筑文化逐渐被现代建筑所替代，或被重组甚至最终消失。在侗族地区，随着侗族村民外出打工人数的增加，在大城市挣了钱，开了眼界的人们在回家修建住房时不再考虑修建民族传统的吊脚楼，而是尽量想仿照外地人或是城里人一样修建象征时髦和进步的现代化砖房或洋楼。这种现象特别明显地体现在一些外出打工的年轻人身上，随着他们经济条件的好转，他们对房屋的审美观念已经产生了很大的变化，他们对本民族传统民居建筑文化的认同感不再像他们的父辈和祖辈那样强烈了。如果不是外来因素的干预，侗族地区传统民居文化特色将会随着人们观念的变化而逐渐消亡。而危房改造作为一种外来的力量，坚持在危房改造中"修旧如旧"的原则，在一些具有鲜明民族特色的地区"不允许修建砖房"，在危房改造的具体操作中努力要求体现本民族的文化元素，这些措施在一定程度上阻止或延缓了民族传统民居建筑文化的快速消亡。从某种意义上说，危房改造在一定程度上复兴了侗族传统建筑文化。

（三）项目普及和推广了侗族传统建筑文化

一般来说，我们今天所谈论的侗族传统特色建筑，在过去年代应该属于该民族富裕居民所修建的豪宅。因为房屋上富丽堂皇的装饰和别具一格的造型是需要一定的经济实力和艺术素养，而能做到这点的只能是过去社会中的富人。穷人由于经济条件较差，住房相对而言非常简陋，解放前的侗族穷人更多地是修建茅草房、杈杈房等简陋房屋。随着社会的发展和时代的变迁，特别是我国社会主义制度的建立，人和人之间平等意识的增强，经济条件的普遍好转，原来仅存在于少数富人群体中的民族建筑文化要素得以普及，大众化趋势越来越明显。在当今社会，普通的少数民族居民都有经济能力去建造过去只有少数富人才能修建的住宅。而由政府主导的危房改造对少数民族传统民居建筑文化要素的重视和强调从客观上无疑普及和推广了侗族传统建筑文化。

（四）培养锻炼了侗族民居建筑技艺的新工匠

危房改造过程对侗族传统建筑文化的提炼和推广一方面提高了侗族居

民对本民族传统民居文化的保护意识，另一方面是促发了居民自发地学习和练习本民族传统民居的建筑技艺，并培养了年轻一代的侗族民居建筑工匠。由于危房改造对侗族传统民居建筑文化要素的重视，老一辈的建筑工匠所掌握的技艺得以重拾和展示，其建筑技艺会得到进一步的提高。同时又吸引一批愿意学的年轻人聚集在他们周围，从而培养出更多的懂得侗族传统民居建筑技艺的合格的工匠，从而使侗族传统民居技艺和技术得以继承和发扬。

从以上可以得知，黎平县危房改造在侗族传统民居建筑文化的保护方面取得了一定的成功，积累了独特的经验。这些成功经验的取得主要跟政府官员的重视和当地经济社会的发展需要密不可分。在设计危房改造方案时，各级政府部门在相关的文件中多次强调危房改造要“注重保护旧有的建筑风格，突出地方和民族特色。少数民族民居规划设计要突出少数民族特色，尊重少数民族习俗，将危房改造与少数民族文化传承保护、发展民族风情旅游相结合。”在危房改造实施过程中，对侗族传统民居保护的强调也一直作为各级政府官员的重要工作原则之一。并在实际操作中各级政府部门在调研基础上聘请相关专家绘制了《黔东南苗侗建筑指导图集》，并把这部图集作为危房改造中的参照样本，严格要求各危改户增加侗族传统民居建筑文化元素。除了政府官员对侗族传统民居建筑文化元素的重视外，当地旅游业发展的需要也是黎平县危房改造中能充分重视侗族传统民居建筑文化元素的另一个重要原因。黎平县以其独特的地理位置，加上旅游资源丰富，民族特色明显，成为旅游大县的发展目标使该县在危房改造中对少数民族传统民居保护的需求比其他地方更为强烈，因而其对传统民居文化保护也更容易得到人们的支持，更容易取得良好的效果。

第三节　问题及其相关建议

一、问题和不足

（一）建筑文化提炼的简单化

危房改造的整体搬迁模式中对于房屋选址和房屋的结构都只做了简单化处理。侗族人们多居山区，地形地貌很复杂，因而每幢房屋必须要考虑因地制宜，顺势而建，从而导致对房屋的选择、朝向等都有讲究。传统民居建筑在环境的选择、住房型态的设计上都反映了实际生活的利弊，是经过实践证明的行之有效的生活经验的总结，体现了人们对传统朴素的自然环境观的理解及对理想居住模式的追求。传统民居选址常常考虑到通风、用水等，为生活和生产提供方便。而危房改造的房屋选址上，更多考虑的是房屋建成后整村规划的协调性、房屋的安全性和美观度，忽视了传统民居生产生活功能，这种选址是对传统民居环境选择的背离，也是对传统民居文化的抛弃。

此外，对传统民居的主要构件的处理有些仅停留在细枝末叶的保护上，没有从整体上对传统民居建筑的保护予以规划。如坝寨乡青寨村的危房改造实行原址维修方式，危房改造只在屋顶和风檐板上发生了改变，也就是把原来的茅草屋顶或是杉木屋顶改成小青瓦屋顶，并在屋脊上涂抹上白色的漆，此外，在原来风檐板上涂抹上白色的漆。这种缺乏对传统民居建筑保护进行整体性思考和保护的现象在危房改造中出现较普遍。

（二）建筑文化推广的表面化

在危房改造中，对少数民族传统民居保护的欠缺还停留在对传统民居主要构件的随意压缩或改变上，有些甚至把其他民族民居的建筑风格杂糅在一起，没有深入思考这种风格是否还是本民族的传统风格。

如在实行生态移民整体搬迁的洞寨村，由于新的安置点地基太小，有些移民为了尽可能地增大房屋房间的面积，吊脚楼二楼上的长廊面积被尽量地缩小，侗族传统住房的长廊大约宽6—7厘米，而危房改造后的住房的长廊只有3厘米宽。长廊面积的缩小产生了一系列的问题，首要的是长廊的功能发生了变化，侗族以前的长廊比较宽敞，能把屋顶雨水引到离房屋墙体比较远的地方倾泻下来，防止木结构的房屋墙体被雨水浸泡，也是侗民晾晒和储藏东西的主要地方，还是以前姑娘小伙谈情说爱的主要所在，而危房改造后，由于建筑面积的限制，长廊结构发生了变化，其传统的功能消失，依附于其上的长廊文化也随之消失。在实地调查中，有些困难群众在木质墙体外围加围一层杉木板或是树皮以保护墙体不被雨水浸泡；有些群众在木结构的墙体外加围半层砖混结构的护墙体。

访谈员：请问你们的房屋才新建，为啥新板壁还要用树皮包一层？

QZ：那个木板容易被雨飘湿，用几年就坏了，我拿草皮，拿树皮挡在外边，就多管几年。

（访谈员：HB，个案编码：2012011902）

访谈员：你们的木房屋外边为啥还要用红砖围一层呢？

XZC：红砖雨淋不坏，木板见不得雨水。加红砖木板壁就飘不到雨水了。又要我们建木房，又给我们这么点地基……

（访谈员：KHM，个案编码：201201903）

这种任意缩短长廊面积，致使原来长廊功能逐渐消失的现象以及木板房外面加一层红砖保护层的奇怪现象，都是由于在危房改造中传统民居保护理念没有得到彻底贯彻的缘故。

（三）规划过多强调整齐划一

第一，忽略了传统侗族村寨的一些公共需求：如水井、鼓楼等。

危房安置新址的规划建设中，大多将水龙头直接安到了农户的灶房，在保证人们饮用水安全的同时，却忽视了对村寨公共水井的建设。而事实上，对于传统的侗族村寨来说，水井是一种文化，是村寨文化的重要组成部分。对水井的忽视导致了侗族村寨水井文化的消失。在危房改造的整体搬迁中，进行必要的村寨公共水井建设，就是增加村寨的民族文化厚重感。

除了水井外，危房改造项目也忽视了对侗族村寨中的禾晾、仓库、风雨桥、凉亭、鼓楼等公共建筑的保护。从理论上说，这些公共建筑也是侗族民居的重要组成部分，如果严格把民居仅仅定义为居民的住房，那么这种定义显得过于狭窄，显然不能概括当地少数民族民居的实际情况。在很多侗寨，村民对鼓楼和风雨桥的修缮大多是自发行为，通过居民自己筹资进行维修或重建。危房改造项目对民居概念的狭义理解和规划过多也是导致侗族传统村寨中的一些与人民生活密切相关的建筑逐渐消失的重要原因之一。

第二，忽略了传统侗族村民修房造屋选址的信仰需求：如风水观念和相应的信仰。

在危房改造的异地搬迁重建模式中，由于危房改造的主要关注点是为居民提供新的住房，因而在屋址的选择、房屋的取向、房屋建筑的要求上忽视了侗族村民传统的风水观念、宗教信仰及价值取向。岩洞村的生态移民的危房重建过程，由村干部负责购买土地，由于中心村寨的土地面积有限，很多移民的住房重建根本不可能考虑地址的风水状况，而是像城市住房一样，只要有一块空地建房就行。在村寨道路的修建方面，由政府统一修建水泥路，而没有充分征求村民的意见。其实很多村民还是喜欢本民族传统的石板路。岩洞村村民 WDE 告诉调查员："我认为青石板比水泥好，一来经历的时间长，二来吸热比水泥好，散热快，凉爽，不像水泥路散热慢。政府搞的水泥路，不要我们出钱，也好。"青寨村在危房改造就地维修过程中，比较强调外墙的装饰，比如把风檐板涂抹上白色的漆，把老木房陈旧的外表刨去一层，重新涂上仿古的黄色漆。其中有些修饰在当地居民看来是不合适其传统民居实际情况的。当地居民对刨去老房子的陈旧木纹重新涂抹黄色清漆颇有微词，因为这不符合其对传统民居追求自然风格的审美观念。危房户 WSD 对访谈员说："老木房那个板子，本来用了六十年、八十年了，自然风化了，是自然的色彩了，把它擦掉了，重新刷成别的颜色，就与老房子的风格不协调了。就比如给一个八九十岁的老人整容，给她打上粉底，乍一看是年轻了，但认真一看跟他实际年龄不相衬，别扭。”

危房改造过程中出现类似上面的小问题还有很多。这些问题出现的原因主要是危房改造过程中忽视了侗族民居的风水观念、传统信仰和审美观念。

第三，忽略了侗族村民一些日常生产和生活的需求。

在危房改造过程中，对侗族的禾晾和单体建筑粮仓的随意丢弃也是一个非常明显的现象。在岩洞村的生态移民整体搬迁的危房改造中，由于新址的建筑面积限制，禾晾和单体粮仓一般都没有地方修建。禾晾和单体粮仓一直是侗族稻作农业文化传统的重要组成部分，是当地古朴的民风和良好的乡风的标志之一。禾晾和单体粮仓的存在，是人们实现将农业收获物贮藏于住屋之外，远离火源的建筑保障。建筑禾晾和单体粮仓表明了人们对食物资源需求性和重要性的认识，就当地的生态环境和木材资源而言，万一失火，住屋被毁，还可以马上另建，但万一粮食被烧，则人们马上就会面临饥饿的威胁。此外，将人类赖以生存的食物资源贮藏于住屋之外的村寨周围，不但表明了村寨内部人和人之间的相互信任，还表明了村寨之间和民族之间的相互信任。此外，危房改造中由于多种原因，危房重建后的住房还不能满足居民的日常生活和生产的需要，如岩洞村移民在安置地缺少独自的仓库、禾晾，也没有独立的厕所、圈舍。有些居民也缺少足够大的堂屋来从事手工劳动，在有些家庭人口较多的家庭中，他们的生活跟原来相比甚至更为不方便，如他们没有独立的厨房和足够多的房间，储藏室等。所有这些问题的存在表明危房改造在某些方面过度强调房屋的安全性而忽略了居民的一些日常生产和生活需求。

二、建议

（一）黎平县侗族地区危房改造中传统建筑文化保护不足的原因分析

1. 主观原因：设计的主观性

危房改造中各利益主体的参与积极性还没能充分地调动，没有充分调动各方特别是村民和侗族学者的积极性，没有最大限度地利用侗族学者和匠人的智慧，因而导致在危房改造过程中建筑文化提炼呈现简单化和建筑文化推广流于表面化等问题。

在危房改造的少数民族传统民居保护中，侗族学者所起到的作用非常重大，这个群体在收集、整理、总结、论证本民族传统民居建筑文化的要义和精髓方面取得了很多成就。在危房改造过程中要充分动员这部分群体参与进来。让这个群体对危房改造的各个参与人员进行培训，使其能了解到民族传统民居构建的文化内涵，提高危房改造各参与主体对少数民族传统民居文化的认知水平。在危房改造中，基层政府对保护民族传统民居风格有一定程度的认识，有较好的主观意图，但是在实际操作过程中，由于对传统民族民居文化缺乏深入的了解，很容易把不属于该民族传统文化的部分粘贴上去或是忽视了该民族建筑构件本身的文化意涵。如很多村寨的危房改造中，政府要求被改造的民居加上白色的风檐板或者把风檐板涂抹成统一的白色，而忽视了侗族传统民居中风檐板形状的文化涵义。实际上侗族传统民居风檐板的文化涵义在于其不同形状预示着房屋所处的不同风水位置，风檐板呈现锯齿型表示该房屋面对的是高山险峻等恶劣的地形，风檐板的锯齿形可以化解恶劣的地势给民居造成的不利影响。风檐板呈现波纹型表示该房屋朝向温驯的水源，波纹型的风檐板应和着水面的微波，房屋和所处的水面环境浑然一体，极具美感。对这些建筑构建的传统文化意涵的了解主要体现在侗族学者的知识体系中。为了使民族传统民居文化的保护真正落实到实处，政府不仅要在保护意识上高度重视，而且要鼓励和扶持侗族学者对民族传统民居的保护意识和保护行动，不仅在危房改造前的建筑图纸和样图设计中聘请民间懂传统建筑文化的侗族学者参加讨论，而且在危房改造实施中要请这些侗族学者进行监督，危房改造后期的验收工作中也要有这些侗族学者参与。只有从危房改造的整个环节中有这些懂民族传统建筑文化的侗族学者的咨询、监督和参与，危房改造中的民族传统民居保护才能真正落实到实处，才能真正保护好、传承好本民族的传统民居建筑文化元素。

危房改造中少数民族传统民居保护离不开普通群众的配合和支持。普通群众对本民族传统建筑文化的漠视、淡忘是对本民族传统文化传承最大的威胁。要唤醒侗民对自身民居传统文化的自觉意识，激励他们参与危房改造中对侗族传统民居保护的自觉行动。由于多种原因，侗族传统民居文化在侗民中的逐渐淡化，导致精通侗族传统建筑技术的民间匠人数量减少。这些影响因素有历史的原因也有现实的原因。由于历史上的文化革命运动对少数民族传统民居文化的破坏，导致很多中年人对本民族的传统民居文化的漠视和淡化。由于现代教育体制下双语教学的不持续，导致侗族语言很难得到传承，很多年轻人不会说侗语，而很多民居建筑文化元素无法用普通话解读，从而影响了侗族传统民居文化的顺利传承。侗族传统民居的保护工作离不开侗族青年人的配合和支持。由于对本民族的语言不熟悉，加上很多年轻人外出打工受到城市社会现代建筑文化的影响，民族传统民居文化在青年人头脑中逐渐淡化，很多侗族青年人重建新房时喜欢水泥房、现代房而不喜欢木板房和传统房，这给侗民族传统民居保护带来很大的障碍。因此，要发动侗族民居建筑工匠对年轻人进行教育、培训。鼓励、激发年轻人学习本民族传统建筑技术的热情。可以通过组织比赛、技术展示等形式调动年轻人学习传统建筑技艺的激情，对愿意学习本民族传统建筑技艺的年轻人给予一定程度的奖励。此外，可以在正规学校教育体系中开设相关的民族传统民居建筑文化的科目，培养出传承本民族传统民居建筑文化的新生力量。

2. 客观原因：资金问题及建筑文化本身的变迁以及相关政策制度的制约

危房改造后在传统民居保护方面出现“规划过多强调整齐划一”，建筑风格单调的问题主要原因在于资金不足，建筑文化本身的变迁以及相关政策制度的制约等方面。

首先，资金不足直接影响危房改造目标的实现。充足的资金不仅能实现消除危房，实现危房改造的主要目标，而且能突出、提炼、推广民族民居文化要素，保护好传统民居的民族风格。

然而在危房改造工程实施的过程中，资金缺乏是影响危房改造目标和民族传统民居保护目标实现的重要因素。由于黎平县的危房户比较多，而资金供应有限，导致在有限的资金下，危房改造工程执行的各个主体优先把这笔资金主要用于消除危房的安全隐患，较少考虑对传统民居文化特色的保护。

2008 年的调查资料表明，黎平县共有 106997 户农户，其中危房户 53034 户，占农户总数的 49.575%，其中普通危房户 51679 户，地质灾害危房户 1355 户。政府对这些危房户的改造资金每年有所不同，具体情况见下表。

表 10-11　2009—2012 年黎平县投入的危房改造资金情况

家庭类别	危房等级	补助标准（元）			
		2009	2010	2011	2012
低保户	二级 三级	3000 2000	3000 2000	5500 5000	7000 6500
困难户	一级 二级 三级	10000 3000 2000	10000 3000 2000	10000 5500 5000	12300 7000 6500
一般户	一级 二级 三级	5000 3000 2000	5000 3000 2000	6000 5500 5000	8300 7000 6500
五保户	一级 二级 三级	20000 5000 3000	20000 5000 3000	– – –	– – –
地质灾害危及点危房户	户均 20000	–	–	–	–

从上表可以看出，对于最困难的一级危房，政府给予的补贴最高为12300元，而黎平建一栋80—100平方米的砖木结构的住房至少需要5—8万元。最困难家庭一般是低保户，主要是因病或因残疾而缺乏主要劳动力的家庭，这样的家庭一般没有积蓄和其他的经济来源。而对于这样的困难家庭，要建一栋80—100平方米的房屋，仅仅依靠国家和政府的补贴是难以完成的。危房改造户大多属于贫困群体，多数家庭经济条件困难，除国家补助的部分外，需要危房改造户自筹部分的资金大都依靠借贷，这给他们带来了新的负债。据调查黎平县的危改户中，85%以上的农户都需要借贷才能建房，少者2—3万，多者5—6万。

黎平县的洞寨村是一个生态移民、搬迁重建的危房改造点，整体搬迁的移民新地基由当地政府用危房改造基金统一出资规划、修路、供电，然后以抓阄的方式确定屋基。而房屋建筑的整个材料、用工等其他费用都需要居民自筹。实地调查中发现很多移民危改户都只能靠借债来修建房屋，有些由于经济拮据而不能修建二楼。

在前文表2中也提及到，由于危房改造资金主要用于帮助这些极度困难的群体，而且资金投入少，在有限资金的制约下，危房改造的主要目标是消除困难户的住房风险，保障居民的住房安全，没有太多的资金去保护少数民族的传统民居文化。即使经过危房改造而修建的房屋也非常简单、粗糙、无装饰；即使居民想建一栋具有传统民族风格的住房也是心有余而力不足。因此危房改造资金的有限性制约了危房改造中对少数民族传统民居保护目标的实现。

其次，建筑文化本身的不断变迁导致对侗族传统民居文化的保护不能尽如人意。尽管侗族传统民居的吊脚楼在我国建筑文化遗产上具有重要的地位和独特的价值，然而作为建筑文化中传统文化的组成部分，侗族建筑文化也跟其他传统文化一样面临着现代文化和全球文化的冲击和威胁。现代科技在建筑材料和建筑技术上的创新和发展对侗族传统民居的建筑材料和建筑技术产生了很大的冲击；现代化的迅速发展改变了人们对建筑的传统审美标准，现代的生产、生活方式改变了人们对传统建筑的居住需求，全球文化趋同性对传统民族文化的渗入和侵蚀，所有这些使侗族传统民居文化面临前所有未有的挑战。而侗族历史上没有文字，拥有自身文字的历史并不长，很多民族建筑技巧和建筑文化都靠口耳相传，极易流失和变异。加上很多民居建筑工艺后继无人，对传统民居文化进行保护又受多种因素的限制，所以，侗族传统民居建筑文化更容易面临消失和变异。

侗族民居建筑文化的消失现象指由于人们观念的转变，原来的传统民居形式完全被其他民居形式所取代而原来的建筑样式缺乏保护从而导致原来的民居建筑文化不复存在。而侗族民居建筑文化的变异指由于外来文化的影响，原来的建筑文化在用料、做工、技术、装饰等方面发生不同程度的改变。如有些侗族新建的吊脚楼木板不再像过去一样用桐油油漆，而是用现在普通的漆来处理导致现代建造的吊脚楼使用寿命缩短。又如有些侗民为了保暖的需要，把吊脚楼上的敞开的美人靠封闭起来，美人靠也就丧失了其原来应有的功能。正如学者何琼所言，“在现代文明和汉文化的冲击下，一些侗族地区的传统建筑风格正逐渐消失，一部分富裕起来的侗民率先把现代建筑材料和现代建筑技术用于建造自己的住房，他们的住房不再是木质结构的干栏式建筑，而是由钢筋、混凝土、瓷砖和玻璃等建筑材料组成的现代洋房。”①

在实地调查过程中，我们经常可以看到这种现象，一些侗族年轻小伙从外边打工归来，也把打工地的现代生活方式，审美观念带入了家乡，在重建住房时绝大部分人倾向于钢筋混凝土房屋而不是传统的吊脚楼。

同时由于网络、广播、报纸、电视等大众传媒的普及，即使身居偏远深山的居民也能获知外界的信息。传媒技术不仅使信息交流更为便捷，而且也带来了外界新的消费观念、审美观念，带来各地不同的价值观念和思维方式。传媒广泛宣传的现代消费方式、审美方式、宣扬的现代建筑样式，居住风格，也使侗族居民的建筑审美观念发生了变化，现代建筑风格愈益成为主流的价值导向，传统民居建筑风格愈益成为落后的象征逐步被

---

① 何琼：《论侗族建筑的和谐理念》，《贵州社会科学》2008 年第 5 期。

淘汰。尽管各级政府部门和各专家学者反复强调文化的多样性，并采取各种措施保护各少数民族的传统民居文化的独特性，但民族传统民居建筑文化逐渐变迁是一种不可逆转的潮流，传媒对现代建筑文化的宣传和强调加速了传统民居建筑文化的变迁速度。

总之，建筑文化本身的变迁似不可阻挡的滔滔潮流，只会永远向前。而对传统民族民居建筑的保护只不过是尽力延缓变迁的步伐，给传统文化多一点停留的时间，给人类文化的丰富性多增添一笔而已，即使只是片刻停留，即使只是轻描淡写的一笔，但是对于人类文化的多样性和丰富性所作出的贡献却是永恒的。

（二）建议

1. 加大资金投入

首先，加大危房改造指标向侗族居民倾斜，减免或降低地方政府的配套资金金额。由于黎平县的侗族聚居地相对较贫困，很多居民的居住条件差，自身经济能力较低，因此，将危房改造的指标向这部分群众倾斜，同时，考虑到这些地区需要改造的危房数量多、任务重，地方财政收入较低等实际困难问题，在危房改造配套资金的要求方面可以减免金额或降低要求，从而保证这些地区危房改造项目的顺利进行。其次，适当提高侗族危房改造户的补助标准。政府在危房改造资金的分配上应该根据居民的实际情况采取不同的补贴标准，灵活地分配资金，以避免有些危房改造户因建房而返贫。最后，为了更好地保障危房改造的同时能更好地保护好少数民族传统民居特色，应该设立民族民居保护专项资金。在危房改造过程中，对于具有历史价值、建筑价值和旅游价值的民居不能拆除重建，只能“修旧如旧”，而维修这些危房的成本会比较高，很多时候甚至超过了重建所投入的成本。因此，对于这类危房应该设立民族民居保护专项资金。要加大对危房改造中民族传统民居保护的资金投入力度。加大动员民间捐赠、个人资助等筹集资金的渠道，建立少数民族传统民居保护基金会。对危房改造后保留了民族传统民居风格的居民实行一定程度的物质奖励。在危房改造过程中，政府要有意识地检查其保留传统民居风格的程度，按照其保留民族传统民居的不同程度发放不同层次的奖金。对于任意改变民族传统民居风格的居民进行思想动员、劝告、适当阻止等，以尽最大可能保护好民族传统民居文化元素。

此外，危房改造资金合理、合法的筹集和使用是危房改造成功与否的关键。建立恰当的资源整合机制、资金筹集和分配制度，保障资金的落实、整合和安全、高效能保障危房改造工程的顺利进行，能最大限度地保护民族传统民居建筑文化。

2. 加大对地方干部的相关培训

加大对地方干部的相关培训，提高地方干部的文化教育水平，增强其对少数民族传统民居的认知水平，使其从观念上重视危房改造中的少数民族传统民居保护问题。

通过相关培训，使政府部门相关工作者摆正自己在危房改造中少数民族传统民居保护工作中的位置，认清自己处于决策、统筹、组织等核心地位，要充分发挥主导作用，组织实施好危房改造中对少数民族民居的保护工作，严格执行各项规章制度，承担相应的责任。首先是在危房改造前期的建筑样图设计前，要重视对少数民族传统民居文化元素的挖掘和整理工作。要从根本上找到保护少数民族传统民居的方法，必须要唤醒少数民族居民自身的文化自觉意识。在前期的资料调查、收集、记录和整理、建档阶段，要分派专门的文化工作者负责，并且要对这些文化工作者进行系统的培训，这样收集到的资料才完整、科学和有效。在危房改造进行阶段，政府部门要通过对建筑工匠进行民族民居建筑技术培训，充分发动和激励民族民间建筑工匠参与危房改造活动，使危房改造后的民居能够保留或重塑民族传统民居风格。

附录一：访谈提纲及访谈记录

一、访谈提纲

（一）对政府相关人员的访谈

1. 危房改造基本情况

（1）政府部门对当地危房改造的具体政策和规划是怎样的？包括改造的力度、范围、进度和对象等。

（2）改造了多少户？多少是少数民族住户？

（3）危房改造的覆盖范围。

（4）如何确定危房改造补助对象和补助标准？

（5）主要是以什么形式？（局部改造？整体异地搬迁？个别异地搬迁？原址维修？各占多少比例？）

（6）村中公共建筑是否有属于危房被改造了的？如有，是什么情况？（上述问题）

（7）各级财政对于危房改造的实际支持力度与标准、资金的筹集与管理方式问题。

（8）目前你们这里危房改造的实际进度与成效。

2. 文化保护状况

（9）当地主要的民族居住情况以及民俗介绍。（结合找到的资料提问）

（10）当地危房改造前的主要建筑风格介绍。

（11）危房改造的建筑样式及风格选择，这些又是如何确定的？

（12）当地危房改造过程中所使用的建筑材料介绍。

（13）当地危房改造的建筑样式由哪个部门设计？是如何设计的或根据什么设计的？

（14）改造后的住房结构介绍。

（15）危房改造在生产、生活方式方面给当地百姓带来了哪些变化？

（16）危房改造时当地传统建筑的保护情况怎样？有什么政策没有？

（17）当地政府采取了哪些措施来保护少数民族的传统民居？

3. 政府相关人员态度

（18）您认为传统建筑和现代建筑哪个住起来更方便舒适？

（19）政府在执行危房改造政策的过程中遇到的最大困难和障碍。

（20）当地政府怎样看待改造危房与保护少数民族传统民居的关系问题。（有必要不，有哪些困难）

4. 群众态度

（21）你们这里的人，包括干部和群众，对危房改造后的建筑风格是怎么看的？（访谈时注意具体点）

（22）群众的满意程度（高或低），为什么？

（二）对当地居民的访谈

1. 危房改造状况

（23）危房改造的建筑样式。（传统的、现代的、本民族的、其他民族的）

1）外形

2）内部结构

（24）不同建筑样式的优缺点。

（25）危房改造过程中所使用的建筑材料。

（26）不同建筑材料的优缺点。

（27）危房改造的推进方式。（行政命令、群众自愿）

（28）危房改造的覆盖范围。

（29）政府是如何确定危房改造补助对象和补助标准?（这是用于验证政府的说法）

2. 对传统民居文化的影响

（30）传统民居的特点。（石板房建筑、干栏式建筑等）

（31）不同建筑样式对少数民族传统民居保护的影响。

（32）不同建筑材料对少数民族传统民居保护的影响。

（33）"就地翻建"和"整体搬迁"对民族传统民居保护的不同影响。

3. 群众态度

（34）群众的满意程度（高或低），为什么?（对危房改造政策的看法及评价；对改造后的危房的看法和评价）

（35）（整体搬迁）新建地是否有公共活动空间?如果有，跟原来相比有哪些变化?如果没有，你的看法和建议是什么?

（36）你是怎样得知自己危房的等级的?获得资助的过程是怎样的?

（37）你认为危房改造中你最关心住房的哪些特点?

（38）危房改造中最让你感到有困难的是哪些方面?

（39）没有进行危房改造的居民对此项活动的看法是怎样的?

二、访谈记录（按调查地点摘录重点访谈材料）

访谈记录（侗族）

黎平县农村危房改造工作座谈会（徐县长发言）

地点：黎平大酒店会议室

时间：2012年11月16日（下午3：18—5：26）

会议主持人：县政府办（龙主任）

参与人员：

黎平县：徐勇县长，县政府办，民族局，县建住局等。

贵州民族大学：吴晓萍，何彪，梅军，康红梅，王伯承，龚妮，贾效

儒，蔡菲，吴大禹，何燕，刘姣，彭小娟等。

发言人：徐县长

整理人：彭晓娟、蔡菲等

尊敬的省民大吴晓萍校长、各位专家、同学们：

你们好！欢迎你们来到侗乡黎平！根据调研书内容，现将我县农村危房改造情况汇报如下：

（一）基本县情

我县位于贵州省东南部，全县国土总面积4441平方公里，森林覆盖率为71.8%，辖25个乡镇，403个行政村，总人口51.7万，侗、苗、汉、壮、瑶等多民族杂居，其中侗族人口36万，占全县总人口的70%，是中国侗族人口聚居最多的县和侗族文化中心腹地。是中国革命老区、国家重点风景名胜区、国家森林公园、全国生态示范区和贵州省优先发展重点旅游区，旅游资源十分丰富。2008年我县开始实施农村危房改造工程，四年来，在省、州政府部门的高度重视与领导下，我县农村危改工作坚持以改善农村住房条件为目标，坚持政府引导、公平公正、公开透明原则，优先安排最困难群众优先改造最危险房屋，采取有利措施，精心组织使农村危改工作进展顺利，成效喜人。

（二）项目基本情况

1. 我县农村危房改造调查情况如下：2008年5月经各乡镇、民政部门调查统计，我县25个乡镇，403个行政村的13.6997万户农户中，共有危房户53034户，占全县总农户数的49.57%，其中，普通危房51679户，地质灾害危房1355户。

2. 具体实施情况如下：2008年至2011年我县已实施危房改造18514户。其中：2008年实施358户，由民政部门在平寨、大稼进行试点；2009年我县农村危房改造总任务数为1429户。其中，第二期最具危险性和最受地质灾害威胁的危房改造户363户（龙额乡，岑甾村192户，岑吾村171

户)，五保户、低保户、困难户等普通危房改造任务数为1066户，各级政府补贴共计1939.41万元；2010年危房改造户总任务数为3032户，各级政府补贴4368.50万元；2011年危房改造户总任务数为13695户，各级政府补贴774.3万元。

3. 2012年任务情况：2012年度州政府下达的我县农村危房改造任务为10725户，其中：一级危房：1235户，二级危房：2712户，三级危房：6778户，各级政府补贴7898.3万元，其中：中央和省补助资金6950.22万元，州级匹配资金158.25万元，县级匹配资金789.83万元。

（三）工程进展情况：

1. 2008年至2011年完成情况。

2008年至2011年实施农村危房改造18514户，已经全部完成任务，竣工率100%，入住率100%，资金到位率100%。总投入14505.21万元，其中：中央和省补助资金12183.73万元，州补助资金289.65万元，县级匹配资金2031.83万元；群众自筹资金30827.47万元。

2. 2012年农村危房改造工作进展情况。

2012年我县的农村危房改造工作，按照“两最”原则（指“房屋最危险，经济最困难”），同时实行危房改造与村庄整治、生态移民搬迁相结合的原则进行，现已将改造任务和补助资金分别落实到各乡镇。其中第一批762户改造任务，我县主要安排在危房改造与村庄整治“两结合”的试点乡镇实施，即德凤（花坡、矮枧、罗寨）、中潮（佳所、潘老寨）、双江（四寨、贵迷）、永从（永从、顿洞、管团）四个乡镇10个村寨；第二批9963户改造任务，我县根据“两最”原则和整村推进的方式，有25个乡镇实施了整村推进，其中80个村寨进行顺利，各乡镇都处于紧张实施阶段。截止到2012年11月15日，经统计我县的危房改造户为10725户，开工率100%，已竣工9455户，竣工率达88.1%，其中有7591户已入住。2012年全县累计投入资金15240.34万元，群众自筹14790万元。

（四）采取的工作措施：

1. 加强组织领导。县委、县政府高度重视，把我县危改工作列入重要的议事日程，成立了以县委书记为组长、县四大班子领导为副组长，县直各部门主要负责人为成员的领导小组，认真制定实施方案，层层签订目标管理责任书，在财政十分困难的情况下，优先保证县级匹配资金和工作经费的落实，加强政策宣传，资金管理和安全质量督查，确保各部门任务的落实。

2. 明确工作原则。按照“两最”的原则，落实危改对象。优先改造最困难的，最危险的房屋，将危房改造对象的决定权交给群众，由村民民主评议决定，并张榜公示，避免优亲厚友、假公济私以及“该改的没改，不该改的改了”等现象的发生。农村危改指标重点向贫困退伍军人、残疾对象和农村独生子女户、双女绝育户倾斜。

3. 严格建设标准，确保建筑质量和风格。在满足基本居住功能和安全的前提下，按照“立足当前着眼长远、因地制宜、分类指导”的原则，按照民族建筑风貌和格式严格控制农改的房屋面积和建筑成本，建筑面积原则上按人均不得超过20个平方米、户均在40到60个平方米的标准进行改造。严格规范施工；确保质量安全。

4. 加强管理。特别是严格资金管理，严格执行中央和省、州关于我县安居工程资金管理规定，补助资金实行专项管理，专账配发，专款专用。没有出现截留、挤占、挪用的现象。

5. 加强档案建设。做到一户一档。(含电子文档)

（五）存在的困难和问题

1. 我县木质结构的房屋居多，全县共有木质结构的房屋9万多户，占农村房屋总比例的82%。居住密集，耐火度低，加上农村电源线路普遍老化、乱拉乱接现象严重，使用伪劣家电等消防隐患十分突出，易引发火灾。

2. 我县农村大部分分布在高山森林（区），居住比较分散，交通不方便，加之近年来出去务工的人员多，留守人员大多属于老人和孩子，有些自然村可能会逐步消失。农村危房改造的投入不够，国家的资金补助比较有限，导致有些农户改造不到位。

3. 危房改造的补助标准较低。最低补助标准为6500元、最高补助标准为2.23万元，而最低标准占大多数。这个6500元只能做些局部维修，达不到改好危房的最终要求。

4. 州财政及县财政困难。今年我县需匹配资金800万至1千万，全县财政预计收入为4.4亿，实际收入可能在4.3亿左右。我县的危改资金是否可以考虑从税收这块提取配套。

（六）下一步工作建议

1. 提高补助标准。我县木质结构房多，防火等级低，为提高防火等级和突出侗民族民居特色，新建木房户需投入8万元，新建下砖上木房屋户需投入15万元，建议对贫困地区补助提高到户均补助5万元左右。

2. 危房改造工程免除县级匹配资金。为更好地解决农村困难及需求，对我县农村保障性安居工程项目取消县级配套资金，全部由中央投资建设。

访谈对象：黎平县政协杨主席

访谈时间：2012年11月18日上午

访谈地点：去双江乡贵迷村的路上

访谈者：吴晓萍

整理：贾效儒

吴：我有一个问题，在危改过程中的有些事情，有些老百姓理解，有些老百姓不理解。比方说有一个老百姓家门口的那个路不好走，他在那里住了七八年了，那个路大概有三到五步，三到五步嘛，你自己家里的你就做一下嘛。他不（做），他就觉得政府应该给他做。

杨：就是说，你能做到的事情你自己做，政府能做到的事儿尽力做，应当是一个互动的问题。

吴：对！所以，我觉得在这个事情上老百姓也有问题。另外呢，我就是觉得政府沟通不够。比方说，下面那些村民（岩洞村一、二、三组村民）老反映说这个钱啊什么的（政府处理的有问题），你完全可以给他们算账嘛，是不是？我们给你们买了土地。

杨：现在呢，怎么说呢？因为我是一直在农村工作的，群众对政府的信任度还是有些问题的。

吴：对，群众的信任度不够，政府的沟通也不够，所以（政府和群众之间的）矛盾就存在啦。

杨：对。前几年不是有那个生态移民指标。农民一直不来申报指标，我就觉得很奇怪，我问下面有没有来做工作。下面的说做了。那咋回事儿，我说叫他们全部过来，我来给他们亲自说。我一口气，半个小时，把这事儿全说清楚啦！我问农民说清楚了吗？农民们说，清楚啦。清楚了那现在怎么办呢？那就申报指标吧。我说你们怎么对政府不信任呢？皇粮国税交了上千年你们习惯啦，（现在）温总理不让交了你们不习惯啦，是吧？然后种田又有补贴你们更不习惯啦？生态移民每人 7000 元，五口人一共 35000 元，你们觉得烫手啦？天上掉馅饼烫手了是吧？他们（听到这儿）全笑起来啦！所以现在有个思想观念转变的问题。他们说政府怎么就这么好啊，征地补偿全给我，另外还给我 35000 元，到底搞什么名堂？把那么多钱给我？因为我是农村人，过去长期在农村工作，你听得出来我就这样用农民语言跟他们交流。

吴：下一步你们那里做的事情确实应该吸取他们那里的教训。农民赌了一口气是不是？比方说这个组啦，你三分之二都给他啦，你拿着三分之一有多少钱？但（这些钱）人家会解决很大的问题。他拿着树皮贴上，也不好看，……你等于说让人家攻击你了嘛。我就觉得当时这一点没有搞好，但这一点还不是基本的生存问题。基本的生存问题就是上厕所难的问题。

杨：厕所问题就像你讲的那样，当时主要还是缺少沟通。为什么呢？因为我们是按照城市人的理念去给他们设计了一个农村人的居住条件。要是用城市人的理念是可以做的，不是不可以做。用一小间房做一个室内厕所——水冲式的厕所。与这种厕所配套的就得有个沼气池，外面也得有个猪圈。有猪圈才会有沼气啊！这沼气灰拿出来，农业（肥料）的问题就解决啦，但这一步谁去为他们解决？

吴：（厕所问题没解决，村民心里）就是堵了一口气嘛！

杨：按照现有的问题，我可以为他们解决。弄一个室内的楼梯间，解决一个厕所问题，而且是自来水的，很干净的，比他原来室外的更干净。然后在外面弄个猪圈，养一头猪。

吴：现在就是没有土地来修猪圈。

杨：对，你没有土地养不了猪啦。厕所问题在室内就可以解决，但问题是猪圈问题，一般农村人都会养猪，这原来养猪的习惯不会改变。

吴：你看昨天那个干部是怎么说的？我当时还不知道他们没有考虑这个，我就说房子这样，他们喂猪会在哪里呢？我当时还不知道群众有这个反映，他们说："我们现在农村都不喂猪啦！成本高，经常发猪瘟，所以大家都不喂啦！"我说那你们吃猪肉怎么做？他们说村子里轮流喂，今年这家喂我们就到这家吃，明年那家喂我们就到那家吃。我一听他们这样讲我就知道他们没有讲真话：不可能一个寨子里面轮流喂猪来解决大家吃猪肉的问题。

杨：是啊，就是要轮流喂猪，他们在哪里喂呢？

吴：对呀，也是个问题啊！后来这个干部出去了，一个妇女就赶紧跑来跟我说："我们想喂猪就是没地方！"

杨：我很有耐心，我做辉山文化调查的时候花了五个月的时间。找每一个村寨的寨老去了解情况。

吴：对对！就是要这样。

杨：我也用录音笔，用相机，用笔记本。

吴：在干部干预这个事情上，昨天我就很难受，他们又没事，就站在那里（陪我们做访谈），我就不安心做我的访谈了，（因为）你觉得对不住人家嘛！

杨：其实不是这样，你做学术也只管做你的学术，他们没事儿（干）是他们的事儿。其实他们最大的失误就是闲在那里，没有跟你全程地听。完蛋啦，要是跟你一起去听，他们会学到很多东西的。

吴：他们就不一样咯！

杨：兴趣不同。

…………

杨：现在这种移民问题它分几种：搬迁式移民、扶贫式移民。这两种移民是不一样的，但移民的目标是一样的，但政策也会有差异性。搬迁式移民按照房屋重置价进行房屋搬迁补偿，包括土地的补偿。搬迁式移民有个指标，比如说你原来宅基地是多少面积，我这里只能按照你原来宅基地的面积给你，但是有个条件，不能一户一宅，这类宅基地一般控制在120m^2以内，占一补一。比方说上次我在肇兴，你原居住面积低于80m^2的，我按80m^2给你（补偿），为什么这样做呢？80m^2保证你的住宅地能够安排得下你；超过80m^2的，我占你多少补偿给你多少；超过120m^2的，因为考虑土地的节约问题，如果你300m^2我只能按120m^2补偿给你，多余的部分我付钱给你。因为农村的住房有几种情况，有叫两间两厢的；单独两厢，单独三间；还有三间两厢；三间一厢；两间一厢。大概有这五种情形，我都搞清楚啦。我知道你这栋房子搬迁下去怎么摆下来，你原来怎么摆得下来，现在就能怎么摆得下来。原来你生活了几十年，能够生存，现在就能生存。不会因为土地的缩小而改变你现在生存的条件，限定你现在的生活，降低你生活的标准，不存在这种问题，我是这样处理的。

吴：对呀，我也在想，昨天那个如果按照你这个思路可能做得比较好的。

杨：比如像两间一厢，它的占地大概在60多个平方，再加上猪圈，也就（增加）几个平方嘛，完全没问题；三间两厢大概在100来个平方，100来个平方，如果是120，还有将近20个平方，哪里不够呢？你厕所问题就解决啦!

吴：可能像我昨天讲的，你们各个部分像规划呀什么的是一方面，然后懂得农民生活、懂得文化的又没有参与，即使参与了像我讲的——参与了没用。讨论的时候还有用，实施的时候就没用啦!

杨：实施的时候你都没参加，你怎么用啊！那些个专家肯定不会全程参加的。所以这样一来我们就有个机制（问题），怎样保证一种方案能够实施下去，很完美的实施下去，这就是一种机制问题——说是说的，做是做的。

吴：你觉得这个机制如果要改进，应该怎样改进？即如果这个县让你来当这个家，让我们这些学者的想法、懂行者的看法，大家正确的观念在实施的过程中能够贯彻到底。

杨：这个其实不难。实施顾问制，解决问题。也就是专家顾问制，定期有专家进行督查。比如说实施一段时间以后，我们专家组定期半个月或者一个月就下乡监督，也就是说我们（指专家组）讨论的结论，我们必须按这个结论要求你去把关。实施方面，我先制定一个方案，然后中途的时候我去检查。让专家组去检查，因为他们懂文化、懂尺寸，是吧。那就不会变味了，即使有变味，及时纠正过来。我觉得只要能做到这一步就不错啦。现在难就难在讨论结束后，吴老师有些话我不好说，讨论结束了，完事啦，然后实施的人就实施啦。至于变不变味，专家嘛也没（被）请你去做顾问，如果去顾问，这监督（方面）就会做得更好。

吴：这倒是一个很好的建议!

杨：还有一个移民搬迁的问题，往往就是说扶贫式移民为什么要搬迁呢？主要是当地的生存条件比较恶劣，他们在那里无法促进社会发展，无法满足生活的基本需求，所以必须搬迁。这种搬迁是从条件比较差的山上，比如像缺水呀、生态比较脆弱啊、地质性灾害呀，这种就叫扶贫式移民，把他们搬下来，这种搬迁往往叫异地搬迁。这种异地搬迁带来很大的问题，第一，居住地的问题，居住地很紧张，因为山上可能很宽，到处都是你的（土地），你随便盖一个厕所也不需要办什么证，但你搬迁下来以后土地被划成豆腐块，就一小块土地是你的，你觉得不够用。搬下来以后，你要考虑它原有的基本功能性需求，功能性需求才决定建房的面积和风格。我在肇兴景区就谈到这个问题，我说我们肇兴景区建什么房子，功能是什么先定了，然而先建房子后考虑功能，做好衣裳就找人来穿，那你得找多少人啊？必须先有人，才能量体裁衣，这样才不会出问题，要不然你那衣服会浪费掉的。做一件给你穿，不合身，那我再做一件给你，那我不是太浪费吗。所以功能决定建筑，功能决定风格。

吴：也存在一个新的环境适应问题。因为他觉得山上土地都属于他的，搬迁后，面积变小啦。

杨：对呀。山上我有 300m^2，下面只有 100m^2。怎么办呢？沟通嘛。沟通互动的问题。

吴：对！他还得有一个适应过程。

杨：这就有几个问题，最低生活保障，一个供（应），一个需求。这里有一个中等生活保障的问题，还有一个高标准、高要求的生活保障问题。那就是有三个要求：最基本的生活保障需求，这个是必须满足的；然后是中等的和高档的需求。高档的需求就是个无底洞，我要 100m^2 或者 300m^2，那我不可能给你啦，这里的土地很珍贵，只能一户一宅。你能够控制在 120 个平方以内是比较理想的，这样基本都能够满足。原来在山上的宅基地会有两种情况，先有个老宅基地，我觉得居住不够了，我可以再拓展一个新宅基地，这样一来，两个宅基地加起来就会有 300 多个平方，实际上真正的宅基地就在 120 个平方之内完全够了。我知道房子的布局 80 个平方差不多啦。而且我为什么以 80 个平方为基准呢？除 80 个平方的大间之外，你还有两个小间，也至少 60 个平方。所以 120 个平方，这是国家政策规定的，占一补一也是政策规定的。我还不按占一补一给你，为什么呢？因为你居住的面积不足 80 个平方，我按 80 个平方补偿给你。因为你要改善生活，你原来居住的 60 个平方比较拥挤，我给你 80 个平方，（多出的）20 个平方你按成本价给我钱，合情合理吧。改善你是有条件的，比方说你（原来）是 90、100 或 110 个平方，就按占一补一的方法，如果你超过120个平方，我就不能再给你，再给你政府负担不了。

吴：那可能要加强沟通。

杨：对，要加强沟通。所以我这样一沟通，群众就满意啦！我为什么要给你这么多，你能做什么，又应该怎么做，才能满足你的这种需求？包括房子的前后怎么摆，我都告诉你。现场就这样，我的技术员也都这样。我按我的理论让你的（房子）摆得下。就是说要做到这一步，根据他的居住情况，决定他的房子的建筑面积。根据他居住的具体条件来设计外面的风格。重檐也要根据房子的摆布风格来具体设置的，因为我思考好多侗族的建筑师就是这样考虑的：大方、实用、简约。侗族建筑的特点就是它很实用，没有多余的装饰性东西。后来生活改善了，窗子才改善了，窗花也改善啦，有钱了才会改善。这些都不是问题，比如说改善窗子了就不是侗族的建筑，是不是侗族的建筑主要是在它的结构上，基本结构上才能体现出来。还有几个代表宗教信仰的符号，比如像屋脊，苗族的屋脊两头是牛角，侗族的屋脊两头是鱼尾。侗族是鱼崇拜，苗族是牛崇拜啊！所以这种改屋脊、涂白的做法不对，侗族改信苗族的牛头崇拜啦？形状不像啊，侗族弄得有点儿像牛角啦！这里就谈到这样一个问题：侗族人在搞建筑的时候，他们有没有意识到自己的建筑文化是在传承还是在变异？他们看到苗族的屋脊翘得好，他们也翘一下，其实忘了本民族特色，把自己的宗教情结忘掉啦！所以侗族的屋脊是鱼尾瓦，短呀。

吴：屋脊中间的那个是元宝，是吧。

杨：那个是风水卦象，分为雄卦和阴卦，也就是阴阳两卦。中间四个瓦是元宝，是有讲究的。但现在不讲究啦，随便那么堆上去完事。那就是建筑师不懂传统文化，他只知道建房子，没有传统的这种风水理论知识。还有封檐板，封檐板也有讲究啦。封檐板它这是白色的，加了一些侗族的元素——花鸟图案等在里面。有的是是锯子齿，有的是波浪式的。锯子齿表示对面的山来势很凶，要靠锯子齿防煞的；波浪式表示房屋朝向温顺水源，与水波纹协调一致，这些是不一样的。

吴：不一样啊！这个就是文化。

杨：所以现在年轻的建筑师哪里懂这个啊！有的搞封檐板就一块板子，什么也没有；有的有一块板……封檐板的作用是挡住下边的檩条，挡雨的，从使用上看是挡雨的，但功能上是防煞的。

吴：那么上面这个，或者是（呈阳或者呈阴的）那个瓦，它是哪种情况下用阴，哪种情况下用阳？

杨：呈阴或者呈阳，是与后山有关的。阴阳相配嘛，是与后山有关的，那这是看八卦像的，那一会说不清楚，那是按八卦来算的。根据八卦像后山他处于什么方位，八卦方向是方位了。他的方位处于阴或是阳，他就来决定这个卦像该怎么配，阴阳相配。侗族很讲究房子与山水的和谐，什么叫和谐，阴阳和谐。

吴：这个，刚才你们讲的那个移民搬迁。像你理解的，就是在你这边，跟老百姓讲的补偿标准，是不是现在的政策变了呢？昨天我们去的那个地方他们当地人就没有……

杨：他那个没有，对！你说的没有，那个地方的政策刚到，刚到一个政策，以前的政策没有这个东西，以前的移民搬迁，只按以前的标准。我在当乡长的时候，当时也有移民搬迁，那时候人均啊，才五千块钱，当时十年前。每年的指标是不一样的。

吴：但是我们去的那个寨子，他就说大多数人一分钱都没拿到。

杨：直接把房子砌起来。

吴：只有一家人拿到了2800元，但是这个房子，他们只拿到了一个地基，房子是自己修的，材料是自己的，工是自己的。

杨：等于是政府就花钱给他买了个地基。

吴：买了个地基，给他把路也修了，把路修通了，把水引来了，把电通了。

杨：这你说的这个问题嘛，这就需要有个人跟农民沟通，也许政府已经把钱用完了，但是农民以为政府钱留了，是吧？

吴：对，因为农民不相信政府，所以你要解释。我告诉你，如果你那边要实施了，又还给农民补贴这么多，这边农民一旦知道了……

杨：这不存在，不同时期政策是不同的……

吴：所以就要解释，我就说了这个……

杨：你那个是前年的指标，今年肯定有变化。就像我们征地一样。我去年征地，土地征用政策，那是全省制定的，是吧？前年是22400，去年26800，今年30000，问题是你是哪年的指标。

吴：差异特别大，一定要给这边讲清楚。不然这边群众觉得，一分钱都没拿到，一定是政府吞掉了，但是他就不算一下，你算一下，这个收入买地……

杨：收入多少钱，接水、接电多少钱，反正全部算下来，钱用光了，大家就放心了。

吴：其实这个重在钱。先算这笔账，就这群人你们申请要，那么我们就给你算账，最后呢，这个房子要自己修，你们干不干，干就做，不干就不搬，那个很容易嘛！但是要做完了跟他讲，这个讲不清楚。

杨：讲不清楚。所以呢，这里面，就像你说的，我们总的这个指标，有多少钱，我们得了这么多钱，我们要做什么事，那么做这个事，每一件事情需要多少钱。是你们自己做呢，还是政府给你们做，如果说你们不相信政府，我就把这个地划给你，征地多少钱，路、水、电全部由你们负责，那钱发给你们，还是政府全部给你做，你就进屋就行了。这就是缺乏沟通的问题。

吴：这个沟通，对，沟通还是很难的。

杨：对呀，很多事件就是这样造成的吗。有的村干没说清楚，群众就抱怨村干部。其实有时候村干部也很委屈，他一心一意想为村里面做一件好事，但是时间紧，来不及一户一户的做工作，他超前做了，群众反映他吃了很多，其实他什么也没吃，吃了个愿望亏（苦笑），是吧？

吴：对，反正这基层，夹心饼干，上面一层，还要追求工作啊，这也不好，那也不好。下面群众也不满意。

杨：下面不满意在抱怨你，上面不满意在批评你，甚至处分你，所以有时候是夹在中间。我的文笔是差一点，要是好，我会把我当秘书，当副乡长，当乡长的经历写下来的。所以有时候刚参加工作的人和我一起喝酒聊天，我就说一下我的一些工作见闻。他们就说太精彩了！精彩了，但你到我那个地位上你哭都没地方，精彩！过后再来回忆过去的经历很精彩，但当时啊真的是很难啊，有时候真的很难！

吴：我们去过的地方你去过没有？

杨：我去过，我去的时候是鼓楼落成的时候。你去的时候岩洞对面那个新鼓楼还没有落成，那个我没去。现在我们做更多一点的除了行政工作以外，就是对民族文化的了解和调研多一点。

吴：我很佩服你呢！你这个行政工作应该是压力很大，你还有闲心去搞这个。

杨：我们做了十届世界级的石洞晚会，我一直在主张一个东西，就是怎样促进民族文化、民间文化传承，我就在做这个事情。我身边有一班子人……

吴：民族民间文化传承这个问题呢，是不是你通过什么途径和方式了解。

杨：对啊！通过民间节日那种挖掘，就是原来一个村寨啊，这个村寨里面他有什么有特点的民间节日、民俗文化。那么我们，这是一种方式，支持他的节日恢复，有些节日他还在做，有些节日逐渐淡化，有些节日逐步在简化，就像原来那种复杂的三天五天，变成半天就弄完了。我们把它有意思的、对这个民族具有标志性的一些活动给他保存下来，保存下来把他升华，然后让他继续去做，而且我们在做的时候争取能够与外面学者的体验结合起来，就是说带有一定的旅游产品竞争，这样更成熟一点。这几年我们做石洞晚会，包括中央台报道了，贵州台报道了，包括今天这次你们要去的石洞晚会侗族摔跤节，有名的节日就是摔跤节，来承接这个做这个晚会。那么做这个晚会的时候，来的人很多，有三四万人，整体看影响很大。为什么我对这个感兴趣，因为政府办一个节庆活动可能会花一千万左右，但是民间办一个节庆活动可能只花三五万左右，如果政府能给一点支持的话，农民呢，而且这个节日呢，比政府办有一个好处，政府办一个节庆，农民要拿误工补贴的，而且做的时候他是做给你看的，表情不自然，为什么呢？我是演给你看的，但是农民过节的时候呢，他们村寨之间竞争大，他们是真正在过节啊！过他们自己的节啊！所以脸上洋溢着节日笑容啊，那种就是我说的……

吴：我问你啊，民间文化传承是通过什么形式……

杨：通过节日。

吴：通过节日啊！我的思考，这个村寨里面你是依赖什么来做。

杨：村寨里面啊。其实我们这个想法主要是，我们要在哪个村寨去做，我们都通过多次调研来了解。了解后通过召开寨老会，通过村干部会议，来唤醒他们的文化自觉性。其实你只要这样一说，他们村寨都有兴趣。为什么呢，他就找回自我，节日是文化传承的一个载体，他会找回自我、自信，文化的自信问题。我们政府怎么做呢，我一直游说政府，安排人做方案。游说政府，给个三五万的支持，他很高兴，尽量减轻农民自己过节的负担。

吴：下面你一定要有组织。这个组织主要是村委会，是不是？

杨：村委会跟寨老。

吴：寨老，现在寨老已经实际上没有很大，这个实际上寨老就是年纪大的人。

杨：在侗族社会里面呢，是这样讲，你完全依靠寨老或村委会都做不起来的。在目前，现阶段侗族社会。为什么这样讲，过去呢在历史上是没有村干的，只有寨老，原来整个所有村寨的大小公共事情都是由寨老决定的。后来有了共产党领导以后，有了这个党支部、村委会，这个行政的最基层组织以后，很多的事情就是由村里面来决定的。在侗族社会里面，到现在仍然，如果你村委会要干什么事情，特别是民俗的事情，没有寨老同意，你做不下去。所以我这样子就把村委会和寨老融合在一起。还有一点呢，特别是在民俗活动这一块，仍然发挥作用。在侗族地区是这样，虽然在其他地区寨老已经淡出了这个舞台，但在侗族地区，特别在我们黎平南部侗族地区，寨老仍然发挥作用。尤其在民俗活动方面，还是寨老发挥作用！

吴：那现在年轻人（青壮年）在外打工，那这个做节日的时候，主体部分（青壮年都在外打工）都是留守的那些老人，是吧？

杨：不是。如果说盛大节日的时候，打工的都会回来的。这个问题同时我们还兼顾过，兼顾过什么呢？恢复这个节日的时候啊，尽可能利用农闲时间，尽可能利用农闲的时间就是积聚更多的人气。

吴：我有个问题，就是劳务输出（就打工的）青少年出去打工，劳务输出对当地的民族、民间文化的传承影响方面有些什么新的……

杨：这个外出打工对传统的民族民间文化传承的方式，造成了很大的冲击。这是必然的！因为为了生存嘛！呃，离乡背井出去打工以后，那么中间的民族文化传承这块，特别是过去侗族地区，很多人出去以后回来的，除了他小的时候有很深的基础以外。出去早的或者跟了父母出去打工，打工就在外面生活，回来他真的不会。

吴：这种情况严重不严重？

杨：严重啊！而且有些回来以后，在外面好的不学，坏的学。把头发染成红红的、黄黄的，回到家里面尖声尖叫的啊，大声唱的卡拉 OK，不唱民族歌曲的，都有啊。但是现在你没办法，确实这是个现实。

吴：这个趋势，是不是一样的趋势，因为这个劳务输出我们就传承不下去了。或者我们还有别的办法来挽救。

杨：我倒没有那么悲观。现在我就说了民族文化，民间文化传承，这就是我在做的，就是说通过一种民俗节日的恢复来唤醒民众对自我文化传承的意识。过去我们已经取得了明显的成效，过去有些村寨整体上侗族侗歌没有了，但通过我们做晚会呢，他们知道要节日啦，那我得排着队伍去啊。怎么办呢？不会唱歌啊，那就另外请一个歌师教唱歌，然后他几首歌就唱会了，找回来了，通过节日找回了文化资源，通过节日找回了文化的自觉，那么这个……

吴：你是以什么身份去做这个？是以政协主席的身份，还是以侗学会的身份，还是以你私人的身份？

杨：怎么说呢，政协这块呢！应该最初呢，是我们有几个志同道合的，我们共同对这个文化感兴趣。然后侗学会这块类呢，因为我又在侗学会里面成为会长，我们一起呢也经常探讨这个问题，经常有意识地以侗学会的形式，也在做。但真正花钱来支持，还是在政府。当然我们政协这一块，因为我们的主席啊，我们的钟平主席他对民族文化这一块特别有感觉。所以我做这些事的时候，他是全力支持的，不存在“唉，你不务正业干什么”，不存在这个。我们主席在民族文化这一块，包括他给我开的先例，只要我做调研花钱超过几千一万，没关系，打个电话给他说一声就行。但其他调研组出去，资金是控制的，一万五啊就一万五，不能超了。我就是调研到一半的时候，告诉主席，我说“主席，内容太丰富了，我现在刹不了车了，我要刹车就半途而废了，怎么办呢?”他就告诉我“多花几千块钱没关系，把它做好了”，他对我就是特别地，特别地宽松一点。但是我不会乱花钱的，因为我们花的也就是油钱。

吴：我的意思就是，你做这个，是因为你个人的这个爱好?

杨：个人的，首先就是个人爱好，然后是有一帮志同道合的人。我们都想把这个事情做下来，都有一种文化传承的责任感觉。可以说一个民族文化的消亡是从节日的消亡开始的。节日消亡了他这个民族的特征就没有了。没有节日了，他的文化就没有传承的载体了。平时你看我们都像汉族一样，什么时候像侗族?过节的时候我更像侗族。过我自己的节日，既有共同的祖母（萨玛)，也有我整个民族原始的宗教信仰，我要通过这个节日，我要去求神的保佑。通过这个节日我要使神快乐，所以说呢请神的过程，求神的过程也是娱神的过程。

吴：昨天我们到那个寨子的时候，就是河边那个寨子，问了很多人，他们都不知道“萨”是什么，萨坛也不知道，奇怪了嘞。

杨：哪个寨子。

吴：就是那个岩洞的河边。

杨：岩洞的河边那个寨子，原来是汉族，汉族当然没萨和萨坛。

吴：为什么他们要修鼓楼呢?

杨：相互影响。为什么苗寨修鼓楼呢？他是看侗族鼓楼多了。文化是交流的嘛，但它里面，他搬迁来的应该就有很多侗族，但过去那个寨子就是汉族。

吴：我们就是问搬迁来的村民，我们就是问他，你们知不知道？

杨：他们从哪里搬来的？

吴：就从上面搬来的。

杨：以前公路坎上，公路坎上的这个有一个新鼓楼，你们怎么看，那个鼓楼是从另一个地方搬来的，他们搬了十五华里的路，那个寨子我去过。

吴：那个我是没去，就是下面那个河边的寨子……

杨：你知道那个岩洞的萨坛在哪里？岩洞最大的萨坛，就在乡政府那个水池上。原来是总的萨坛，后来建乡政府了，把那个萨坛拆掉了，就弄了个水池在上面。其实这对民族文化是很不尊重的。如果我在那里当乡长的话，我一定把那个萨坛恢复，你怎么把那个萨坛弄个水池呢！所以现在他岩洞祭萨的时候啊，都是在那个水池上祭的。仍然在那个水池上祭的，那是他的总坛。然后他有分坛，还有几个萨坛在，每个自然寨都有一个小的萨坛，像岩洞对面的寨子。四洲，那儿你们没去，因为你们做的调研，这个移民这块咯，到对面那个寨子去，他就有个萨塘，那就不叫萨坛了，萨坛跟萨塘是有区别的，萨坛是个土堆，萨塘是在房子里面，里面有土堆。

吴：那应该是我的学生没调研好的，因为我们过去的时候是看到了那个叫做……

杨：四洲你们没去过，岩洞寨对面的那个寨子，从岩洞的那个乡政府所在的寨脚过去。

吴：我们是到河对面啦。

杨：河对面，你是在寨子头这个河对面啦！移民搬迁这块，他是汉族，原来居住在这二十户都是汉族，这就没有萨坛。老寨子就有萨坛，一般老寨子会有。

吴：他的堂屋应该有个神龛吧，他也没有。

杨：他有什么呢？

吴：什么都没有！

杨：新搬来的，来不及建。

吴：我们问了，原来就没有。

杨：这边寨子是汉族，所以我也没有关注他们，所以我不太清楚。

吴：我就问了村民，问那个干部，他们怎么没有。他就这样讲的，过去侗族只有有钱人才在家里装神龛，一般老百姓不会。逢年过节啦，就是在灶台烧点纸钱就行了，他说侗族是这样的。

杨：哦，他那个侗族是这样的，这个也可能，原来家庭贫困有些家没安神龛。但是我调研湖南、广西、湖北、贵州，这几个侗族地区呢我去了，一般家里面都有神龛。但神龛嘞，他写的字不一样，我们写的就是，有些地方汉化一点的，他就写天地君亲师位；那么有些地方如福到吉（什么）我也记不住了，太长了，反正不一样，都不一样。神龛都有，可能在简易点的房子里面没有，我都没有看那么细，因为我们走的都是寨老啊、村干啊。

吴：我们的感觉是，可能是这样嘛。一般老百姓从上面搬下来，这样不满意那样不满意，也不熟悉那个环境，是吧。就像刚刚讲的，在上面天大、地大随他去发挥，随它去利用。他想在哪一块土地上栽白菜，他想在哪一块土地上建个厕所，随便他们，没有人能干涉他们，到下面来了以后，就有那么一小点，他有个适应的问题。所以他就包括心理啊各方面……

杨：嗯，还没有调整过来，应该是还没有调整过来。反正我走的所有家里面都有神龛，都有。你去找一下老的朋友看，都有。

吴：我们是问那个会计，他说我们侗族，有钱人才有神龛，没钱人就在灶边烧烧纸。

杨：他这种情况也有可能，就是说一般贫困人家里面，就像你说的，他生活都不能够自保了，他还考虑你神啦！人都没办法做人了，没办法生活了！怎么考虑神怎么生活。先考虑人怎么生活，再考虑神怎么生活，是吧？

吴：你对鼓楼有什么看法？

杨：现在的乡政府就是我当区委秘书的地方，就在那个岔道口那里。比较繁华的那段都有个小的鼓楼，现在都是村委会所在地，在村委会那里我当小乡秘书。

吴：像那个鼓楼，这个造型都是统一几个角啊，这些角都是用来摆设的，角上那些东西都是后面加的？

杨：后面加的，一看都是画蛇添足。

吴：加的那个是什么东西？

杨：我看不太清楚，在侗族的房子里面一般不是那样加的，他那个不知道他是怎么加的。有些东西啊，政府你在做事情的时候，你得考虑下当地的文化。

吴：这个太离于现实了！

杨：有时候啊，真的是异想天开（忙音）我都不知道是谁做的。

吴：一走进来就看到了，就是把它翘起来，唉，翘起来然后染成白色。

杨：而且太翘了，我都不知道是谁加的。

吴：嗯，这个稀奇的！

杨：还翘两层！

吴：对！翘两层，是鸟，画得像鸟一样的！

杨：唉！所以这就是嘛，传统的文化，到底该怎么传承。首先是建造师，他有没有对传统文化传承的意识。所以说嘞，异想天开也就加上去了，但是从文化的解读没办法解读，是吧？

吴：对！但这个你是不知道，这个。

杨：不知道谁做的。

吴：但这个地方还属于黎平吗？

杨：应该是属于黎平县。但中间有一段（哦，我们现在在哪里哦）这中间有一段又属于大江县的。

吴：这个侗族文化，您是从哪个地方最能够看得出。

杨：侗族文化嘞，最隆重的是黎平。因为黎平的侗族人很多，他占了这个全国侗族人口的百分之十三点几，他有三十七万。全国就三百六十万嘛，三百多万！还不到三百六十万。这里就是三十几万，占了百分之一十三点五吧。这是前年统计的数据，特别像从江的苗族占有一定的比例，所以黎平的人口以侗族为主，侗族人口占了百分之七十几，苗族又占一部分，汉族占一部分，瑶族啊、水族啊，再占一部分。所以呢，侗族人口最多。而且从历史上，黎平是交通最闭塞的地方，所以黎平有充军文化。因为朝廷当时是犯事的官员都被遣送到黎平。为什么？因为最偏远嘛，路上让他死掉就完事了，没死的就在黎平生活下来。像卢长浪啊，就是被遣送到黎平，充军充到黎平。

吴：黎平呢，过去在历史上，可能就是……

杨：交通闭塞，交通很闭塞，所以他文化保存相对比较完整。就是受外来文化的影响相对少一点，像我是天柱的，基本上汉化掉了。

吴：过去要发达一点啊！

杨：天柱的发达，靠水运方面啊，依靠那个清水江流域嘛。因为汉族政权对西南的少数民族的统治和影响是沿长江各支流往上的，沿清水江往上的，所以天柱首当其冲嘛！从湖南过来的。然后清水江流域最终到达黎平以后，已经是到了尾声了。黎平刚好是处于珠江和长江水系的分水岭地带，那边是珠江，这边是长江。我到（茅贡乡），他那就是两江分水岭，有个井啦，他就是水流两江，当时我就跟他讲，我们要规划，把这个井命名为两江泉（笑……）。一口井出来，一个田埂很短，然后你把水一挡往这边流，进珠江了；这边挡呢，进长江了。所以很有意思！黎平的文化现象啊，就是没时间去做，要是认真研究啊，很多内容可以做出来。刚才谈到那个视角，因为谈到侗族啊，谈到视角，就是说黎平啦，这个侗款文化，是很丰富的。很多村寨都有款碑，款约，现在你们到岩洞，你们没有到竹坪。竹坪有一个约三百多年前的一款碑，石碑，刻了寨老的名字，然后上面呢，写上侗款内容，就是说，偷牛盗马可以立即打死的！不讲现代法律的！

吴：我们研究你们那个侗款的。下次你去贵阳，我让这个老师和你见个面，叫周向清，他是研究法律的，他对侗款……

杨：属于地方习惯法。

吴：对！侗款就属于地方习惯法。谢谢你！

访谈时间：2012 年 11 月 17 日上午

访谈地点：青寨

访谈对象：某村长、城建局某主任等

访谈人：吴晓萍，何彪

记录人：龚妮

吴：你们这里房子结构以前就是这个样子的吗？

答：以前这房子是三间五柱的，现在就是三个柱子了，因为以前经历过火灾，损失很大。那边那个房子柱子是黑色的，是因为柱子没换，以前上面二层都是没装的，用来晒谷子做仓库，人都住在一层。以前房子是有长廊的，但是现在都封起来了，不搞长廊了。

吴：那个屋子写着“社祭坛”是用来做什么的？

答：就是侗族村寨用来祭祖的，每个村寨都有社祭坛，是村里村民自己修的。

吴：你们这个村当初是怎么想到规划成这样子的？

答：根据这个村子的地形、风貌进行整体规划就出来了，就是资金太少了，每个房子一层就要 3 万片瓦，差不多要花费 6 千—7 千块。

吴：你们这里是怎么进行危房改造的？

答：基本是整村推进，危房改造与村容整治一起弄。

吴：危房改造这个钱来搞整村整治资金就不够嘛，比如危房改造是 20 户，你们要搞整村整治那意味着只拿这 20 户的钱搞，要搞得成就只能装瓦，有没有整个推掉重盖的情况？

答：是啊，就是这样的啊。弄整个房子就只能针对最恼火的房子，其他的就只能按建筑要求，坏哪里修哪里，先修烂的地方，剩下的钱修外观。这个村没有整个房子推掉重盖的情况，说实话钱让村里支配，不可以，一定要进了你个人的账户才能搞。他打工去了钱不能到他的账户，就先不弄，全家都出去了就不弄了。

吴：也就是说，危房改造把这里的草皮房换成了小青瓦，按过去侗族富人模式建房子。危房改造还推广、促进民族地区的传统建筑发展。

答：是的啊，资金就只够把木皮换成小青瓦。

吴：以前不是二楼敞开的吗，那为什么现在危房改造时要装二楼呢？不装不是更通风吗？

答：当时是想着二楼封起来可以搞客房，比较方便。最主要的还是为了防老鼠、雀子，特别是雀子最喜欢偷谷子。

何：这个好像是个戏台？

答：是村里面的戏台，一直在使用，原来是木皮的，弄了一下的，现在热天就放放电影。就那个楼以前是个学校，学校搬了才弄成村委会的。

吴：这个村总的危房改造是多少户？

答：去年是675户，今年是596户。

吴：这个村整村推进一共花了多少钱？

答：两个点一共花了八百多万，两个点就是1个乡两个村，这里是其中1个。第一没得个（没有）品牌，第二没得个（没有）国企，它拿哪样支撑呢？

何：也就是靠每户5500元那个，有没有农民自己愿意拿钱出来呢？

答：有。因为现在按照原来的这个上报国家和省里面的还有三万户没实施，还有新增的这部分，我们还没弄，刚好还有五万。原来计划三到五年消灭危房，看来不行。

何：也就是说之前改造的结果又被新增的危房给抵消了，资金不够，根本还是要靠发展农村经济，只有农民富起来才能彻底解决危房问题是嘛。

答：是的，农村经济要发展，规划也要搞。一发展了农村经济，农民富起来了又会整得乱七八糟，那么民族村寨又不存在了。

何：的确是两难，政府搞力不从心，农民富了自己搞又无法保护，那么这个地区的农民经济收入主要靠哪样嘛？

答：收入主要是外出务工，农村经济主要是靠水稻。

何：那你们这里这么多山，林业方面呢？

答：一般也没得个（没有）什么收入，主要是这个还要交税。也还有很多成本，路边的木材700元一立方米，调运的时候才收税，但林业周期比较长。

吴：这里有没有什么民族古建筑呢？

答：有，这里有三个鼓楼。

吴：这个厕所是整村整治要求这样搞的吗？原来就是这样吗？

答：以前就是这样的。主要是居住比较拥挤，想搞卫生间搞不出来，所以就搞成现在这个样子。

吴：为什么这家前面有这个水池呢？

答：以前就有的，现在改造了下弄水泥搞的。

吴：这有什么功能呢？

答：水塘，是拿来救火的。到处都有消防塔。

吴：这个门上有两个雕刻是原来就有的吗？

答：原来就有的，像屋檐上的图案都是侗族的特色。

吴：像这个也是危房吧？

答：没人住了，所以就没修了。

吴：鼓楼在寨子里有什么功能？

答：村里面搞集会啊、仪式之类的，还有炮楼和瞭望台，就是同姓的人来进行公共活动的场所。

何：这个鼓楼有多少年了？

答：这里有立碑的，2002年立碑，这个是1982年修的鼓楼。

何：1982年修的，感觉这木材怎么就看起来好像不行了？

答：木料就是这样的，为什么会新增这些危房就是这些嘛，木材就是这种（容易腐朽）。

何：你们这里的木皮房是什么呢？

答：杉木皮嘛，就是盖的树皮，周围板壁是木板。

何：现在瓦多少钱一片呢？

答：搞这个屋子差不多要三万。拉到这里要二毛五吧，一个屋顶差不多要三万片瓦。

吴：这个是什么？

答：这个是葛根，现在把葛根当作产业来种。就是那个粉葛。

吴：这古楼里的火坑还在使用吗？

答：用啊，现在是一个星期由一家人弄一挑柴来烧。鼓楼就是个公共场所，除了仪式以外，还是老人出殡摆放的地方，这个就是出殡抬人用的。

何：现在你们这边还是土葬吗？

答：是的，乡下好，可以土葬，上面要求不到，一个火葬要一两万，老百姓连饭都吃不饱，怎么可能搞这些。

吴：这个鼓楼顶部的图案是跟道教有关吗？

答：上面是个八卦，是道教文化，因为我们侗族受道教文化影响很大，例如起房子要看风水之类的。

何：要是一个寨子搬迁，要重建鼓楼还不容易呢，这个粗的柱子应该不容易买到吧？

答：树这么大的还是有的，现在林木是承包给个人的，以前是集体的想砍就砍，现在只是买起来很贵。修一个鼓楼要几十万。这个鼓楼失火过，79年的时候。

何：我听说有些地方木房子失火是周期性的，有没有这回事？

答：也有这个可能，但是这个木房子的消防压力真的很大。木料属于易燃品，侗族地区又是大寨子聚集。

吴：你刚才说的，比如修这个鼓楼上面寨子出木料，你们出人工？

答：他们出木料，也出人工。就是相互帮忙，那时候82年，有集体意识。他们送木料、出人力。木匠是本寨子的人，已经去世了。我们出活路、出人力。

吴：现在这里有没有木匠？

答：他就是，现在难得找了，基本上40岁以下的都不学了，要50岁以上的还可能会。

吴：除了这里还有没有古建筑？

答：有，那边还有一个，那边的简单一点。

吴：你老人家是这个寨子的？你们家也属于危房改造吗？

答：我是的，不记得几级了。

吴：你们家得了多少补贴呢？

答：五千块的补贴吧。

吴：那这些补贴都能干些什么呢？

答：买瓦，请人把瓦盖上去。

吴：过去你们不是盖瓦吧？你们家呢？

答：有的盖，有的不盖，有钱就盖，我们家以前盖的树皮。

吴：为什么村里修了这么多厕所呢？

答：每户一个，时间比较久了，历来就有的。家里没有，就集中修在房子的附近。

何：这些树干做什么的？

答：晾衣服的，晾东西的。

吴：像这个1楼又是砖房，为什么不外包装呢？

答：钱呢？资金问题嘛。还有一个就是一楼弄砖房就可以搞灶房。

何：那二楼地板是水泥板？

答：大多是还是木的。二楼搞水泥也要一两万多。

何：那这样就不安全了嘛，一楼烧火不也容易烧到二楼吗？

答：我之前就跟吴老师讲过的，现在木楼就是电路电源起火问题，现在农村最主要的问题就是电线老化。

何：为什么这线路不拿塑料管包一下呢？

答：包括照明线路和生活用电都是这种明线，要把线路标准化的话，每户至少要花千把块钱。

何：按照你们这个情况，现在在这里修水泥房和木房子，哪个造价大呢？

答：现在都差不多啦。木房子现在搞得好也要花十多万，现在我们刚刚看到的那个就是花了 16 万。

吴：危房改造改造了哪些地方？

答：屋面、上面的瓦、房檐板。

吴：原来是什么瓦？

答：以前是短短的，翘翘的，不实用。现在就改为小青瓦了，好用。

吴：这个谷仓挺好的呢，放在水上？

答：是的，这样可以防鼠，防火。

吴：这个房子局部出现问题了，就这样修一下，可行吗？

答：我讲句话，你不要见笑，“城市穿衣戴帽，乡村披麻戴孝”。

吴：这句话说的好。为什么你们要把屋檐刷白呢？

答：侗族文化和苗族文化不同，但是州里面要求整体刷白，刷白后整体美观、好看。

吴：屋脊本来是黑色的，还要刷白，我就没明白呢？

答：原来我在这个乡镇，我是要求这个村里让国土部门把这个农田整编了，这里以前都是基本农田的，现在是一般农田。比如这里有三个村就要整三个花桥，搬出来的民居你可以集中搞砖木的，但上面必须给我搞成特色民族风情的建筑。但是搞不成。

吴：像他们现在这个窗子弄成绿色的，是他们自己搞的吗？

答：是他们自己搞的，搞的花花绿绿的。作为研究来讲这房子越古老越好，但是作为游客来讲越新鲜的越好。

访谈时间：2012 年 11 月 17 日下午

访谈地点：岩洞岑翁新区

访谈对象：某镇长

访谈人：吴晓萍

记录人：龚妮

问：从这里开始都是重新修的？

答：整个这个新区都是危改和搬迁一起的，原来是一个很偏远的自然寨，有七八公里，政府车辆都不能通行。

问：他们为什么要重选地址搬来呢，在那边一共多少户？

答：一共几十户，整组全部搬过来了，那边环境太恶劣了，不通车，不通电。

问：那搬过来的费用呢？

答：我们整合了几个方面的资金，一个是生态移民搬迁的资金，和危房改造资金一起。这个硬件和基础设施都是我们搞的。

问：像这个砖墙是后来才有的吧？

答：这是后来自己补上去的，原来我们都不准搞的。

问：这个可能起到防火作用呢？

答：防水，主要是那个屋檐水滴到木板墙上。

问：这里全是生态移民的，没有危改的？

答：有的，是整合了危改一起的。

问：这是搬来的还是重新起的？

答：重新起的，屋上面的雕花就是起的时候就弄了。

问：这套房子修来要多少钱？

答：一套要六万多，农户自筹百分之三十，征地和基础设施建设都是政府来负责。

问：这是按每家每户按人口标准修呢？还是统一的？

答：政府统一修的。

问：是从什么时候修的？

答：前年修的，11 年全部搞完。

问：修这里要请好多师傅来哟，这里有那么多啊？

答：有的。起的人多就搞的快点，所有搬下来的就是一家帮一家竖起的房子。

问：像这个就是你们的长廊模式是吗？

答：诶，是的，但是这个长廊窄了。

访谈时间：2012 年 11 月 18 日上午

访谈地点：贵迷村

访谈对象：村支书

访谈人：何彪

记录人：龚妮

问：这里为什么会搬迁呢？只是因为有高速公路穿过去吗？

答：上面这个水泥路网一个便于拆迁搬运东西过去，也是作为防火钱（用）一个是便于高速公路穿过，其实更多的是为了防火。

问：那个老房子给他加固不是更好吗？那更有历史的沧桑感呀？

答：从我个人来讲，我也是这么认为的。因为有高速公路穿过，这就形成一种惯例，要增强路两旁建筑的历史厚重感，但是也有一种说法是老东西换新颜。

问：这里好像不注重柱石，看这个随便一弄就会垮？

答：我们这里还是有搞得很好的，这家是因为没人住，举家打工，以后还要弄的。

问：那像这种打工去的谁来帮他们弄呢？

答：村里啊，整村推进嘛。危改和村貌整治一起的。

问：像这种人都举家外出，由村里来搞的，一个村有几户？

答：按照我们现在农村举家外出务工的比例，还有留守儿童之类的，一般在五户左右。

问：人不在家的话改造情况会不会不及时，像这个铆钉都锈了？

答：这个屋子做到了风貌整治，但是还没做到危房改造。

问：经费是不是只能做到这一步？

答：经费是实打实花在上面的，从外面看起来还是比较光鲜，但是政府也算是有心无力。老百姓还是比较支持的，积极的占大多数。百分之七八十农户都是换新瓦了的。

问：这个树皮房，应该是这个地区的主要改造对象，我看了一下这里还有用树皮盖着的房子？

答：这个还没弄过的，这里目前多为猪牛圈、无人住房。这个也要改，这个要到下一步才弄了，与农村的改建、改电、改厕一起弄。

问：你看那个大房子就没改。

答：那个是还没弄完的，路上还有瓦，还要改。

问：承包商走了？

答：估计在着急钱的事情，是我们县内的，估计资金还没到位。

问：从你这个村领导角度，尽管经济上管不了，但怎么保护原有民族居住传统的时候，你们有参与吗？

答：最初开始的时候也来过征求意见，有些他们接受，有些不接受，他们认为我们这乡村一级的眼光差、意识上的局限看不远，不采纳。

问：你们村里有没有开会研究过，作为侗族村寨的传统民居特色有哪些，需要保护的有哪些，你们研究过吗？

答：研究过，多次研究。是这样的，这个东西，虽然不能说是新生事物，但是在我们这里是第一次实施，肯定有问题出现，所以不断研究不断反馈，但以县里意见为主。

问：比如说你们当时研究的时候肯定要提出几个意见，你们当时提出的保护传统民居的意见有哪些呢？

答：一个是外观、外形上。当时油漆（外墙）最初是没提出来，最初没发现，受意识上的局限，至少我没发现这个东西，当时也没机会。主要是外观就是以木质结构为主，改造后不能弄砖混结构，这是一个原则。再一个就是按照比较有代表性的侗族房子来统一实施，其实就是一个模子来实施，底子可能不一样，但样子差不多。当时没注意个性，就弄成这样，搞的没有灵魂了。但是老百姓来说，他们觉得房子弄新了，舒服，没有学者看得那么透。

问：换句话说，也就是这样做老百姓是认可的？

答：他们是认可的，觉得很好，是支持的。他们是没有那些思想的。以前有专家来过，就做了个比喻，像是一个古董，别人来淘的时候给了五十万的价格，但是你重新洗洗干净，油漆刷一遍，人家来买不要了，你把他历史的厚重感、岁月的积淀弄没了。但是老百姓就有种说法“难道我就一定要住历史厚重感的房子吗，你们汉族住新房子，就要我们住那种外观看起来很陈旧的房子吗？”他在质问你的时候，你不知道怎么回答，“难道为了满足你们的猎奇心里，我就应该住在这样或者更矮小的房子里，等着像观赏动物一样的来观赏我们吗”，你就无话可说了。

问：也就是说你不能要求我为了保护历史，就让我老住旧房子，老百姓有这种想法是可以理解的。

答：对于老百姓来说，哪怕有一点点实惠在他身上，他就认可。有两个东西，第一他的钱用在了他的身上，第二得到了实惠，他就可以了。

问：整个改造以后的包括还在改造的，老百姓有没有反映过保护民居的这种想法？

答：老百姓反映的太少了，就是偶有发出一些声音呢，也是那些考取学校了、外出工作的人，也就会提出你们说的这些问题。但是往往会遭到家人父母的反对，就像我刚才说的“难道你认为你父母亲就要住在那种房子里面？就不能住在新房子里？”

问：换句话说就是老百姓并没有保护的主观要求，只要实惠、方便就行了？

答：嗯，也就是受他们的目光的局限，还有知识面的局限，没意识到这些问题。就是外来文化和传统侗族文化的融合就成这种东西。如果有老人一直批判“又拿老祖宗的东西来糟蹋”，那我们就不能进步？就像现在在屋子里面搞卫生间，就是一种改变。老百姓得实惠了。

问：你们这些房子里面都搞卫生间了吗？

答：没有，下一步还要整，还有改厕、改建，就是将旱厕改为水冲式厕所，旱厕原来是可以积肥，但水冲式就没有了。

问：水冲式外面不是有化粪池吗？

答：化粪池是几次发酵出来的水，基本上不具备化肥的功效，我们现在就改沼气嘛，但是目前来说管理难度大，因为建好了用个两三年，不管理技术不够就废了。

问：那么现在你们村子的改建有没有考虑过沼气的修建呢？

答：不冲突，同步进行的，不是整片的搞，比如说这家想实施的话就自己去村里申报，村里到乡农业部申报。

问：据你的了解，在村里面建一个沼气池的话，大概要投入多少？

答：总的要花大概三千多块钱吧。

问：有搞好的群众，觉得这三千多块钱花了值还是不值？

答：他个人不用花那么多钱，用不用花钱我还没搞清楚，好像只用筹备很基本的东西。

问：你有没有了解他们用过之后反映好不好，有用没用？

答：会管理的话，比较勤快的人，要除渣，要定期除渣，他开始 1 年勤快，一年以后会觉得特麻烦，有的觉得沼气对生态环境保护好，但有的老百姓就觉得砍柴更好更痛快些就不会再搞沼气。

问：还有，像你们村子有些老人是孤寡老人，他们的房子也是危房，你们怎么处理？

答：五保户的话国家全包，政府投资建，一人一栋，村里面养起。

问：没有把他送到敬老院？

答：在农村其实我们也建了很多敬老院，但是孤寡老人都不愿意去。一来，他去那个地方精神上特别空虚，虽然他没有子女，但是这边每天出门有老熟人、老朋友可以聊天，并且基本上又吃穿不愁，国家在保障方面基本上做得很到位了。全部是前两年新建的房子，基本上整整外观就行了。

问：另外问你个题外的，像你们村庄整治，你这有个教学点，还有没有学前教育，就是幼儿园之类的？

答：没有。我之前从事过教师行业，国家现在在搞集中办学，离这里有五六公里，五六岁的孩子没人接送，一去就待一个星期，留守儿童很自立，但不利于他们心理成长。

问：就像你们说的那些举家外出的，是村里给他修，假如不回来了修来干嘛，花这个钱做什么？

答：万一他过年回来不去务工了，发现整个村子弄了就他的没整他就会有意见。现在通知他来整他会没时间，但是过年回来看见了，又会说。

问：我认为危房改造最核心的还是安全，但是这个房子明显是歪的，为什么放在那不弄？

答：我看那样子，估计还是要扶的，你看那瓦一点都没动，还是要弄的。

问：那个树皮是不是倒了一层薄薄的水泥板？

答：没有的，您说的是那吧，那个地方是这样的，我给你解释下，农村的稻谷要晾晒，那个地方是用来晾晒谷子的，是有特殊功能的。现在这个情况就是这样的，比方说计划只实施 50 户，但实际要实施 200 户，就要把资金分成四份来弄，版面扩大了。

问：另外，你们通过危改，08 年就开始，搞了这么多年，危房是减少了？还是增加了？还是差不多？

答：危房啊，是明显减少了，据我知道的，实施一户改造一户，受益的群众还是很多的。难免资金不到位了，无法重建的基本上还是用在刀刃上了的。

问：现在据你所知，主要改造的对象是不是公路沿线的？

答：不是这样的，是因为这个特殊情况。其他的也弄，其实今年也改造其他地方的，这个是县里特别打造的。比如说今年打造这个村，村民就跟村里说，然后报到乡里，无论你到哪个山旮旯都有。

问：资金是从哪里来？

答：一个是危房改造，一个是村容整治，村容整治是县里面出的钱，贷的款。实际上是政府在为老百姓的“洗脸”买单，但政府还是要的就是改善他们的居住环境。

问：这里今后要被作为旅游点吗？

答：不是做为旅游点，但是应该是作为辐射地方，是沿途的，公路上端是四寨侗寨，下端是到从江的小黄、岜沙是一条线，那边再修一条旅游公路，这是要路过。

问：是不是属于传统民居保护区？

答：这个就不知道，州里面规划就不清楚了。之前是没有列入保护村寨的，但是县里面很重视，因为厦蓉高速穿过，要给路过的人一种美感。

访谈时间：2012 年 11 月 18 日上午

访谈地点：贵迷村

访谈对象：政协副主席

访谈人：吴晓萍

记录人：龚妮

吴：那磨这个钱谁出呢？要你们自己磨吗？

答：那我就不知道。有人来磨。

答：政府来出。

问：你这个是修的什么呢？

答：我是准备搞厨房的，现在搞不成，没有时间来搞嘛，搞不快嘛。

问：他这个长廊宽度还是可以的吗？

答：他挑出来的，一般是三十至六十公分，可以挡雨，兼顾雨棚的作用，很实用。现在就装窗子了，过去是不装的。这就是改变了原有结构。装窗子呢就是下雨的时候关上窗户就不会飘雨进去了。

问：这花格子窗是哪里搞的？

答：是政府加的，以前我们是做开窗，现在不要我们算钱。

问：你们觉得做了这个好不好吗？

答：好，怎么不好，没有出钱又好看了嘛，方便。

问：有没有神龛，写的是什么？

答：有几户有，上面的是“陈氏列代宗亲师位”。

问：那个砖砌的是什么？

答：这个是侗族的萨坛。是侗族的祖母神，传统的就是个土堆。

访谈对象：吴德华（村民，简称吴）；吴东恩村支书（简称吴支书）

访谈时间：2012 年 11 月 17 日

访谈地点：黎平县青寨村

访谈者：康红梅

记录者：何燕

整理者：何燕

康：就危房改造的，我们学校有一个书，想要了解一下情况。

吴：都是好的，就是检修瓦，就是抹点那个四边周围，就是瓦角，就是这样的。其他的就是粉刷一下，外面的嘛，油刷一下，外面那个门口。

康：您今年多大（年龄）？

吴：我今年啊？七十多岁，七十八岁。

康：您是侗族吧？

吴：是侗族，都是侗族。

康：看上去挺年轻的嘛，身体比较好。

康：孩子都在外边？有几个孩子啊？

吴：两个男孩子，现在都在打工。

康：家里剩下哪些？

吴：家里剩下我一个，老奶一个，还有三个孙仔。

康：在广州有房子？

吴：没有，在给人家打工。

康：您读了多少书呢？

吴：我读了初中毕业。

康：你们家改造之前的房子是什么样的？

吴：这是1980年建的。

康：那时候房子花了多少钱？

吴：那时候在坡上砍树，没有花多少钱，请亲戚朋友帮忙，请弟兄们帮忙的，要花钱就是花装修这些，也是花了几千块钱的，木材是亲戚朋友帮扛的。

康：你们家房子属于几期危改房，属于几级危房？

吴：第一期的。

康：给了多少钱？

吴：一家五千块钱。

康：一级危房，是吗？

吴支书：不是一级危房嘛。

康：是几级的？

吴：属于三级的。我的这个房子还有点倾斜啊，纠正不过来，没得办法。

康：刷漆了这个房子还挺新的，只是哪些地方有问题？

吴：一个是倾斜，一个是漏雨，还有就是墙脚下面这些有点霉了，有点腐烂了。

康：（房子）底下是一层吧？

吴：底下没得层，底下现在是平整了。

康：你是（把房子）垫起来了？

吴：啊，垫起来了。

康：你们喂猪、喂鸡在哪边喂呢？

吴：在后边，后面还有一个空房子，因为人都没在家的，我们两个老人家就看孙仔，（喂猪喂鸡）那些事搞不起来了。

康：那你是自己请人帮忙还是村里面帮你修好的呢？

吴：上面给钱，村里面分配，然后我们自己请人整。

康：请了多少工人啊？

吴：那个瓦就是两千多，瓦就是两千五，还有外面的油漆，还有磨工。就是慢慢的磨，把它磨新，再拿油漆油的，漂亮些。

康：那磨平的话也要开工钱啊？

吴：当然要开工钱啦，七百块钱，没有十天活路是不行的。

康：这个全部磨了一遍，是吧？

吴：哦，那房子全部重新磨过了的，这里（指房子内部的一部分）是没得钱磨了。

康：哦，这里是旧一些啊？

吴：啊。

康：那你是差不多呢，还是自己存了一点钱？

吴：有好多钱办好多事嘛，我家一共 11 个人口，负担挺大，我们两个老人七八十岁了，做不得的，没得人做活路的。

康：请工人去做？

吴：哦。

康：那就是把这钱花光了，是吧？

吴：把钱花光了就算了。

康：自己有没有贴钱进去？

吴：五千块钱刚好能搞成这个样子，瓦都去了几千块钱了，还有工钱呢，还有油漆钱呢。

康：油漆花了多少钱？

吴：花了几百块钱吧，（拿油漆给我们看）就是这种油漆，十多块钱（一瓶）嘛。

康：这个油漆是不是就涂成这个瓦的油漆啊？

吴：就是黄颜色，再涂清漆，就变成这种酱色。

康：是统一的，是吧？

吴：啊，基本上统一。要看技术员的，有的要涂得好看些，他会调这个颜色要好看些，不会调的就差一点。

何：那你们本身也喜欢这个颜色？

吴：我又没做，他（技术员）做出什么就是什么，你（技术员）答应了做，我就让你做，你做不好也只有那水平啊，我又做不到，喊你来了又不（能）随便指定人，别人来做要尊重别人。

康：涂这个漆是村里面统一要求的吗？

吴：这是各家各买，到商店去买。

康：村里面要求是什么样的呢？

吴：我们要求这种颜色，酱色，又黄又有带酱（色），就是搞面子的，表面文章搞得好。

康：磨是村里面要求的？

吴：全部磨，有指标全部磨新，才能上漆的。

康：这里有个神龛，平时搞什么活动的，就是祭祀的活动？

吴：啊，逢年过节烧点香祭老祖宗的，天地君亲师，老师嘞，君王嘞，亲嘞，自己的老祖宗，家家都是如此，祭老祖宗。

康：那么你们所有祭老祖宗有没有寺庙什么的？

吴支书：原来有，后来多年失修，火灾烧了，那是老一代搞过的，我们（没搞），现在都是烧香。

康：一般是哪个节日搞？

吴：春节、三月三、四月八、端午、六月六、还有八月中秋、九月九重阳节、还有十月平安节。

康：那么小孩在外面要不要烧香呢？

吴：烧香保佑啊，保佑一路平安，人财两旺，富贵双全。

康：那媳妇也在外面打工？

吴：都在外面。

康：就是两老还有几个孩子。那么他们每年给你寄多少钱回来？

吴：不讲那些，这个讲不起哦，他在外面节约点。

康：你们带小孩得出钱？

吴：带小孩，种田，种地。老奶种，我是退休的。

康：你是从乡政府退休的？（看到了挂在墙壁上的光荣退休“匾”）

吴：嗯。

康：以前是搞哪方面乡镇工作的？

吴：搞党政工作，乡党委书记。

康：退了好多年了？

吴：二十年。

康：你有退休工资，那小孩要你带啊，现在退休工资发现金还是取卡？

吴：取卡的。

康：以前你们家有没有做什么手工活动，就是蜡染这些？

吴：纺棉花织布，那女的都搞这个，以前搞，现在没得时间搞咯，那个花活路大，我们又不是机械化，都是手工劳动，要是机械化就快咯，都是手工活动，那价值不高了。

康：你们家什么时候开始不搞（手工活动）了？老奶会搞吧？

吴：老奶会搞，以前她搞，七几年，八几年都还在搞，现在人老了，眼睛看不清了。

康：媳妇会不会搞这些呢？

吴：她们才不做这个嘞，都做活路去了。

康：那你女儿学过没？

吴：我有三个女儿，大的会做，小的不会做，大的五十岁了。

康：现在搞工艺的人少了，是吧？

吴：搞那些干什么呢，现在人生活水平高，要求的质量也高，我们要有专业人员搞差不多，业余，还要种田种地。

康：你觉得有没有必要学一学传统的民族手工？

吴：没必要，现在国家工业发达了，还学习那些，价值不高，花的时间多，要算这个经济账啊。

康：那这个要不要好大的地盘啊？

吴：没要好大的地盘，在家就可以搞。

康：你们村的鼓楼还没修建？

吴：我们这是 1981 年建的。

康：这次危房改造有没有把鼓楼列进去？

吴：鼓楼修要几万块啊。

康：那你们就搞危房改造了？

吴：搞危房改造。

康：你们的路挺好走的，是水泥路还是石板路？

吴：是水泥路。

康：村里面搞的？

吴：乡里面拨钱，村里面自己建的，老百姓投工，国家出水泥，沙子全部是河里面捞的。

康：出了大约多少工？你家儿子不在家怎么办？

吴：也没出多少工，主动，家家都自觉，（儿子在外面，我们）做得的就做，修桥补路这是积德的，能出工的就尽量出，大家都愿出。

康：如果国家没水泥的话，你们会修这个路吗？

吴：我们没得钱。

康：那石板路也行啊？

吴：石板也要钱啊，那个比水泥还要钱多。

康：你这房子如果可以改的话，你要改成钢筋的那种混凝土吗？

吴：改成混凝土的当然好啊。

康：怎么好啊？

吴：现在从农村的经济收入看，那还办不到，如果国家出钱，群众投点工那还可以，那些买材料啊，师傅要钱。自己改造没得钱，只能住木房子。

康：木房子可不可以啊？

吴：住得就没必要改造，住得嘛，没得钱嘛，要是个人有钱就个人去搞嘛。

康：砖木结构的房子为什么好？

吴：防火好，冬暖夏凉。这个房子夏天很晒啊，热得很，木板房容易损坏，防火不安全，现在用这个电最危险的，电线哪里漏电了都不知道，要是老鼠咬了，一碰线就危险嘛。

康：除此之外呢，是不是房子不漂亮啊？

吴：那我们比人家的差多咯。

康：比哪些啊？

吴：风景区。

康：为什么风景区的好啊？

吴：那是国家帮他修啊。

康：修什么样的房子好啊？

吴：按我们这个地方，要修那种古老传统的，有民族特色的。

康：什么样的民族特色呢？

吴：我没得钱，能遮风避雨就行咯。民族特色的房子就是像鼓楼那样，像花桥那样，还有门楼，那个门楼好漂亮啊，也是火灾烧了。都恢复不起来。

康：全部都修砖房去了，那这个房子找不到咯？

吴：你可以留着，留着纪念嘛，另外找地方修（砖房）。

康：国家的危房改造政策，你怎么看？

吴：我认为改善民生这个信心很大，刚才看了十八大，国家很重视改善民生这一条，农民收入，住房，自然环境。

康：你觉得政府哪些方面还要改善的？

吴：要看哪个方面啊，十八大任务很大，要提高农民的居住环境，上不漏雨，中不通风，下不潮湿。

康：政府应该从哪些方面规划？

吴：给钱啊。现在农民还是困难的，现在靠田土挣钱那是不可能的，粮食价格低，人往外跑，家里劳动力少。政府给钱，我们出力，要不就拿钱请人？

康：你最关注房子哪个方面？

吴：第一要牢固，然后要美观，每人要有45平方米。还有猪牛圈要地基的。

康：上面有一层可以住啊？

吴：可以住，我们这个木板的上面烧不了火，不能打灶，只能打在地板上方便啊。

康：你们的灶打在哪里？

吴：在后头，有个灶房，也就是厨房，煮饭、煮猪食、煮饭菜。

康：如果政府给钱，你觉得按传统建还是按新式的建？

吴：要看政府怎么安排，如果政府说为了美观，大家都搞得像城市那样，现在不是说农村城市化咯，和周边城市衔接起来，那就逐渐把这个面貌要改造啊。

康：那你觉得农民的想法啊？

吴：农民的心理是随着时代的进步改变他的想法的嘞，人往高处走，水往低处流。

康：政府说怎么办就怎么办？

吴：政府给钱多就好看点，给钱少就将就点。

康：如果全部搞成砖房，剩下这个古楼怎么办？

吴：这个房子嘞无所谓的。留它做纪念了，这是我们老祖宗搞的，我们老祖宗历代以来都是住这种房子的，你看现在共产党领导的，你看现在，只要有这句话，我们党中央就光荣啊。

康：跟着党的政策走咯？

吴：哦。

康：以后有钱重新建一个就是了？

吴：哦，要是你有钱，群众愿意把这个全部推掉。

康：危房改造是全部按新式房子建的还是木质房子建的？

吴：要是现在搞就要像城市那样的，要搞新农村。

康：还是推广新式建筑？

吴：推广新式建筑，跟上时代的前进，跟着时代的要求啊，不然你老是这样子，今后到这些小孩啊，他说："这些老人家这么笨，你看人家漂亮啊，我们老是这样子。”

康：那新式房子有神龛没有啊？

吴：有，民族习惯要保持下来，汉族也有嘛，我们逢年过节到鼓楼唱歌，唱侗戏，晚上青年男女要唱情歌。

康：现在也是这样吗？

吴：现在的青年男女懂吗？白天逢年过节到鼓楼唱大歌，歌唱大好形势的，唱古代的。

康：自来水还是自己挑水？

吴：还没有自来水，没有钱。

康：厕所是单个的呢？还是？

吴：厕所在路边

康：上厕所方不方便？

吴：方便。自来水抽不了啊。挑水，全部都是井水。

康：你们现在都是新式建筑？

吴：都是这样的，房间，客厅，还有堂屋，两边是住的，后面是煮饭的。

康：如果需要改造是不是这样的？砖木结构那种？

吴：砖木结构另外要厨房。

康：买木头贵还是水泥贵？

吴：水泥贵，木头是山上长的，有嘛。

康：山上有木头，那就便宜多了？

吴：木头按国家价格，有政策的。现在也是市场经济的，你愿意买就买。

康：你们家危房改造的过程？

吴：集体写，村里面写申请，说有危房，上面来检查，挨家挨户的看，看应不应该改造啊。

康：这边是不是都改造了？还有没改造的？

吴：这边基本上，又有一批了嘛，还没改造完。

康：第一批是不是因为你们都在，不要你们写报告，村里面有个政策下来？

吴：村里面向上面报，这个不是村里面出钱修的，是国家出钱修的，村里向乡里面报，乡里面向县里面反映，县里面向省里面反映，这样上面就拨钱下来。

康：你觉得村里补助的标准？

吴：一家给五千块钱，按户数给的。

康：你觉得公不公平？有些房子烂的多是不是多补点？

吴：平均（给钱）好，房子破烂是因为你自己没管理好，人家管理好不就好点，老百姓是这样讲话的嘞，我这个房子好，你给的钱少，那人家给的多，你为什么不管理好呢。

康：是不是定为平均五千的？

吴支书：双女结扎户的给一万，只有一户，残疾的给一万，独生子的还没报。

康：其他人怎么看的？

吴支书：没意见。

康：谁定的标准？

吴支书：乡政府。

康：残疾人也一样？

吴支书：是的。

康：几个残疾人？

吴支书：重残疾有一个。

康：他是哪里不能动啊？

吴支书：下肢全部都动不得了，三十来岁。

康：一个人过？

吴支书：有孩子了。

康：乡里面定的，有没有文字的文件？

吴支书：没有。他们是定了指标，然后就送钱过来。

康：那这个指标是有人报上来还是他们定了每个村有多少？

吴支书：他们定。

康：怎么定的呢？

吴支书：就是要照顾那些结扎户的，重残疾的。

康：上面有没有规定结扎户要得多少钱？是给的大致数目还是明确的？

吴支书：都公布了的。

康：都给五千，有没有分一等，二等，三等？

吴支书：有。直接打进存折。

康：危房改造有哪些问题？

吴：如果将就现成的房子，没把它全部拆掉，比如上不漏雨，中不通风，下不潮湿就行了，如果要全部拆掉，那国家开销就大了，群众也同意的，全部搞成新房子，如果个人搞就难了。

康：那你们希望是什么？

吴：希望改造嘛，像人家一样，社会主义新农村嘛，我们的群众就是这个水平啊，要是国家出钱，群众就要求高，要和人家一样的嘛。要是自己改造，有多少能力改造多少。

康：有没有人直接建木房子的？

吴：木房子也有人建，要现在的木房不能住房了，有钱他才改造，逼着他去改造，他要钱，要吃要穿啊，钱够了他就搞，可以贷款啊。当然这个人要有一定的脑筋啊。

康：脑筋？怎么说？

吴：怎么建，一个平方多少钱，建成什么样的房子，要是国家统一搞，他就不用花脑筋了嘛。

康：请师傅过来搞嘛？

吴：师帮主才行啊，主人家要出主意，师傅才能搞，主人要搞成什么样子，要花脑筋的。

康：修木房子的师傅多不？

吴：多。

康：请那个师傅不就行了？

吴：师帮主才行，你要他怎么做才能怎么做，不是师傅自己做主的，要不，要主人家干什么。

康：那些没改造的会怎么想？

吴：他们要求改造。

康：如果改造不了怎么弄，会不会对改造的人有（意见）？

吴：他们没改造的是没在家，打工去了，对面那家就是不在家。

康：回来了吗？

吴：回来了，准备搞啊。

康：那里也是五千吗？

吴：基本上都是五千，有这个政策很好。

康：这个（神龛）是自己做的吗？很讲究。

吴：请人弄的嘛，120块钱，那个是玻璃。

康：以前是不是一样的？

吴：一样的，一代接一代的保存下去。

访谈时间：2012年11月17日下午

访谈地点：岩洞岑翁新村

访谈对象：村民A、村民B

访谈员：梅军老师

记录员：蔡菲

问：什么时候搬下来的？

A：2008年的时候搬下来的。我们是一个组的一起从山上搬下来的。

问：是一个组？不是其他的几个地方来的？

A：没，是一个组全部搬下来的。

问：当时下来都是因为什么原因？

A：是怕崩坡倒房子这样那样的，叫搬迁，我们就搬迁下来了。

B：本来是在坡上，怕坡崩下来。

A：小孩也不好读书，一个小组在上面，又没有老师。我们就要求政府搬下来。

问：搬下来的话，房子面积跟原来比（哪个大）？

A：小多了，每家户户都只有那么大，规定这些地基给你。

问：没有按你们原来的（房子）丈量？

A：没有没有。

B：我的房子就是不按那个。

A：每家每户都没按，现在都是平均分。

问：等于那个组有多少户，然后搬到这里来，划这块地皮，以这块地皮的面积平均划分？

A：嗯。你看家家都是一样大的。你想占多就不可以，想占少也不可能少。

问：房屋的建设是政府统一建的？

A：政府哪里建，是我们自己建。

问：那规格要统一不？

A：规格（政府）统一。

问：从外观上来看呢？

A：都是一样的。

问：那假如不一样的话，他们就让停工吗？

A：有的他想拆的，他不敢拆。我们组上都是一样的。

问：你们一户补了多少钱呢？

A：一分也没有。

B：都是买那个地基，搞那个房都是我的钱。

A：你的钱？是政府没晓得搞了多少钱弄地基，一分钱都没有到我们手上。

问：等于没给你们钱，只给你们这个地基？

A：是是是。一分钱都没有。

B：一分钱都没有。

A：开始他（政府）说有，后来说没有。

问：样式跟你们住的是不是一样的？

A：不一样啊。

B：不一样。

A：上面还要宽点，下面还要窄点。上面我们还有偏厦，下面这里都没有地基搞偏厦。

问：以前那个（房子）宽就是有前厦，上面是走廊？

A：地下就有走廊。

问：上面也有？

A：嗯。

问：空间要宽一些？

A：空间是一样的。下面我们还有前厦，1 米多。

问：也就是说不是按你们原来的房子建的？

A：不。

问：是统一给你们一个设计方案建的？

A：是的。

问：如果问你们侗族从房屋来讲，房屋住的是什么样啊，你们说是现代的房子还是以前的房子？

A：现在跟以前都一样啊。都是木房啊。

问：可是没有前厦？

A：前厦跟这个没关系，那个高低都是差不多的。

问：有外面吊杆没？

A：老式的有，后来我们又建的没有。现在像老式一样有了。现在下面有个偏厦出去。

问：除了面积小，以前像那些附属建筑，比如说养猪养牛的，养在哪的？

A：就是养在家里嘛。原来牛是养在坡上，猪养在家里。猪圈都没有。

B：现在这边都没有地方搞猪圈。

A：现在厕所什么都没有。人家的地基我们都不方便。

问：以前要养猪养鸡在哪啊？

A：在山上乱放嘛。

问：（房子）前后有那么宽？

B：前后有啊，有那么宽。

A：现在房子挨的那么密嘛，一家挨一家的。

问：看到前面那家猪圈、鸡圈、厕所都在楼下呢，在一楼？

A：他们搞的，没有地方就搞那么密嘛。我们在山上的时候，都是搞在外面。

问：不是他家一户没有嘛，大家都没有？

A：大家都没有，像他家楼底搞猪圈。没有（地方）就只能用房子来搞了嘛。

问：你觉得跟以前比呢？

A：不方便了。

B：不方便。

A：这样臭味很大嘛。

问：反映这个情况没有？

B：反映了，但是没有地基啊。

A：说搞个公厕，也没搞成啊。现在厕所都没有。

问：当时搞这个的时候应该把这些考虑进来啊。

A：都在房子里面，臭味很大的啊。现在都不养了，不敢养了。

问：不养不就少了一笔收入吗？

B：养了，收入不大啊。

问：假如要求政府申请在山脚下批一块地。

B：他们不准啊。这是人家的地基啊，不给啊。

问：你们可以申请啊？

B：申请，肯定是要申请的。可是要政府要批。

A：山上是人家的地皮，是别人的土地，也不知道给不给。山上不是远吗。原来我们在山上，要走路。

问：在交通上方便些吗？

B：山上的交通不方便。在坡上的交通不方便。

问：上山干活又不方便了？

B：不方便了。

问：出去方便不？

B：嗯。

A：上去干活就是远了一点，以前是 1965 年搬上去的，2008 年搬下来的。

问：本来以前是住在下面的？

A：以前我们老家是那边嘛。

B：本来我们是住街上那边的。

A：那时候，没有吃，孩子多了，老人们没有钱，去山上住（干活）要方便一点。

问：六十年代就搬上去了，这下面的地就不属于你们了吗？

A：不是。

问：下面这些原本的居民和你们成了邻居，那这种关系会不会有影响？会不会认为你们把他们的地占了啊，会不会呢？

A：有点了，但是是政府买过来，他们不敢怎么样。

问：心理还是有的？

答：有是有的。但是政府拿钱给他们买地基，我们倒是不管。

问：原来在上面一楼还是弄啊？一楼不是关猪关牛的吧？

A：没有。原来都是人住的。只是在隔壁房间搞猪圈关羊的。

问：有火塘没有？

A：弄房子都要搞火塘。

问：都搞在一楼？

A：嗯。没有地方只有搞在一楼。

问：以前也是搞在一楼啊？

A：以前是因为有个“角方”，有单独，稍微矮一点。

问：现在没了？

A：现在没了。一家都没了。

问：有没有在家里的祭祀活动呢？有特别的节日要祭祀不？

A：祭祀都没有。

问：你们有神龛没？

B：有的有，有的没有。

A：有的人家喜欢就安。

问：有的信有的不信？

A：我们侗族很少安神龛。

问：神龛是单个家庭祭祀，这个寨子或者这个家族有没有公共的祭祀活动场所？

A：没有，我们这里没有。

问：侗族的萨坛，你们知道不？

B：“萨岁”一直到过年的时候，那是没有的。个人是没有的。

问：“萨岁”是一个家族，不是一个村，是家族的事。

B：也是没有这个，我们这里没有。

问：是专门设个坛，是给家族祈求的。

B：我们没有没有。

A：我们只是在过节吃饭闹一下。

问：没有设坛祭祀？

B：没有没有，整个村寨都没有。

问：在祭祀功能方面，(改造）前后没有什么区别嘛？

答：没有什么影响。

问：你修这个房子你花了多少钱？

B：这个房子花了七、八万了。现在的房子十万以上都搞不起啊。08年的时候要八万多。

问：你这个下面（一楼）都是砖，上面（二楼）是木板？

B：是的。

问：那以前呢？

B：以前全都是木板。

A：以前我们这都搞两层（木板）。现在我们到下面（山下）没有（多的）地基了，都是搞一层。前面都不让搞三层，你看那前面都没有三层。只有后面三排才可以让你搞三层。我们侗族习惯不让搞砖房。我们是在后面才让建砖房。

问：如果政府不限制的话，自己有钱建房，你们会选择建木房子还是建砖房的呢？

A：没有钱呢，有的也喜欢建砖房也有喜欢建木房。没有钱了，只能建木房啊。木房自己山上有木料啊，木房有点点补助啊。建砖房，样样都要钱啊。

问：如果说你有经济能力，你认为木房子好呢，还是砖房子好？

B：肯定砖房好啊。

A：现在家家户户都想搞砖房啊。我们这有钱都不让你搞。

问：建木房还是建砖房花钱多？

A：建砖房要多点。

问：建木房的话，你们山上有木料吗？

A：有也有，有的也要买。大的（木头）都是要买的。

问：现在这有什么节日活动不？

B：有。有唱歌啊。

A：有六月六、七月半，还有过年。

问：以前过不过这些节日？

B：以前也过。

A：节日是祖传下来的。

问：搬迁前后有没有变化？对节日过得隆重程度有变化没？

A：没有变化。我们（搬）下来还近一点，在上面（山上）要走得路多点。

问：上面要住的分散一些不？

A：也不分散。你靠我我靠你，但不是这么靠（近）。不像这样路都没有。

问：房子建造过程中，政府说要规划，是否开过会讨论征求你们村民的意见？

B：肯定讨论了。

问：你们参加过？

B：都参加啊。

问：建什么样式，政府问过你们没有？

A：问过的。

问：政府所搞这种样式了，给你们看过图纸没？

A：图纸没有，都是一样宽，没有图纸。

问：有没有召集大家问同不同意，喜不喜欢，是不是我们住的那种房子样式？

A：没有。他们通知要搞地基。

问：他们只是通知了要怎么做，并没有征求你们同不同意？

A：我们只是要求他们要个地基给我们。

问：当时你们也没有说要建成我们原来的房子，也没有提出书面要求？

A：我们只是没有小孩读书（地方），只是随便有个地基，后来他们说我们有补贴，补贴也没有，也不知道有没有。

问：你们中间没拿到钱？

A：没有，一分钱也没有。开始说我们每人一万，让我们先签字，后来一分也没有。我去政府去开过会，他说先签字，一家一万，后来一分都没有。没签，他就不给地基。不敢不签啊。

B：他说签字的给地基，不签的不给地基。

问：那他们买这个地要花钱啊？

A：要的。

问：对面的老百姓收到钱没有？

A：老百姓有的吗，有田（征地）都是有的，每亩多少钱都是要付的。不给钱，人家不同意，地是给钱的。

问：在建房过程中，你认为困难最大的是什么？

A：就是没有钱，没有钱的，就是跟人去借，或者找人贷款。主要是经济困难。现在有一家建的都建不起。有的没有也要跟亲戚借。

问：建了之后，我们看起来很整齐，你们觉得对基础设施，像水、电、路与原来相比，怎么样？

B：电水还是比上面方便点。

问：这条路大部分都是水泥啊？

A：都是水泥的，只有大街道都是石板的。

问：你们是愿意石板的路面，还是愿意水泥的路面？

B：肯定是铺水泥要好啊。

问：铺水泥的好？

B：铺水泥的经得起走啊，石板也要靠水泥加固啊。那几年有人扛柴，落下去就弄坏了（石板）。

问：有没有停电停水啊？

A：要停电，全镇都会停的。前段时间停了一次，是山体滑坡，电线柱子倒了。

问：谁来抢修？

A：镇里安排的人抢修的。

问：这没有其他基础设施了，看到你们在建一个鼓楼。

A：鼓楼是今年刚建的。

问：是你们自己建的，还是谁？

B：我们自己建的。

问：是一个村建的？

A：不是，是我们组上没有地方开会。我们这个组，搬迁下来建的。

问：是这个组？

A：是的。

问：建这个要多少钱？

A：二十多万吧。

问：你们每一户要出多少钱？

B：最低五六千吧。

问：大家都愿意吗？

B：有或没有都得拿出来，没有就去人家借、贷款。

A：这是组上要用的。

问：有没有政府的职责在里面？

A：没有没有。

问：不是他们要求你们建的？

B：我们自己要建的。

问：那么建鼓楼的地基呢？

B：我们组要求政府留建鼓楼的地基。

问：那样式是你们自己砌的？

B：自己。

问：政府没有参加这个活动？

A：没有没有。

问：你们想政府在哪些方面给予帮助？有要求没？

A：想搞公厕，帮我们搞好就行了。钱也不知道有没有，不分给群众是不对的。

问：最大的希望是什么？

A：把公厕搞好。现在还要跑到别人的地方上厕所。

问：现在大家都在自己家上吗？

A：没有。全部跑到我们鼓楼旁边的小厕所。

问：看到就是那几个小的木架子？

A：是的，那是原来他们寨上有的。

问：那还是以前的？

A：都是以前的。

B：夏天那个很臭啊。

问：政府在建房过程中宣传没有一定要保持民族传统，民族文化，做没做这样的宣传？

B：宣传了。

A：木房子要保存下来，开始做的时候就不要搞砖房。

问：他们不允许做砖房，给你们解释没有？

A：就是保存嘛。上级就是要保存木房子，前面都不让建（砖房），后面可以建一点（砖房）。

问：从你们内心来讲，你们愿不愿意这样做？

A：我们都不想那样做，搞什么传统，只要好住。

问：只要想要住起来舒服？从内心来讲。只是现在……

B：想是想，都是人想天高，那都不实在。

A：那要多一点地基，不知道你们去上东没有，上东也是从哪搬迁下来，每家都是两边都有空，随便你往哪走。四面八方都有路。不像我们这，从这走，还要转到那边才能出去。

问：如果出现违章建筑，政府有强行让你们拆除吗？

A：这个我们这里还没有出现过。

问：就是没有不按照政府要求建的建筑？

A：没有，都是按照政府要求建的。

问：建房子的时候要搞仪式不？

B：没有没有。

问：修葺后要不要上梁仪式？

B：不搞不搞。

问：选黄道吉日不？

A：选黄道吉日，但是上梁那个不搞。

问：建房子要看风水不？

A：政府规划的，哪里有风水。他要你怎么做你就得怎么做。

访谈记录（苗族）

访谈对象：李XX　女村民等

访谈时间：2012年11月22日

访谈者：王伯承（王）

访谈地点：雷山（乌东村）

整理人：彭小娟

王：年轻一代与老一代人有区别吗？

女一答：年轻人与老年人是有区别的，年轻人喜欢砖房，砖房方便；老年人喜欢木房，木房寿命长。

王：木房不是能防潮吗？

女一答：砖房墙厚，夏天凉快，冬天加点火就暖和。雷山上的老人70%是有风湿病，我们这是高山气候，云雾缭绕，空气湿度大。

王：木房有防湿功能。

女一答：木房没有防湿的功能。（你可以找专家了解一下这儿的气候，再了解房子再开展工作就好些）

女二答：我就喜欢木房，保持苗族的建筑传统，不过现在好多地方砌砖房外面刷成木房的样子。

李：这方面我就是专家。

王：怎么称呼？

李：广州最高的楼西塔是我们搞的空调管道。

王：这个说远啦，我说的在农村。

李：农村也离不开水泥钢筋啊。防灾、地基线也是要的，安全性好些。

王：砖房要稳固些。

李：还有防火。

王：你觉得木房造价高些还是砖房造价高些？

李：木房便宜些。

王：为什么是木房呢？

李：比如说一根木柱要500元，五根就要2500元，一排五根，四排就是10000元，再加其他材料就要4万到5万。还要3万—4万的木板装修；人工钱（工价）2万，还要请师傅设计1万—2万。

王：盖一栋木房大概要多少？

李：20万。

王：盖一栋砖房呢？

李：差不多，20万—30万。

王：你这房子有几间？

李：两层，六间。

王：要这么贵？

李：钢筋水泥贵。

王：用你家积蓄能够盖这房子吗？

李：光靠一个人不行。要外出打工。我在厦门打工，一年收入10万左右。

王：水泥房比木房贵出10万元，是贵在装修吗？

李：水泥、钢筋、框架、工资。

王：你是什么族？

李：苗族。

王：你认为咱们的传统民居改成了砖房会不会有影响？

李：最简单的就是收稻谷砖房不吸水气，木房吸水气。

王：传统的工匠没有了？

李：对，那个传统的木房没人住了，设计师也就没有了。（在这儿都找不到古老的房子了）

王：刚才说新收的稻谷放在水泥房会长霉吗？

女一答：不会，（木房不是万能的）如果有条件砖房在修好的情况下，还可以修个阳台，晒晒稻谷什么的，主要是第一便民，第二舒适，第三还是便民。为什么说便民呢，房子外面可以修成像雷山县城一样（仿古），阳台上可以晒晒农作物，减少了劳动力代价。

王：怎么付出劳动？

女一答：拿稻谷去晒时，还要从二楼下来，然后再出去，找有太阳的地方晒。

王：我懂了，你的意思是有阳台的话可以直接拿到阳台上去晒，是吗？

女一答：对，我一推开门，就可以在阳台上晒东西，这就是便民，很方便的。只要是利民、便民，你的工作就很好做的。

王：晾晒这方面，确实是水泥房有个阳台要方便些。有没有因为木板房上下是通风的，是不是防潮些？

女一答：不是的。我们雷山处于高山地带，经常云雾缭绕，空气湿度大，不管是木板房还是什么房都不防潮，除非是地窖，那还要与空气隔离开，在正常情况下你的屋子只要开门、关门让空气流通，湿气就会跑进去，你可以去问一下其他人，看他们怎么说。

王：我还问您最后一个问题，刚才说修木房与水泥房，水泥房的一次性造价是不是要高些？

女一答：差不多价格。

王：木板房是不是有个框架就可以去住了吗？

女一答：不可以的。如果不刮风下雨还好，如果刮风，风横着竖着来，也就像住在外面一样的。上面要把瓦盖好，下面要用木板隔开才可以住进去。砖房就是上面瓦盖好就可以住进去了，反正砖房的墙厚，冬暖夏凉，什么叫冬暖夏凉呢？

王：我知道了，冬暖夏凉就是冬天嘛，它密封性好，它保温。夏天嘛，它墙厚就隔热。

女一答：我们家都是老人，就算是年轻人，他没文化，对生活的细节没有去了解，他们就只依照着传统认为木房比砖房好。如果作为一个开发商为什么木房便宜不做而要做砖房呢？为什么要选砖房而不选木房呢？像我们这里可以这样，造就按砖房来造，外面可以像雷山县城一样按民族风情来造。这样一来，生活、娱乐，国泰民安。

访谈对象：女村民

访谈时间：2012 年 11 月 22 日

访谈者：王伯承（王）

访谈地点：小固鲁新村

整理人：彭小娟

王：你家房子从外面看起来很气派，但是就不知道你们住着觉得怎么样，比方说冬天烧火呀、取暖呀方不方便？

答：可以烧火。

王：你家是烧柴还是烧煤啊？

答：我家烧煤、烧柴。

王：跟以前没有建这新房子时比你觉得怎么样？

答：以前也是这样。

王：现在修这新房子你觉得有些什么变化呢？

答：比以前要好一点。

王：咱们苗族有没有什么特殊、特别的活动？

答：就是过苗年啦，看表演、看活动啦。

王：修房子了以后你觉得是方便了些还是？（生活变化大不大？）

答：（变化大不大）肯定大嘛。

王：你能说说吗？（比方说出去更有面子了）

答：那是有的。

王：刚才说到你们家拜佛、烧香你是怎么回答的？

答：就在家里。

王：在哪里？

答：在下面。

王：等一下可以去看一下吗？

答：可以。

王：你们家稻谷放在哪里呢？

答：(稻谷) 放在楼上。

王：为什么放楼上呢？

答：通风。

王：不通风就潮湿吗？

答：哎。下面有人住嘛。

王：下面住人为什么就不能放呢？

答：灰太多了嘛。

王：我可以去看一下你们家粮仓吗？

答：我家粮仓只有一点点大。

(最后从观察来看，粮仓里的稻谷是发霉了的)

访谈对象：村民

访谈时间：11 月 23 日

访谈地点：雷山县咱刀村

访谈者：康红梅、何燕

整理者：刘姣、何燕

康：你们家是改造户吧？

老乡：是。

何：您多大年龄了？

老乡：七十五。

何：公公身体不错啊！您是苗族的吗？

老乡：是的。

何：您的文化程度呢？

老乡：小学。

何：您家几口人？

老乡：七个小孩，分家了。

康：在家要煮几个人的饭？

老乡：五个，他们在这工作，每天都回来。

何：你们家危房改造是哪个等级啊？

老乡：三级。

何：在原来的地基上装起来的？

老乡：是的，原来只有下面一层全部装木板，没有水泥。

何：全部装木板，没有搞水泥哦，那请谁帮你们装的？

老乡：请师父来装。

何：我看你们家有水泥的部分哦？

老乡：是的。(是混合的)

何：政府有要求你们改成木板房不？

老乡：没有要求，修水泥房都行。

何：你们家得多少补助？

老乡：记不清楚，说是四千多、五千多，还没得。

何：其他家得到没？

老乡：也没有得到，一家都没得。

何：最多可以得到多少？

老乡：一万多。

康：你们这房子验收没？

老乡：不知道，还没验收，照相都照了几次了。

康：钱是给现金还是打卡上？

老乡：打存折上。

何：你们要过节了哦，怎么过？

老乡：打点粑粑，杀猪，杀鸡，杀鸭。

何：一直都这么过吗？

老乡：一直都这样。

何：婆婆会绣花布不？

老乡：会，但是几十年没搞了，做得很慢，就买了穿。

康：每家每户都改还是选的？

老乡：指标少，没得困难就得不到，一般先开会通知，要改的写申请，然后有人来调查。

何：你们有芦笙坝吗？

老乡：没有，就留了一块地。

康：改造房子前为什么不修水泥的呢？

老乡：钱多嘛，起水泥搞不起。

何：以前是水泥路是不？

老乡：是，国家修的。

何：您喜欢水泥路不？

老乡：以前没得好路，国家修的，水泥路不容易烂。我们虽然有石头，但没得石板修石板路。

康：您喜欢砖房还是传统房？

老乡：我喜欢砖房，漂亮。

康：你们家没有窗花，小时候有没有？

老乡：没有的。

康：你们家修水泥房了这个要保留吗？

老乡：可以拆掉的。

康：您对危房改造政策怎么看，满意吗？

老乡：也没满意。

康：您觉得这个政策公不公平？

老乡：也算公平，有调查，村民也评了的。

康：他用统一图纸规定改成什么样子没有？

老乡：没有，只是维修。

康：有没有哪些人在危改分指标时得不到钱，比如超生的会不会没有指标？

老乡：我听说超生户没得，这个看情况，家里条件好的就没必要嘛，如果结扎户的条件很差，就先给他。

康：有没有把房子拆了重新修的？

老乡：没得。

康：你觉得你们家改造时什么方面比较困难？

老乡：没有钱买材料。

康：师傅容易请不？你们寨子里有吗？

老乡：不容易，我们寨子里有，但是不够，我们寨子只有18个。

康：政府有要求什么时候搞完？

老乡：十一前完成，但还没给钱。

康：那些没得到钱的有没有不满意，告状的？

老乡：没有，我们村有的人那四十户的指标都没要，那五千块钱买料、请人不够，搞不起来，国家拿的钱不够。

康：不要的指标怎么办？

老乡：就给别人搞得起来的。

康：你们房子有没有讲究说要搞成什么花样吗？

老乡：没有那个讲究，随自己弄，吊脚楼有人搞，好看，但是我们没弄，我们的地基用不着修吊脚楼。

康：吊脚楼和这普通房有什么不同？

老乡：也不晓得好多，吊脚楼很少。

康：您叫什么名字？

老乡：石家荣。

康：这是什么村啊？

老乡：咱刀村。

康：这名字有什么意思吗？

老乡：没什么意思，苗语“凹进去”的发音。

康：你们家是危房改造户不？

老乡：不是。

康：你是怎么知道危改政策的？

老乡：村里面通知开会。

康：您投票没？

老乡：没有，是改的人去开会。

康：是只有要改的人才去开会啊！知道他们补了多少钱不？

老乡：不知道。

何：你们家是不是危房改造户？

老乡：是的。

何：你们家是几级危房？

老乡：我不晓得，他们晓得，给四千五。

何：上面拨了四千五？

老乡：不晓得好多，他们给了四千五，还没到手。

何：您多大了？

老乡：58。

何：您什么文化程度？

老乡：小学。

何：你们经常在家的有几个人？

老乡：六个。

何：你还有几个孩子？

老乡：两个，还有孙女。

何：他们有人打工没？

老乡：有，一个人打工。

何：你们家是属于低保、困难户不？有没得？

老乡：没得。

何：你们家房子地基没变，在原来的基础上修的嘛，那改的什么？

老乡：装了一层木房。

何：窗户不用装成木框的吗？

老乡：不用，这个是一个一百三，我请人装的。

何：政府有没有规定危房要修成什么样子？

老乡：只要装好就行，没讲要装成什么样子。

何：你们坡上没有山林吗？

老乡：没有，山林太小了，我们贷款修的。

康：那钱是怎么还呢，借了多少？

老乡：政府的钱用来还，借了一万。

康：是在哪儿借的呢？

老乡：信用社。

康：你们家是怎么知道自己是危房的？

老乡：政府通知的，说我们这个房子是危房，有指标，要我们写个申请，然后批的。

何：政府说什么时候给你们钱没。

老乡：说一次给，七月几号给，打到卡上，有四户拿到了，政府说的多少就给了多少。

康：分指标时开会了没？

老乡：先问了我们搞不搞，说了搞才给指标，然后写申请。

何：为什么自己不修砖房呢？

老乡：砖房（用）钱多嘛。

康：自己喜欢砖房吗？

老乡：喜欢，我都想修砖房，可以修四五层高，住的人多，木房不能修太高，砖房要二十多万，一修就要一次修好，但是木房可以先搭架子。

何：你对政府满意不？为什么？

老乡：满意，有不好的都是小地方，大部分都满意。给钱做危房改造，有情况反映也给处理，政府好！

康：你那个房子的屋檐处为什么不像那边的房子弄成波浪线呢？

老乡：那个没得钱搞。

康：那家没搞之前有花没得？

老乡：没得。

康：你们家多少年了？

老乡：十多年了。

康：你们家小时候有没有瓦角？

老乡：没得，花是后面买的。

康：这个是玻璃吧！你为啥要弄呢？

老乡：风大了，要挡风的。

康：你们家是危房改造户吗？

老乡：不是。

康：是不要还是不给？

老乡：是没写报告，回来时已经晚了。

康：如果在家时会想弄吗？

老乡：想。

康：如果有还想要吗？

老乡：想啊。

康：如果再有你们又不知道怎么办？

老乡：我不出去了。

康：在家的写了报告就得了，打工的不知道就没得了。你们苗族的房子为什么会是翘角呢？有什么意思没？

老乡：为了好看，翘起来风吹不走啊！

村干部：掌坳是铜鼓的发源地。

康：那边是不是全部都属于危房改造或生态移民？

村干部：他有，但政策还没到那一步，咱刀村是七十六户，掌坳从08年到现在是七十八户。

康：你们村有多少户危房改造户啊？

老乡：是啊，很多。前几天县里面来验收了。

康：你们改造完了？

老乡：改造完了。

康：你们的房子是自己修的还是怎么的？

老乡：请木匠。

康：政府有没有要你们统一修成什么样？

老乡：有，要修花窗啊。

康：对危房改造这个政策你知道吗？

老乡：不知道，只知道要弄花窗，修好。

康：知道怎么给钱的吗？

老乡：一般户五千，困难户五千五，我听他们讲的。二等五千，一等五千五，只有两个等级，这个找村长，村长知道的，我不是很清楚？

康：你是给他们做花窗吗？

老乡：不是，我是来住的，帮他们守家。

访谈记录（布依族）

访谈时间：2012年12月5日下午

访谈地点：黔西南州

与会人员：吴晓萍、何彪、康红梅、王伯成，州民委、黔西南州建设局孙礼平、总工程师危磊、危改办彭主任

吴校长介绍：我们的书是得到国家民委和教育部的认可，主要选择了贵州省黔东南和黔西南的三个民族来展开调研，希望能提出切实可行的建议。

吴：你们的危房改造有哪些模式，原址重建为主，有条件的地方集中重建，你们这儿是否有整村推进？

孙：有，但是不是布依族，是苗族，因为布依族在黔西南主要是依山傍水，比较分散，而苗族分布在山上，更为集中。

吴：在危房建设中，是否有集中进行公共建筑改造？

孙：传统公共建筑的维修资金是自筹的，不适用农危改资金。

吴：危房改造针对农户，不适用危房改造资金，这非常好。有没有把其他资金整合到危房改造中，比如村庄整治和危房改造联合在一起？

孙：危房改造是单独核算的，农危房补助按标准是直接兑付给农户的，只能把其他如民委的资金整合到危改中。原来补助一万，生态移民和卫生等的资金都整合过来对危改的支持就很大，因为危改的大部分群众是困难群众。

吴：我所指的村庄公共建筑是指少数民族的芦笙场、鼓楼、小广场等公共建筑，具有少数民族特色，是文化遗产，时间长了也会有所毁损，是否会把他列入危房改造的范围？

孙：这些部分是当地老百姓自发捐助维修的，如布依族的小广场，在自筹的基础上使用了村庄整治和新农村建设的部分资金，危改资金要直接进村民户头，具体情况都可以网上查。

彭：对于民族地区的公共场所，在我们州非常少，根据住建局的要求，危改资金是相对刚性的。在老百姓的要求下，民委用了 20 万—30 万建设民族文化广场，但是是属于新建的，基本没有多年维修重建的，还处于发展阶段。

黔西南的民居过去是有特色的，如南北盘江的吊脚楼，是杆栏式建筑，依山而建，底层养牲畜，二楼居住，三楼存粮食，不是沿江的平地，吊脚楼比较少，民居与汉族很像。危改这么多年我们发现，布依族沿江地区的少数民族房屋在危改后由木房基本改成了水泥房，一方面民委希望通过危改，整合资金保持民族特色，但老百姓想修水泥房，安全，木房瓦房防不了冰雹，所以我们相关部门考虑在一定地区集中保护。而苗族的情况没有这么好，基本居住在高山，条件相对较差，民居基本没有什么风格，五年前的改造中，苗族的树结构的杈杈房、窝棚找不到进去的门，坝区的苗族是黔西南王平迁徙过来，是黑苗，条件相对较好，我们也在积极地寻找方法，做成了调研的幻灯片。

孙：望谟一带海拔较低，吊脚楼竹结构、木结构都有，瓦面，相对凉爽，而苗族居住的地方海拔高，使用的墙面有土墙、石墙、玉米杆。

何：布、苗有没有富人的房子还有保存的？

孙：这些总体条件不是很好，坝区等都不太多。

何：木材多吗？

孙：黔西南不是林区，而黔东南是林区，所以木材相对较少，而且我们的危改是农户自建为主，政府补助，所以还是按农户自己的来，政府只能引导，比如在坝区，石头较多，农户大多就地取材，而沿江，由于库区提升，农户多修平房。08 年是，了解贵州茅草房的情况的书是还发现了大批茅草房，之后反映到中央，促成了危改，10 年推出全面消灭茅草房，那一年之后基本上就没有茅草房了。

何：原来南盘江周围的吊脚楼和黔东南有什么区别？

孙：黔东南的有一二三层，但黔西南的面积从底层到第三层面积逐渐增大，黔西南的也有十一柱、九柱八瓜，但是三柱两瓜什么的都有，不像黔东南那么规则。

彭：我认为黔东南和黔西南的吊脚楼的形式做法大致一样，功能也大致一样，不论是布依族还是苗族，修吊脚楼的目的都是使蚊虫、老鼠上不了楼，后来，长期下层空置后就安放了牲畜。

何：黔西南的吊脚楼有美人靠，黔西南是否也有，和黔西南的是否一样？

孙：都有，功能基本也一样，有弧形的就是美人靠，直板的就是栏杆。

吴：由于历史原因，苗族由于集中在山上没有什么建筑文化遗留，但是布依族却保存得比较好。（吴一边提问，一边看了政府部门提供的图集资料后提问）

吴：看了你们的材料后感觉政府还是非常作为的，做设计的团队的人都是这里人吗？是真的有投入设计吗？有民委参与吗？大概是什么背景？

孙：大部分是本地汉族，大多数是本科以上，很多从事这个工作十年以上。基本没有民委参与，每个县的讨论组是由民委、发改委的人组成，会征求他们的意见，但是只是审稿，不参与设计和初稿讨论。

吴：苗协会和布依协会的人在初稿之前是否参加了呢？

彭：我们这个的编写并不是学术型的，每年反复讨论，时间根本来不及，我们必须尽快制作图纸指导农户修房，一般是设计院在调研的基础上报市人大反复审核，代表的是住建部门对建筑的理解，布依协会和苗协会的参与并没有那么深，但仍然会征求他们的意见。

吴：苗元素通过什么表现出来？

孙：牛角，苗族服饰上的文化元素很多，但不能使用到建筑上。

何：危房改造后的老人、老学者有没有提出不同看法？

孙：到现在为止没有。

彭：农危房改造要求有特色，难度较大，本来农危房改造的都是最贫困、最危险的，有钱的不需要农危房改造，他自己可以修。老百姓的经济能力、劳动力和思路也不是很好，如果好就已经富裕起来了，另外还有一些老弱病残的经济基础更差，自己没有劳动力，亲戚朋友很少，也不愿帮助他们。他们用一二级危房的改造指标只能修一个大概，搞一个斜屋面什么的。特别去年，我们把公路沿线、景区的沿路可视范围200米，都做了斜屋顶。县里面出钱搞相关整治也投钱到危改，基本做了变化搞个斜屋面，刷白墙，但是花费仍旧较大，每户一两万。州政府要我们提出了"四个二"工程，即两百个村庄整治，很快要推进；二十个小城镇建设；二十个城市综合体；二十个旧城改造。前些年力度大的还有一千一百九十几个村全部做了村级规划，花了三千多万，率先在全省做了。沿路为了面子还是做了改变，但边缘地区由于资金问题确实做得相对较差，县里面技术人员就很少，寨子里就更少了。

吴：我们决策层是怎么想、怎么做的？从重庆过来，苗族的房子有两个符号，你们选择个图案有什么考虑？

(开始放幻灯片)

孙：在改造之前我们进行了大量调研，这是我们的调查成果。这个由于跟领导汇报有所精简，现在看到的是最具代表性的。在改造的过程中，根据原来的传统精简了一些。

民委：农村的工作牵涉的部门多，多笔资金同时汇集到农村，农委搞农危房，民政也搞，州里面新农村建设办公室之前也搞了一点，所以说各种形式的都有。结合农危房改造真正在搞的时候出了一些问题，比如为什么在平顶上加坡，为什么在后面要加上楼梯的部分，就是因为当地老百姓的生产生活发生了变化。他要用他的平顶做晒台，我们根据当地老百姓的意见，只是部分给他们加了坡，没有全部加，我们在整个改造过程中也是这样，结合老百姓的实际需要，没有大面积推进。住建和州里面的相关领导做了很多工作，但是政府只能是引导。他们除了危房改造资金还有生态家园建设资金，所以他们的资金投入更大，他们还有"抗旱"资金，所以，各种资金汇集到了农村去，这些就是涉及农村危房改造的情况。贵州危房改造中，我们是紧紧围绕农村危改，尽量考虑到我们民族的风格和元素，这是我们黔西南州农村危房改造的定位。在工作中也紧紧围绕这一点，比如铜鼓是布依族，牛角是苗族的。关键的问题还是资金的问题。这些年我们所做的东西都是为今后黔西南州民居后面的发展服务的。也希望通过书调研，来发现发展我们黔西南州的地方民族特色，我们也开始做了一些工作，以前，大家认为黔西南自治州，没有任何民族文化的东西，在黔西南州先后开播了苗族和布依族的广播和电视节目，安排了旅游，但是我们州实在是太穷了，底子太差，所以我们很多部门联合起来做，但是民委这边的资金太少了，一村一组的重点示范，全面铺开的难度太大，希望各位专家能给我们提些好建议，出些好办法，帮我们建设得更好。

吴：我们是过来学习的；刚看了你们的资料解决了我很多问题，比如从重庆到花溪看到的图案是怎么回事，你们是说你们做了调研，认为苗族的比较成熟，就借鉴过来了。但是这里我就感觉到有个问题，比方说，苗族和布依族的唯一区别就是屋顶了，布依族的就是铜鼓，但是铜鼓是否是布依族的典型符号，少数民族的建筑文化特色和服装文化特色是有本质不同的，侗族的屋檐的挡雨板有两种，有波浪和锯齿型的，我们中国的民族文化遭到了较严重的破坏，而且也没有这方面的教育，建筑文化是有深刻的意义的，如果以前苗族的屋顶没有牛角、侗族的屋顶没有铜鼓，那么就会造成文化断代了。所以我问这个问题，就是关注为什么要用这些东西，我是研究跨国苗族的，在美国有三十多万苗族。一些美国苗族人到了朗德村，当地人跳芦笙舞，敲铜鼓来欢迎他们。这让美国来的苗族大吃一惊，因为这两个活动（苗族传统上）是只有在死人时才会使用。为什么要把铜鼓放在这里，为什么要把服饰文化放在建筑上，变化是可以的，但是为什么把铜鼓放在屋顶，当初设计时是怎么想的，它本身不是建筑文化，这是第一个问题；布依族和苗族的建筑将来就只有这个屋顶的区别了，而且屋顶也只有一个符号的区别，当初考虑过这个问题没有？既然我们黔西南州是自治州，说的是汉话，住的是水泥房，都没有什么民族特色了，正是因为这样，假如我们用了这么多心思到处去调研，通过你们的方式能够实施下去，意味着你们通过危房改造和村庄建设、新农村建设重建了我们民族文化，是功德无量的，作为学者，我是有点钻牛角尖就要弄清楚，你们在借鉴别人的东西的时候问了别人没？

孙：这个是我的个人理解，这些符号的意义包括屋脊上的牛角。黔东南的苗族的氛围特别浓厚，但黔西南感觉不到布依族的特色，为了使建筑体现民族特色，一般用不影响使用功能又具有民族特色的符号。这就是把牛角、铜鼓造型用在屋脊而不用在别的地方的原因。

吴：你这种想法是为了体现少数民族特殊的符号，是因为铜鼓是布依族传统的东西。那么铜鼓在不用的时候，有固定的地方放吗？

孙：在我们黔西南，一些村寨的铜鼓一家一户自己保管，挂在一定的地方。

铜鼓是一个很神圣的东西，在他们不用的时候，每个民族比方苗族都会把铜鼓和芦笙放进山洞。

凡是要用就要有个合适的说法，我们在使用民族符号东西的时候都还缺乏了解。

吴：这个设计不管是苗族还是布依族的房屋，设计都是差不多，两房一厅，有吞口等等，在危房改造过程中对于个别维修的其实很大程度上保存了他们原有的样子，所以谈不上民族建筑，所以只有整村推进，生态移民，大规模的修复和公路沿线可视范围内的大规模整治才能引领一个地方的民族建筑的发展方向。假如我们按照这个，农村原来的房子有点乱，确实不统一，因为他们依山而建，如果山势往东房子就向左开，往西就要向右开，但是一定有两个寨子在中间，由于方向、位置不一样必须依靠山势来建房子的附属设施，但是现在规范多了，但是这种规范后的住房能否还能满足村民对住房的功能需求。比如农民现在养猪在哪里，厨房在哪里，你们原来设计的时候是怎么想的？

孙：这个有，图集资料“新农村建设黔西南篇”中有，每一家每一户的房子都有功能分区，一个是住屋、猪圈、厨房，我们只针对危房改造的房子，包括沼气池都有。按平面图做成的房子。

吴：这套改造方案在实施的时候可能就主要用于整体搬迁了。

孙：不是，也针对农危房改造，有的原来住的是一层平房，没得钱修不起了，那么就根据我们的图纸，该加的加，对于原来很简陋的功能都进行了整理，而地板、墙面，这个都是新农村建设和农村危房改造的要求。

民委：这些都是属于基本生存型，对于两层楼的房子我们是怎么考虑的呢？农村危房改造前期几个方案基本都是一层，到后来经济条件好了，考虑了农村发展就有了两层。新农村建设是村里村容村貌整治，农村危房改造是要解决基本的生存问题。

吴：那么基本生存型针对的应该不是整体搬迁，是对个别的。你们花了很大力气，做了很多调研，借鉴了很多经验做了很多方案，当你们把这些东西拿给村民看的时候，告诉村民，我现在有这么些方案，你们自己拿着钱，政府再补贴一点，选择这些图案的多不多？

孙：不太多。

吴：不太多的原因就是刚才讲的第一个资金问题，第二个是建筑材料的问题，因为这种建筑材料好像还要贵一点，第三个是技术人员的问题，除了这些外还有别的原因。我们花了这么大力气，制作了这么多东西，结果农民用的时候用不上，当初设计时考虑到这个问题没有？

孙：考虑过，主要是这个危房改造分了几级，一二级的危房是比较贫困，彻底重建基本上就参照这个来做，但是这个有难度，这里又很贫困，拆了重建确实要花一些钱，这个（图纸设计的房屋）面积要稍微大一点，按照六十平方米的要求可能就不能给他们配套了，那可能就是一间房子，新农村建设建设了一片，是县里统一建设的，但是也是六十平方左右，另外一部分自建的由于没钱就只建一个平房，对于我们目前的目标，说实际点，整齐，首先把斜屋面建起来之后再加一些民族的元素。但是现在很多人要建水泥平房，水泥平房上就加不上民族的符号，从哪儿看都是方方正正的，所以在可视范围内，如果你是修的平房，就再给你加一个屋顶，改造成斜屋面。我们农村危房改造不存在整村推进，每个村的改造户数量和等级都不同，一级的就重建，不是一级的就改造，有的要进行翻修，验收后就完成了这个任务。保证住五年十年问题不大，那么危房改造就告一段落了。实际上在村庄整治的基础上进行的，农危房对于围墙、大门、大路什么的考虑不到，这个星期天要开个大会，开新农村建设的推进会。

吴：这个是专门为农村危房改造做的调研，这个是村庄整治和新农村建设，那这两个是分开来做的吗？

孙：都是一样的，用农村危房改造来引领黔西南州少数民族地区民居危房改造的一个方向，当时我们拿到危房改造任务时哪个会搞哦，通过这么多年来的工作积累，逐渐才形成了一套体系，然后再逐渐地进行推广，村庄整治也会尽量达到危房改造的要求。

吴：那就打下了很好的基础，是政府高度重视的结果啊，相信调研和结果呈现出来图画的成本也是很大的。

孙：参加调研的我们都会每人给 30 元的补贴，这个设计经费都没有再给，我们做调研都是自己开车去。在第一次调研的基础上，第二次调研实际上是比较方便的，这些素材，资料都方便找。这次校长来得非常及时，就是如何去明确这些建筑的符号、特点，把它挖掘出来。把它总结提炼出来后用上去，就不会用错，吴校长提醒得非常好。这个问题说小点是闹了笑话，说大一点就影响民族团结了。

吴：孙书记客气了，我也不是学建筑的，我也是来讨教的，但是有个建议，就是你们看到黔东南苗族的建筑比较成熟就借鉴了，其实如实地讲如果我是你们，我可能不会，因为苗族有三大方言，每个苗族支系的习俗、语言、服饰都不一样。黔西南州你如果要搞民族文化，搞苗族文化，你学黔东南州的搞过它，既然搞不过他我何必借他的过来呢，我借他的过来等于说我黔西南州还是没得特点，如果我是你们我可能不会这样，我可能会采用其他的办法。这点，孙书记，我也将建议写在报告上，黔西南州一定要挖掘自己的特色，你们贞丰的苗族是很有特点的，贞丰苗族的服饰我都还穿到了美国去，穿到瑞典，给他们去看，然后人家看了就觉得不错。黔西南和黔东南苗族服饰最大的区别是，黔东南的比较豪华，带有宫廷那种特征，我们这里的是比较朴实，比较厚重的，国际上的苗族比较看重贵气，很高贵的，但是这个很贴近他们，我觉得这是我们自己应有的一些特点。

访谈对象：男村民

访谈地点：打凼村

访谈时间：2012 年 12 月 6 日

访谈者：康红梅（康）

整理人：彭小娟

问：您好，我想做个访谈，了解一下危房改造的详细情况？方便吗？

答：方便。

问：在家带小孩？

答：是的。

问：您读了多少书？

答：初中。

问：您家还有其他兄弟吗？

答：只有我一个。

问：您这房子是用石头砌的吗？

答：是的。

问：你们家房子外墙刷的漆是什么情况？

答：是乡里请人搞的。

问：那你们要出工钱吗？

答：不用，都是他们搞的。（他们指乡政府）

问：那上面的瓦呢？

答：瓦是政府搞的。二层是自己修的。

问：什么时候修的呢？

答：去年。（2011年）上面的木柱、水泥、沙子、砖等等都是自己买的。

问：那政府出了哪些呢？

答：瓦。

问：修上面一层是因为方便些还是因为别的什么原因？

答：跟以前差不多，反正现在也没住。

问：空在那里？

答：上面还没装修，很冷的，还要吊顶才能住人。

问：如果政府没要求、没补贴，是不是也打算加一层呢？

答：有想过，好看嘛。

问：这个房子除了政府补你们还贴了七千块钱，买这些柱子和砖，是吗？

答：是的。

问：这个房子一共花了多少钱呢？

答：一万多。

问：修房的工人是自己请的还是政府请的？

答：政府请一部分，自己也请一部分。

问：盖瓦呢？

答：自己跟爸爸盖的。

问：那这些柱子呢？

答：自己请人做的。

问：原来老房子在这里么？

答：原来就是在这。

问：原来老房子的瓦跟现在房子的瓦是一样的吗？

答：不是，现在的瓦是水泥造的。

问：哪种瓦要好些呢？

答：现在的。原来的容易烂，现在这种水泥瓦人站在上面都没事。

问：外面围墙是石头还是其他什么？

答：水泥砖。

问：为什么不用石头呢？

答：原来的石头都是屋后自己放炮开出来的，现在修了房子不敢放炮了。

问：老房子是自己砌的还是请人做的？

答：请师父砌的。

问：石灰是自己烧的还是买的？

答：买的。

问：你觉得现在政府对这个政策贯彻得怎么样？有什么看法或意见说说。(危房改造)

答：政府的事不好说。外面的房子反正必须要做，(沿街的房子要盖瓦顶、刷漆）里面的就不管了。其实这样也不是很好以后要加盖就很麻烦。

问：上面都是固定了的？

答：是的。(不好拆)

问：自己是不愿意盖的？

答：政府要求盖，说太破旧了，后面的房子看不到前面的路。

问：你们这儿是因为旅游开发才改造的？

答：是的。一步一步改的，整个村子的人都发动起来了。

问：村里修路是谁来主办的？

答：上面。(政府)

问：村民们愿意加盖房顶和刷漆吗？

答：好多人还是愿意盖的。像我就不愿意盖。

问：你们原来布依族的建筑是什么样的您清楚吗？

答：不清楚。很小就出去打工了。

问：在哪打工？

答：云南。香格里拉，中越那边。

问：看到外面的房子怎么建自己回来也那样建吗？

答：想。

问：您觉得这个房子这样改安全吗？

答：不安全，上面都是简易衔接的，很不安全。

问：这个砖从哪弄来的，远吗？

答：就在附近，对面，走过那条泥路就有。

问：想做生意吗？

答：想，可不好做，没销路。

访谈对象：男村民

访谈时间：2012 年 12 月 6 日

访谈者：康红梅（康）

访谈地点：竹山乡（南龙）

整理人：彭小娟

问：您好，我们是从贵阳来做危房改造调查的？

答：我们这儿去年已经结束了，属于整县推进。

问：您家是改造对象吗？

答：我家不是。

问：您知道情况吗？

答：统一实施，每家每户都进行了。

问：是原址重建还是其他地方迁过来的呢？

答：都有。

问：这里的房子很少，大多集中在哪里？

答：没有集中的。都分散的。

问：正在修这个房子是吗？

答：这个房子是去年通过村民评议的，但没钱，今年才修。（不修的话房子就会倒塌）

问：在这儿开采石头，上面的石头会掉下来吗？

答：不会的。是一整块石头。

问：今年您得到了补助吗？

答：没有。现在是女儿给的钱。

问：这个地基是谁的呢？

答：是买的。

问：花了多少钱。

答：5 万多块钱，因为这是山，开采下来花了 10 多万。

问：这个石头可以用来修房子。

答：用不了那么多，要拉出去。

问：有那么多石头可以砌个石头房子，不要用砖了？

答：只能修一层。

问：你们家有几口人？

答：5 口。

问：有几个人在家？

答：两个，其余的出去打工了。

问：那个石头是什么石材？

答：大理石。

问：用来做什么的呢？

答：用来做地板，墙砖。这是我们竹山的木纹石，远销美国，很出名的。

问：这个切成块用来装饰的是吗？

答：我们一般老百姓都用不起，只能卖出去。

问：这里的所有人是不是都得到了这个补助？

答：不是所有人。只有有危房的人才有。

问：如果是危房的人没有要走这个指标，不是危房的人能得到吗？

答：不能。

问：你知道具体有多少个指标吗？

答：600 多户。

问：住路边的都是比较富裕的吗？

答：那也不是。

问：那山坡上也是你们村的吗？

答：是的。

问：你们这儿外出打工一般去哪些地方？

答：浙江，福建，云南。

问：政府要求你们整成小青瓦吗？

答：是的，政府要求。

问：你们村还有其他危房吗？

答：去年基本上就改完了。

附录二：调查问卷

您好！

我们是贵州民族大学的调查员，为了了解我省民族地区危房改造中少数民族传统民居的保护情况，特开展这项关于“民族地区危房改造与少数民族传统民居保护研究”的调查。您的意见和建议对我们非常重要，希望您能抽出宝贵时间，根据实际情况填写这份问卷。本次调查答案也没有对错之分，我们将对您提供的情况保密。谢谢！

贵州民族大学

《民族地区危房改造与少数民族传统民居保护研究》书组

填写注意事项：问卷中带框的问题要求“异地搬迁户”填写，带下划线的问题要求“整体异地搬迁户”填写，其余问题要求所有调查户填写。

A. 个人基本情况

A1. 您的性别

□①男　　　□②女

A2. 您的年龄

□①20-35 岁　　□②35-55 岁　　□③55 岁及以上

A3. 您的民族

□①侗族　　□②苗族　　□③布依族　　□④其他________

A4. 您的文化程度

□①小学及以下　□②初中　　□③高中（中专、技校、职高）

□④大专及以上

A5. 您家目前共有多少人？(住在一起，在一个灶吃饭)

□①1 人 □②2 人 □③3 人 □④4 人 □⑤5 人 □⑥6 人 □⑦7 人 □⑧8 人及以上

家里打工半年以上的有几人？________

A6. 您的家庭类型属于

□①五保户 □②低保户 □③困难户 □④一般户

B. 房屋改造情况

基本情况

B1. 您家改造前的住房属于

□①一级危房 □②二级危房 □③三级危房 □④地质灾害危房 □⑤不知道

B2. 您家住房改造情况是

□①个体异地搬迁 □②集体异地搬迁 □③原址维修 □④原址重建

B3. 您家改造前的住房类型为

□①水泥平房 □②水泥楼房 □③木板房 □④木板楼房 □⑤石板房 □⑥茅草房 □⑦其他，请注明________

B4. 您认为您家住房改造后是

□①本民族传统风格 □②现代风格 □③现代和传统混合风格 □④不知道

B5. 您现在住房的改造设计是由谁决定

□①政府 □②自己 □③承包商 □④其他________ □⑤不知道

B6. 您家异地搬迁的地点是

□①由政府统一安排规划地点 □②由自己选定地点

B7. 您选定这个地点的原因是

□①风水先生说好　□②交通便利　□③自然条件好（如靠近水源）　□④原来就属于自己的地皮　□⑤地理位置好（如当街、与田地距离近等）　□⑥靠家族近点　□⑦其他，请注明__________

B8. 您的新房子是谁修建的？

□①自己　□②自己请人　□③政府请人　□④其他

□⑤不知道

新老房屋功能比较

B9. 您家改造前的住房面积和改造后的住房面积哪个大点？

□①老房子　□②新房子　□③差不多　□④不知道

B10. 住房改造后，您会进行一些传统祭祀活动（如建神龛、祠堂、家庙等）吗？

□①从来没有　□②偶尔　□③经常

B11. 您觉得，住房改造是否对您进行这些祭祀活动产生了影响？

□①影响很小　□②影响一般　□③影响很大，请说明原因__________

B12. 住房改造前，您会进行某些手工劳动（如蜡染、刺绣、纺花等）吗？

□①从来没有　□②偶尔　□③经常

B13. 住房改造后，您会进行某些手工劳动（如蜡染、刺绣、纺花等）吗？

□①会，且次数有所增加　□②会，基本上跟以前没什么改变

□③会，但次数有所减少　□④基本上不会进行了

B14. 您觉得，手工劳动增加或减小的原因与住房改造是否有关？

□①无关　□②有关，但影响很小

□③有关，而且影响很大，请说明原因__________

B15. 您认为住在现在的村寨和住在过去的村寨哪里生活和生产更方

便舒适？

□①老房子　□②新房子　□③差不多

社会网络关系变化

B16. 在住房改造前，您与邻居来往多吗？

□①非常密切　□②比较密切　□③一般　□④比较少　□⑤非常少

B17. 在住房改造后，您与邻居来往多吗？

□①非常密切　□②比较密切　□③一般　□④比较少　□⑤非常少

B18. 您认为住房改造是否对您与邻居间关系产生影响？

□①没有影响　□②有，但影响很小　□③影响一般

□④影响很大，请说明原因__________

公共空间与文化生活

B19. 现在住的这个村和改造前的村寨比较，您认为哪个更漂亮？

□①老房子　□②新房子　□③差不多

B20. 你对现在改造后的这个村修建的公共活动场所满意吗？

□①满意　□②不满意

为什么？__________

B21. 您觉得，危房改造对村寨里举办这些传统文化节目产生影响吗？

□①影响很小　□②影响一般　□③影响很大，请说明原因________

B22. 你喜欢你们村里的街道是水泥还是石板的？

□①水泥　□②石板

B23. 若选②为什么希望是石板的？

□①可以发展旅游　□②方便、舒服　□③好看、美观

□④其他　□⑤不知道

C. 态度与期望

群众对传统建筑的态度

C1. 如果你有钱要修房子，你喜欢传统房还是水泥房？

□①水泥房　　□②传统房

C2. 为什么喜欢传统房？

□①游客喜欢　　□②上面要求的　　□③传统房好　□④其他（注明具体原因）

C3. 为什么修水泥房？

□①自己喜欢　　□②便宜　　□③其他（注明具体原因）

C4. 如果你们家修了水泥房以后，以前的传统房应不应该保护下来（传统房子要不要保护）？

□①应该　　□②不应该　　□③不知道

为什么？__________

群众对政府危房改造的态度

C5. 您家在危房改造过程中，对政府政策中您认为最满意的方面有________；您最不满意的方面有________。

①财政补贴　　②人力支持　　③房屋选址　　④设计规划

C6. 您家在危房改造后，在房屋建设方面您认为最满意的方面有____、____、____；您认为最不满意的方面有____、____、____。

①房屋外观　②面积　③坚固程度　　④房屋结构　⑤配套设施

C7. 您认为政府在危房改造的过程中，是否应按照您原来房子的样子修？

□①非常有必要　□②有必要　　□③一般

□④比较没必要　□⑤完全没必要

C8. 您认为

□①危房改造会破坏传统民居　□②危房改造不会破坏传统民居　□③说不清楚

C9. 您认为政府在推行危房改造的过程中对特色民居的保护做得够不够好？

□①很好　　□②较好　　□③一般　　□④较差　　□⑤很差

群众对改造前后房屋的比较

C10. 您是否同意下面这些意见？（同意的在后面的方框内打“√”，不同意的打“×”）

以前的住房有特色，所以更漂亮	
改造后的房子是经过统一规划的，所以更漂亮	
以前的房子能驱魔辟邪，所以更好	
现代社会不应该相信那些东西（以前的房子能驱魔辟邪）	
以前的房子居住起来做事更方便	
现在的房子居住起来做事更方便	
以前的房子比现在房子结构好	
以前的房子结构没有现在房子好	
以前的房子装修得漂亮	
现在的房子装修得漂亮	

C11. 请对您住房改造前后的下列情况进行比较（在您认为更方便的内容后面的方框里划“√”）

比较内容	改造前	改造后
C1301　饮水		
C1302　厕所		
C1303　坚固程度		
C1304　储物功能		
C1305　取暖方式		
C1306　饲养牲畜		
C1307　种植瓜菜		
C1308　垃圾处理		
C1309　交通出行		
C1310　供神方便		
C1311　装修		

C12 在危房改造过程中，您遇到的最大困难是什么？

____

____

C13 您觉得政府在危房改造的过程中还有哪些做得不够的地方？

____

____

问卷调查到此结束，再次感谢您的合作，祝您全家生活幸福美满！

参考文献

（一）图书、著作类

1. 安龙县民族事务委员会:《安龙县民族志》1989年版。

2. 丁俊清:《中国居住文化》，同济大学出版社1997年版。

3. 亢羽:《中华建筑之魂——易学堪舆与建筑》，中国书店出版社1999年版。

4. 老子:《道德经》，云南人民出版社2011年版。

5. 李筱竹:《麻江县农村危房改造及民族民居保护调查》,《贵州民族调查·卷二十六》。(内部资料)

6. 罗中玺:《黔东北“干栏式”民居建筑的哲学思想》，浙江大学出版社2011年版。

7. 苏国勋，张旅平，夏光:《全球化：文化冲突与共生》，社会科学文献出版社2006年版。

8. 李昉:《太平御览》，河北教育出版社1994年版。

9. 韦启光，石朝江，赵崇江，佘正荣:《布依族文化研究》，贵州人民出版社1999年版。

10. 易风:《中国少数民族建筑》，中国画报出版社2004年版。

（二）期刊类

1. 阿伍:《布依族的人口分布》,《贵州民族研究》2003年第9期。

2. 安志敏:《“干栏”式建筑的考古研究》,《考古学报》1963年第

2 期。

3. 曹务坤，王亮：《试论创设农村危房改造公积金贷款法律制度》，《农村经营管理》2010 年第 3 期。

4. 丁恒：《云南边疆民族地区民居危房改造问题研究》，《民族论坛》2010 年第 9 期。

5. 范美霞：《“三房改造”对彝族传统民居特色的影响评析》，《四川民族学院学报》2012 年第 2 期。

6. 付俊文，赵红：《利益相关者理论综述》，《首都经贸大学学报》2006 年第 2 期。

7. 蒋慧，黄芳：《传统民居进行旅游开发的理性思考》，《经济地理》2007 年第 2 期。

8. 何琼：《论侗族建筑的和谐理念》，《贵州社会科学》2008 年第 5 期。

9. 廖东根：《整合力量创新方法扎实推进农村危房改造试点工作——江西省上犹县实施农村危房改造试点工作的主要做法》，《老区建设》2010 年第 7 期。

10. 刘传军：《川西地区传统藏族民居改造述评》，《装饰》2012 年第 7 期。

11. 刘军：《慎待城市更新中的“老房子”》，《建筑科学》2009 年第 1 期。

12. 刘李峰：《我国农民住房建设：发展历程与前景展望》，《城市发展研究》2010 年第 1 期。

13. 龙明玉，刘志林：《贵州省农村危房改造保障机制》，《建设科技》2011 年第 3 期。

14. 齐庆福：《少数民族传统文化转型与文化遗产保护的思考》，《云南民族大学学报》（哲学社会科学版）2004 年第 6 期。

15. 温静，高宜程：《农村危房改造试点工程对农村规划建设实施影响评估》，《小城镇建设》2012 年第 3 期。

16. 辛丽平：《布依族族称简介》，《贵州民族研究》1996 年第 4 期。

17. 杨昌嗣:《侗族社会的款组织及其特点》,《民族研究》1990 年第 4 期。

18. 《以发展的眼光看待传统民居的保护与改造——访清华大学建筑学院教授单德启》,《设计家》2009 年第 6 期。

19. 杨俊, 张见林, 邓旭:《布依族村寨景观初探》,《山西建筑》2007 年第 4 期。

20. 张倩倩:《干栏建筑与吊脚楼初探》,《山西建筑》2009 年第 32 期。

21. 《政府主导农村住房建设与改造》,《中国财政》2011 年第 7 期。

(三) 电子资源类

1. 百度百科:《布依族民居》. http://baike. baidu. com/view/1162391. htm。

2. 百度百科:《贵州》. http://baike.baidu.com/view/9862.htm。

3. 百科名片:《黎平县》. http://baike.baidu.com/view/545079.htm。

4. 《打凼概况》. http://www. gzjcdj. gov. cn/wcqx/detailView. jsp? id = 21882,2011-09-24。

5. 高原红:《贞丰县珉谷镇必克村》. http://blog.163.com/zfxmgzbkxx@yeah/blog/static/17181554820101014411842952/,2011-11-14。

6. 贵州民族文化网上博物馆:《贵州侗族民居》. http://zt. gog. com. cn/system/2009/06/03/010576227.shtml。

7. 中国金州·黔西南:《基本州情》. http://www.qxn.gov.cn/View/Article.1/53134.html,2012-08-02。

8.《美丽乡村——贵州贞丰县纳孔村(图组)》. http://gz.people.com.cn/n/2013/0227/c349805-18221589.html,2013-02-27。

9. 潘国雄:《六大措施广揽天下游客雷山"旅游强县"战略成效显著》. http://gzrb. gog. com. cn/system/2012/11/21/011766967. shtml, 2012-11-21。

10. 《黔西南州经济工作会议召开》. http://www.zgqxn.com/News/HT-

ML/7429.html,2012-01-04。

11.《黔西南州“十二五”城镇化发展专项规划》. http://www.qxn.gov.cn/ViewGovPublic/fzgh/45605.html,2011-12-30。

12. 田长英:《宣恩民族建筑特色浅说》. 恩施新闻网，http://www.xuanen.gov.cn/wenlv/minzuwenhua/2012/0508/1791.html. 2012-05-08。

13. 王芝武:《黔西南州今年改造危房 4.49 万户》. http://www.gz.xinhuanet.com/2012-09/05/c_ 112972589.htm，2012-09-05。

14.《兴义市巴结镇南龙古寨》. http://zt.gog.com.cn/system/2011/07/29/011153770.shtml，2011-07-29。

15.《中共黔西南州委关于制定黔西南州国民经济和社会发展第十二个五年规划的建议》. http://www.qxn.gov.cn/ViewGovPublic/fzgh/35884.html,2011-01-27。

16. 邹远刚:《黔西南州农村危房改造试点的几点做法和思考》. http://www.qxn.gov.cn/OrgArtView/jzjj/jzjj.Info/10696.html，2008-09-24。

（四）其他

1. 梁圆圆:《侗族村寨空间建构的文化解析——以广西三江县高友村为案例》. 广西民族大学硕士论文，2008。

2.《黎平县 2012 年主要交通要道沿线村庄整治及危房改造“两结合”工作实施方案》. 2012。

3. 黔西南州住房和城乡建设局:《贵州省黔西南州村庄整治（民居改造）参考图集》. 2012。

责任编辑:高晓璐

图书在版编目(CIP)数据

民族地区危房改造与少数民族传统民居保护研究——以贵州省为例/吴晓萍,康红梅 著. -北京:人民出版社,2015.12

ISBN 978-7-01-015592-0

Ⅰ.①民… Ⅱ.①吴…②康… Ⅲ.①民族地区-旧房改造-研究-中国②少数民族-民居-保护-研究-中国 Ⅳ.①TU984.12②TU241.5

中国版本图书馆 CIP 数据核字(2015)第 293168 号

民族地区危房改造与少数民族传统民居保护研究

MINZU DIQU WEIFANG GAIZAO YU SHAOSHUMINZU CHUANTONG MINJU BAOHU YANJIU

——以贵州省为例

吴晓萍 康红梅 著

人民出版社 出版发行

(100706 北京市东城区隆福寺街 99 号)

北京明恒达印务有限公司印刷 新华书店经销

2015 年 12 月第 1 版 2015 年 12 月北京第 1 次印刷

开本:710 毫米×1000 毫米 1/16 印张:20.5

字数:360 千字

ISBN 978-7-01-015592-0 定价:49.00 元

邮购地址 100706 北京市东城区隆福寺街 99 号

人民东方图书销售中心 电话 (010)65250042 65289539

作者简介

吴晓萍，女，苗族，湖南吉首人。曾留学挪威农业大学社会经济系，获硕士学位。原为贵州民族大学副校长，现为贵州民族大学社会学二级教授，博士生导师。曾任西北民族大学兼职教授、中央民族大学兼职博导。在美国博尔德大学人文地理系做客座研究员一年半；在瑞典斯德哥尔摩大学人类学系作访问学者一年。

主要从事民族社会学、农村社会学、移民社会学研究及社会工作研究，在族群关系、农村问题、民族社区发展、跨国移民等领域有较多成果。现主持国家社科基金重点项目1项，曾主持国家社科基金一般项目1项，国家民委课题1项，省级课题多项；曾获贵州省高校人文社科优秀成果奖二等奖、三等奖各1次；2002年获美国加州大学弗雷斯诺分校“促进苗族社区发展”奖，2005年获美国波尔德大学“优秀科研伙伴”称号。出版专著5部，在《贵州社会科学》、《社会科学家》、《贵州民族研究》等期刊发表论文30多篇。

责任编辑：高晓璐
封面设计：

ISBN 978-7-01-015592-0
9 787010 155920 >
定价：49.00元